暴雨年鉴

(2020)

中国气象局　编

气象出版社
China Meteorological Press

内容简介

本书共分为4章。第1章对2020年全国降水及暴雨概况进行统计分析并加以综述；第2章从单站暴雨、连续性暴雨、区域性暴雨、主要暴雨过程等几个方面对2020年的暴雨进行索引；第3章对2020年37次主要暴雨过程的基本天气形势和降水演变特征进行概述；第4章对2020年10次重大暴雨事件从雨情、灾情及天气形势等几个方面进行综合分析。书后的附录给出1981—2010年全国暴雨气候概况。

本书比较全面地反映和记录了2020年我国的暴雨状况，为气象部门开展暴雨的监测预报、科技攻关、灾害评估、预报总结等提供基础检索资料。本书可供从事气象、水文、农业、生态、环境等方面的科研业务、教育培训、决策管理及相关人员参考。

图书在版编目（CIP）数据

暴雨年鉴. 2020 / 中国气象局编. -- 北京 : 气象出版社, 2024.1
ISBN 978-7-5029-8111-2

Ⅰ. ①暴… Ⅱ. ①中… Ⅲ. ①暴雨—中国—2020—年鉴 Ⅳ. ①P426.62-54

中国国家版本馆CIP数据核字(2023)第237226号

审图号：GS京(2023)2380号

暴雨年鉴(2020)

Baoyu Nianjian (2020)

出版发行：气象出版社
地　　址：北京市海淀区中关村南大街46号　　邮政编码：100081
电　　话：010-68407112(总编室)　010-68408042(发行部)
网　　址：http://www.qxcbs.com　　E-mail：qxcbs@cma.gov.cn
责任编辑：王萃萃　郑乐乡　　终　　审：张　斌
责任校对：张硕杰　　责任技编：赵相宁
封面设计：地大彩印设计中心
印　　刷：北京地大彩印有限公司
开　　本：889 mm×1194 mm　1/16　　印　　张：15.75
字　　数：393千字
版　　次：2024年1月第1版　　印　　次：2024年1月第1次印刷
定　　价：160.00元

前　言

中国地处东亚季风气候区，每年都有大量的暴雨天气过程发生，暴雨是我国最主要的灾害性天气之一。由暴雨产生的洪水时常造成江河湖泊泛滥、农田道路淹没、公路交通阻绝，在山区常常诱发山洪、泥石流、山体滑坡等一系列地质灾害。每年暴雨及其引发的次生灾害造成国家社会经济和人民生命财产的巨大损失。同时，暴雨又是我国淡水资源的重要来源，它带来的充沛降水对于农田灌溉、水力发电、江河航运、工农业生产、人民生活以及生态系统的平衡和恢复都有非常重要的作用。

暴雨作为一种以高强度降水为主要特征的天气现象，对其进行准确预报一直是气象部门工作的重点和难点。因此，加强暴雨科研，提高其预报准确率，减轻暴雨灾害对社会经济造成的损失，是政府决策部门和社会公众的期望所在。研究和探索暴雨发生、发展和变化的规律，需要大量的探测资料作支撑，需要以暴雨发生的史实为基础。编纂出版《暴雨年鉴(2020)》，既能够提供全面反映、准确记录当年我国暴雨状况的资料汇集，供广大科研、业务、教育培训、决策管理及相关工作的同志参考，为暴雨监测预报、防灾减灾及水资源调配管理等提供服务；又可以为气象部门开展暴雨预报科技攻关、暴雨灾害评估、暴雨预报总结提供基础检索资料；同时，随着岁月积累，也能逐步形成一套反映我国暴雨状况的历史典籍，丰富我国的气象文化。

《暴雨年鉴(2020)》编制工作由中国气象局武汉暴雨研究所廖移山、闵爱荣等完成，附图的绘制工作由闵爱荣承担。

在《暴雨年鉴(2020)》的编辑过程中，中国气象局预报与网络司、湖北省气象局有关领导给予了支持并提出了宝贵的指导意见；国家气象信息中心、湖北省气象信息与技术保障中心、国家气象中心有关领导和专家提供了技术指导和基础资料；武汉暴雨研究所汪小康、杨浩，国家气象中心何立富等相关专业技术人员也参与了年鉴的部分编写工作，在此一并谨致谢忱。

编者

2023 年 7 月

编写说明

1. 资料来源及说明

本年鉴的降水资料来自于湖北省气象信息与技术保障中心提供的全国2424个国家气象观测站的整编资料，灾情资料来自于中国气象局气象灾害管理系统。

在2020年度暴雨概况统计中，所使用的有完整降水资料记录的台站有2424个。在全国暴雨气候概况统计中，多年平均值采用世界气象组织（WMO）的约定标准，即1981—2010年30年气候平均值，这段时期有完整降水资料记录的台站有2297个，而在统计全国各省（自治区、直辖市）最大日降水量时，使用了1961—2019年有完整降水资料记录的台站有1934个。

本年鉴未包含香港、澳门特别行政区和台湾省的降水资料。

2. 暴雨分级标准

本年鉴采用如下暴雨分级标准：

暴　　雨：日降水量50.0～99.9 mm；

大 暴 雨：日降水量100.0～249.9 mm；

特大暴雨：日降水量≥250.0 mm。

3.“单站连续性暴雨”的录选标准

单站连续3 d达到暴雨标准，或者连续3 d出现降水且其中至少2 d达到大暴雨标准，即作为一次单站连续性暴雨。单站连续性暴雨的起止日必须达到暴雨或以上量级。

4.“区域性暴雨日”的录选标准

在同一片雨区中，只要有15个站达到暴雨标准，当日即作为一个区域性暴雨日。

5.“主要暴雨过程”的录选标准

过程中至少有1 d达到区域性暴雨日标准，且至少在一个区域性暴雨日中有2个或2个以上站达到大暴雨标准。过程的起止日必须有5个或5个以上站达到暴雨标准。

6.“重大暴雨事件”的录选原则

根据暴雨过程的降水和灾情资料，按照降水强度、降水范围、灾情大小等进行综合排序，遴选出当年影响显著的10次重大暴雨事件。

7. 其他需要说明的问题

降 水 量：指从天空降落到地面上的液态和固态（经融化后）降水，没有经过蒸发、渗透和流失而在单位面积水平面上积聚的深度。

暴雨雨量：在给定的时间范围内所有暴雨日的降水量之和。

资料日界：20 时—次日 20 时（北京时间）。

多年平均：1981—2010 年 30 a 平均值。

降水距平：年度值与多年平均值的差值。

干旱地区：多年平均年降水量≤300.0 mm 的区域。

绘图说明：西沙、珊瑚两站资料在绘图时未予考虑。

目　录

第 1 章　年度暴雨概况

1.1　2020 年全国暴雨综述

2020 年，我国降水（平均降水量 695 mm）较常年（630 mm）偏多 10.3%。从年降水量的分布看（图 1.2.1），降水自西北向东南依次递增，与多年气候平均分布一致。新疆大部、西藏西部、青海柴达木盆地、内蒙古西部、宁夏北部及甘肃河西走廊大部年降水量一般不足 250 mm。内蒙古中东部、青海大部、西藏中部、甘肃部分地区、宁夏中部、山西北部、陕西北部部分地区、河北部分地区及北疆部分地区年降水量在 250～500 mm。内蒙古东部部分地区、东北大部、华北大部、黄淮北部、陕西大部、甘肃南部、宁夏南部、青海南部、川西高原、西藏东部及云南中北部年降水量在 500～1000 mm。西南地区大部、江汉大部、黄淮南部、江淮东部、江南部分地区、华南部分地区年降水量在 1000～1500 mm。江南大部、江淮西部、江汉部分地区、华南部分地区及西南地区局部年降水量在 1500～2000 mm。江西、浙江、安徽、湖北四省相邻的区域、湘西北部分地区、桂东北部分地区及海南局部、广东局部、云南局部、鄂西南局部年降水量超过 2000 mm，其中有 17 个站超过 2500 mm。全国最大年降水量出现在安徽黄山，为 3274 mm。

2020 年我国共有 230 d 出现暴雨，第一个暴雨日出现在 1 月 5 日，最后一个暴雨日出现在 12 月 10 日。我国西北地区大部、内蒙古大部、西藏地区及西南地区北部全年基本没有暴雨发生，除此之外的大部分地区年暴雨（≥50 mm/d）日数大多在 1～4 d，超过 4 d 的区域主要位于黄淮、江淮、江汉、江南、华南、西南东部及西南南部局部、东北局部，超过 7 d 的区域主要位于江淮西部、江南北部、华南西部及西南东部部分地区，超过 10 d 的区域主要位于江淮局部、江南局部及华南局部，最多的暴雨日数出现在湖北鹤峰、安徽黄山和广西防城，均为 16 d。我国西北地区大部、内蒙古地区、西藏地区及西南地区北部全年都没有大暴雨发生，其他区域大暴雨日数一般不超过 2 d，江淮西部、江南北部、四川盆地及华南西部部分地区达 3～5 d，四川都江堰、大邑及广西永福、防城港出现日数最多，均为 6 d。

2020 年我国有 32 站次出现特大暴雨，其中广西最多，出现 7 站次，四川出现 5 站次，广东出现 4 站次，山东、湖北和安徽各出现 3 站次，上海和浙江各出现 2 站次，湖南、江苏和海南各出现 1 站次。从出现时间看，8 月最多，出现 15 站次，6 月出现 9 站次，7 月出现 6 站次，5 月出现 2 站次，其余月份没有出现特大暴雨。1—12 月全国最大日降水量均达到暴雨量级，除 12 月外其余月份均达到大暴雨量级，5—8 月均达到特大暴雨量级。2020 年 8 月 25 日上海平湖油田出现的 468.8 mm 的降水为当年全国最大日降水量。

2020 年我国共出现区域性暴雨日 121 d，第一个区域性暴雨日出现在 1 月 25 日，最后一个区域性暴雨日出现在 11 月 18 日。7 月 19 日出现在云贵高原、江南地区、江汉地区、江淮地区、黄淮东部和东北南部的区域性暴雨是影响范围最广的一次区域性暴雨，共出现 110 站

1.2.6 月暴雨(≥50.0 mm/d)雨量占月总降水量百分比

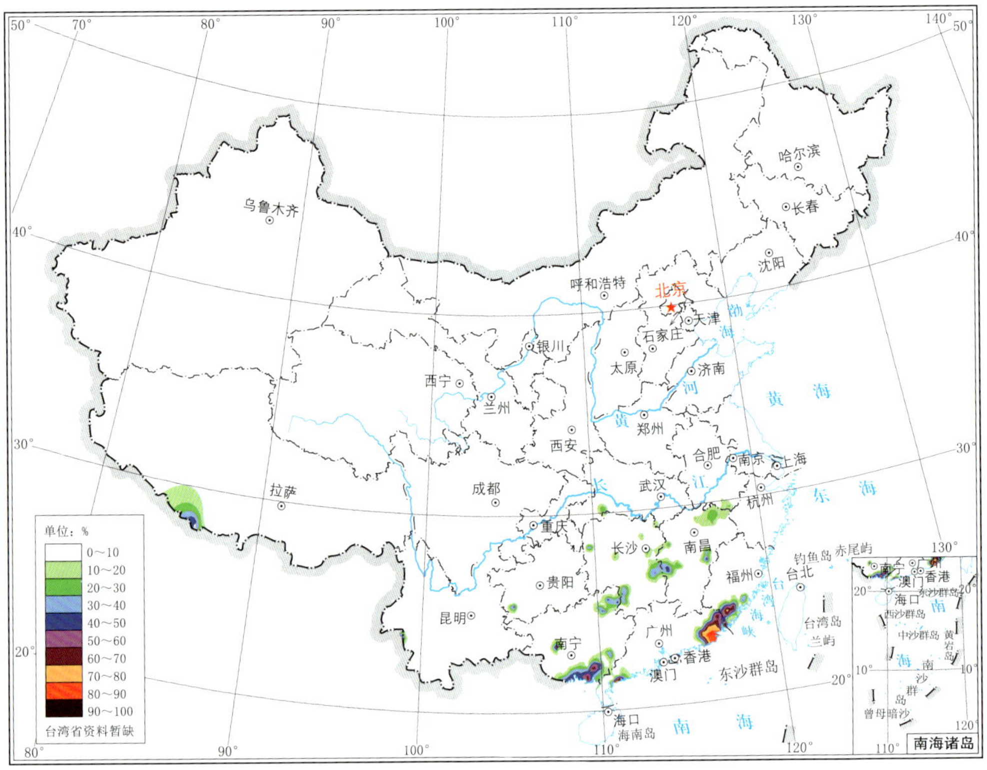

图 1.2.28　2020 年 1 月暴雨雨量占当月总降水量百分比

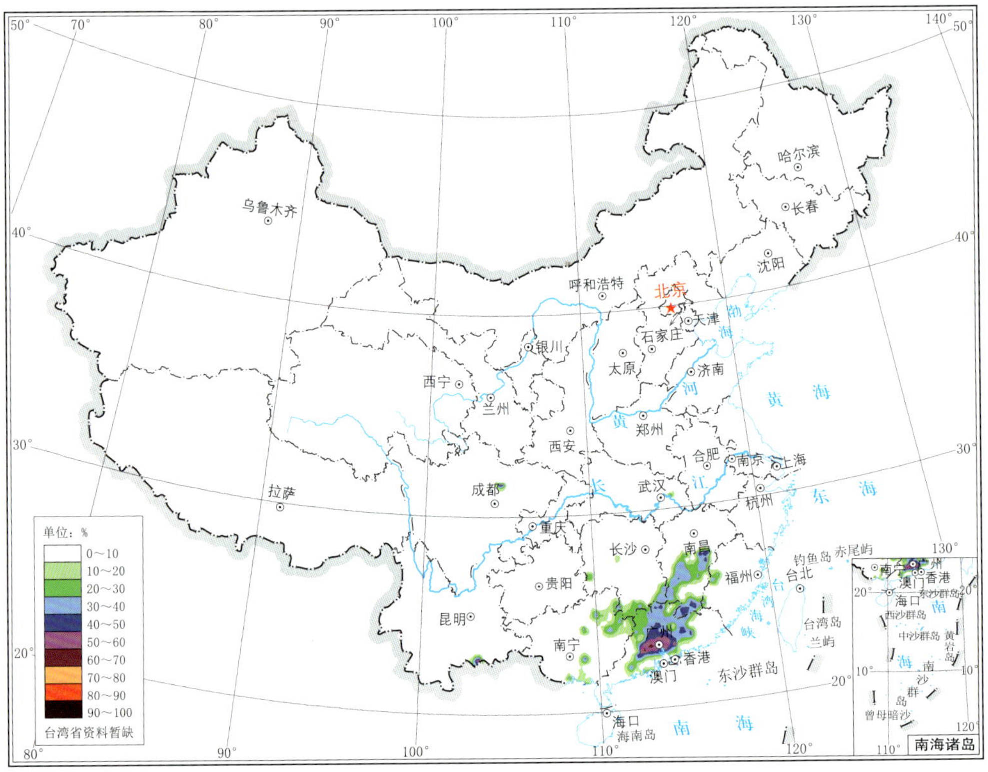

图 1.2.29　2020 年 2 月暴雨雨量占当月总降水量百分比

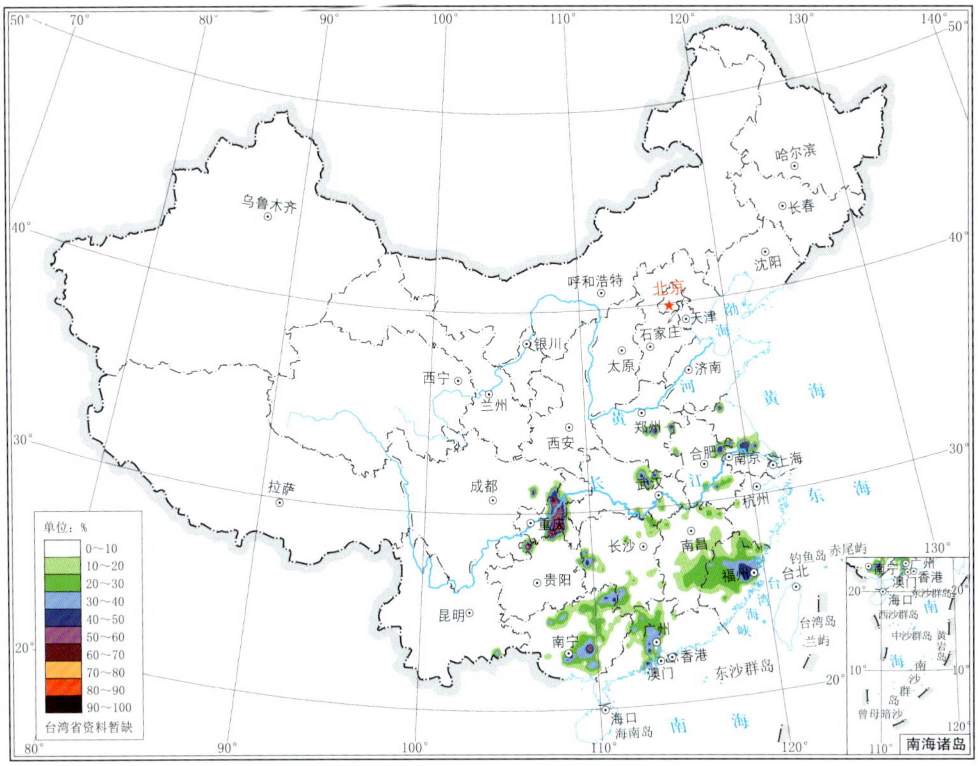

图 1.2.30　2020 年 3 月暴雨雨量占当月总降水量百分比

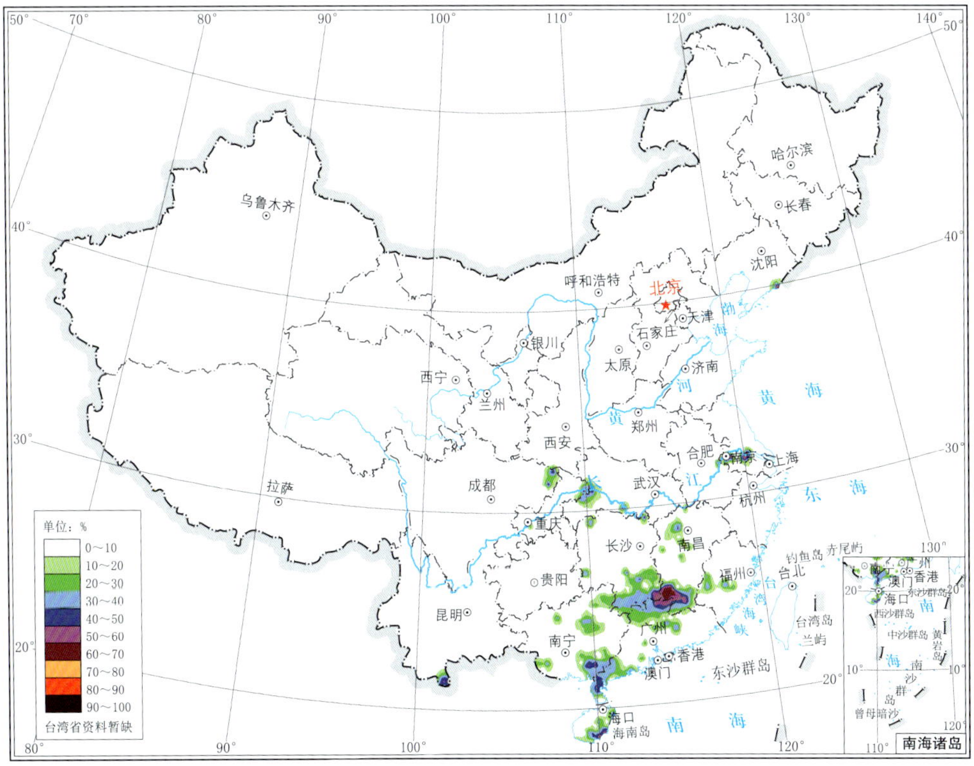

图 1.2.31　2020 年 4 月暴雨雨量占当月总降水量百分比

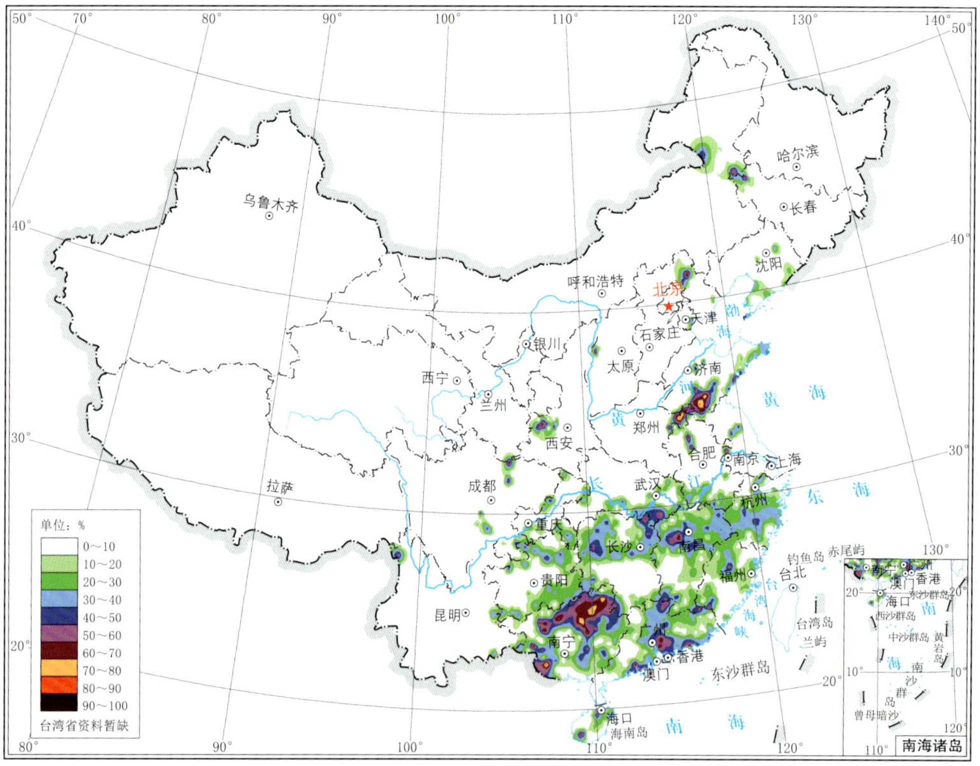

图 1.2.32　2020 年 5 月暴雨雨量占当月总降水量百分比

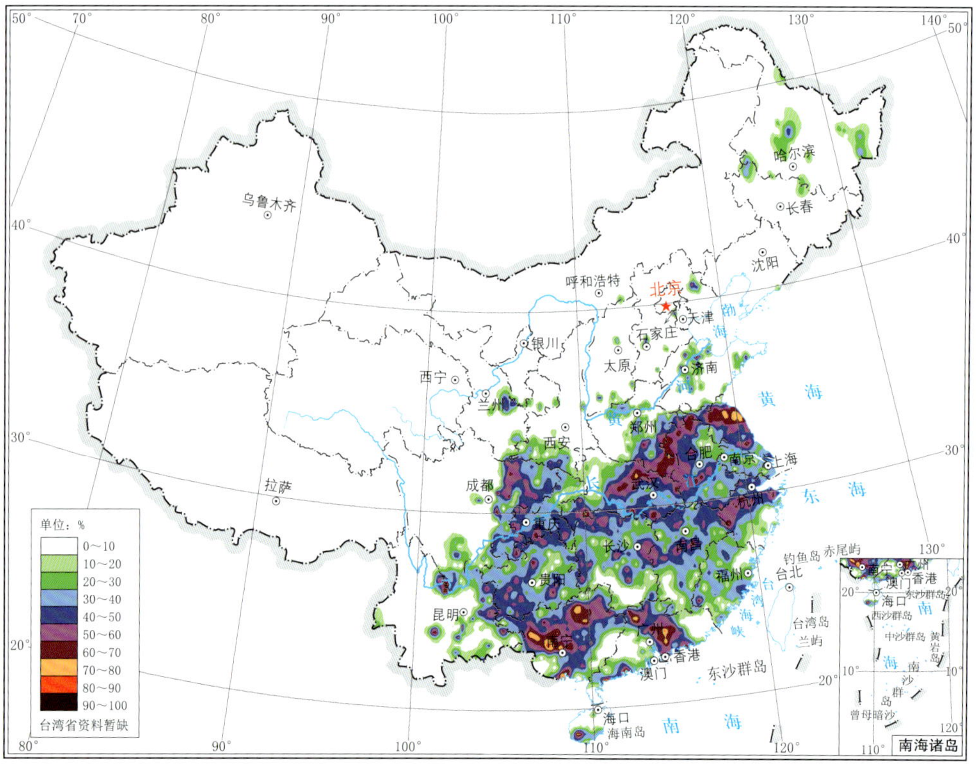

图 1.2.33　2020 年 6 月暴雨雨量占当月总降水量百分比

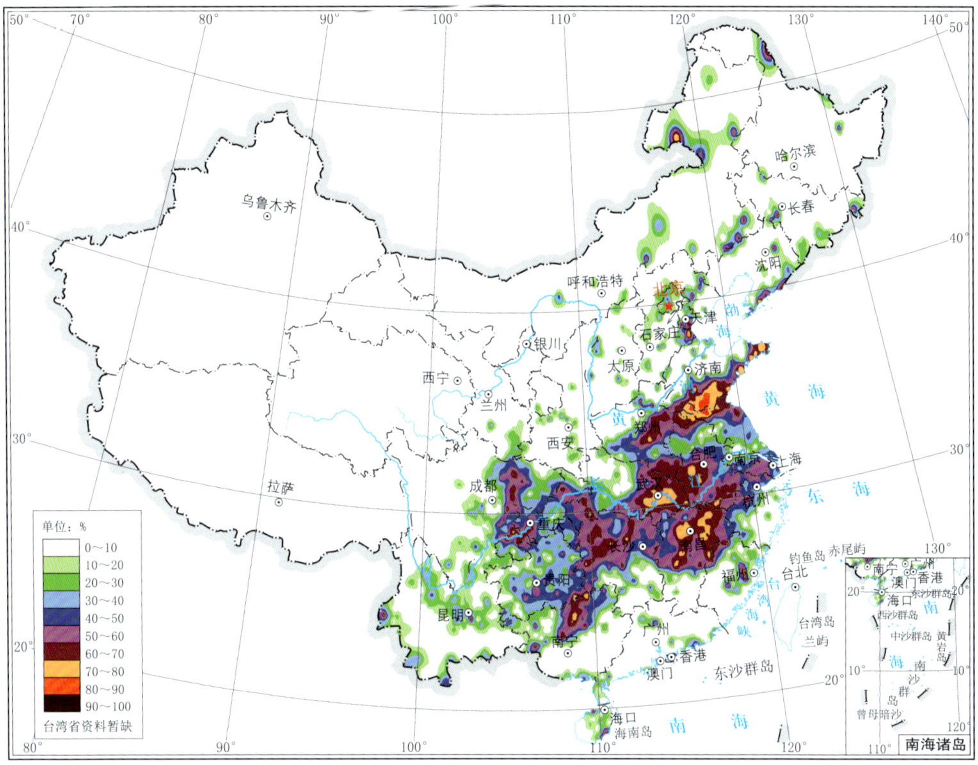

图 1.2.34　2020 年 7 月暴雨雨量占当月总降水量百分比

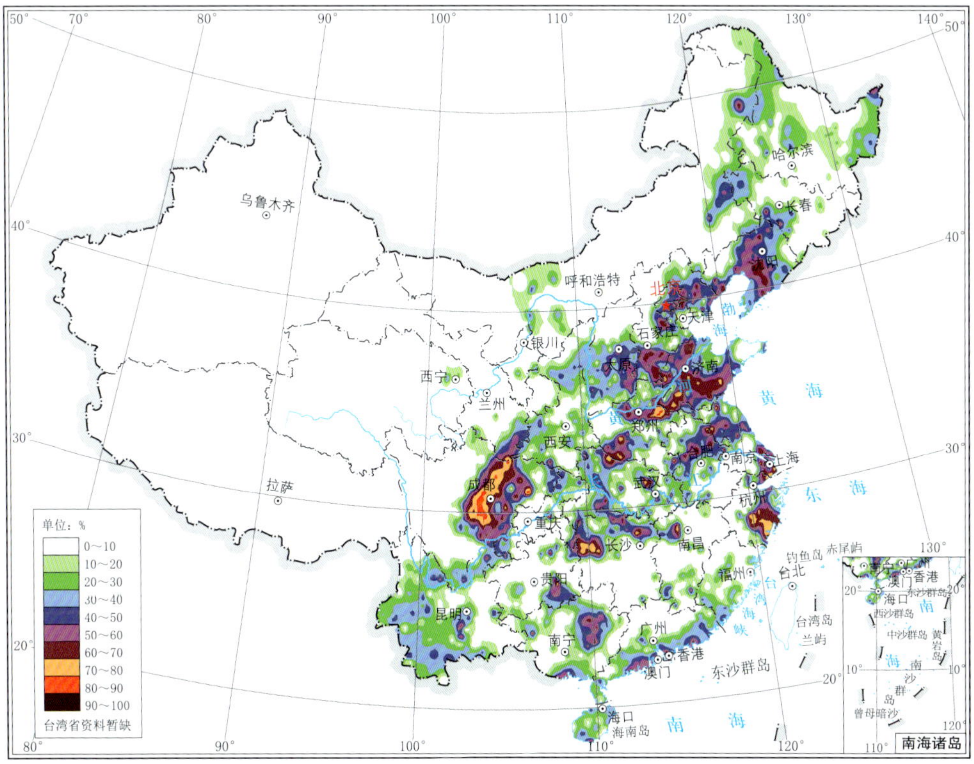

图 1.2.35　2020 年 8 月暴雨雨量占当月总降水量百分比

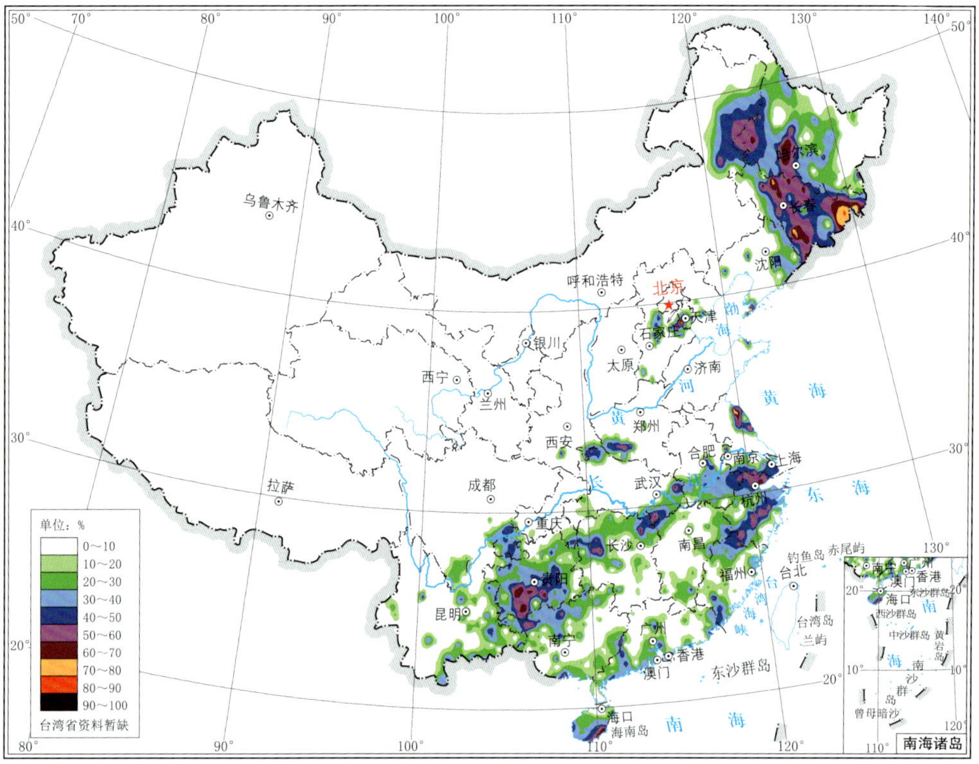

图 1.2.36　2020 年 9 月暴雨雨量占当月总降水量百分比

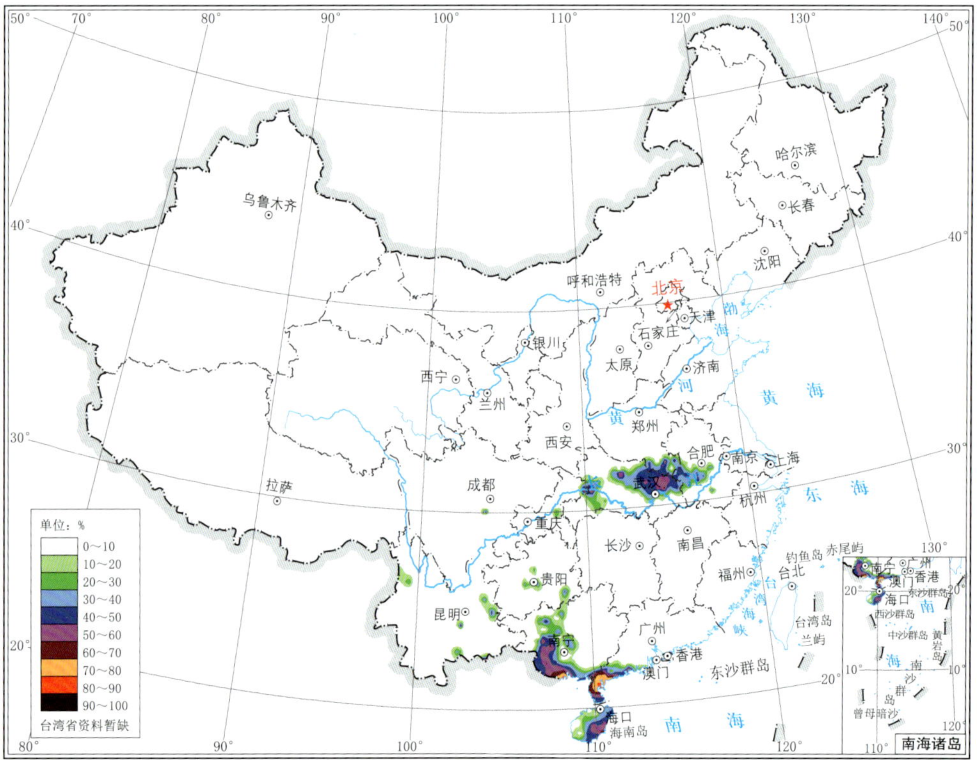

图 1.2.37　2020 年 10 月暴雨雨量占当月总降水量百分比

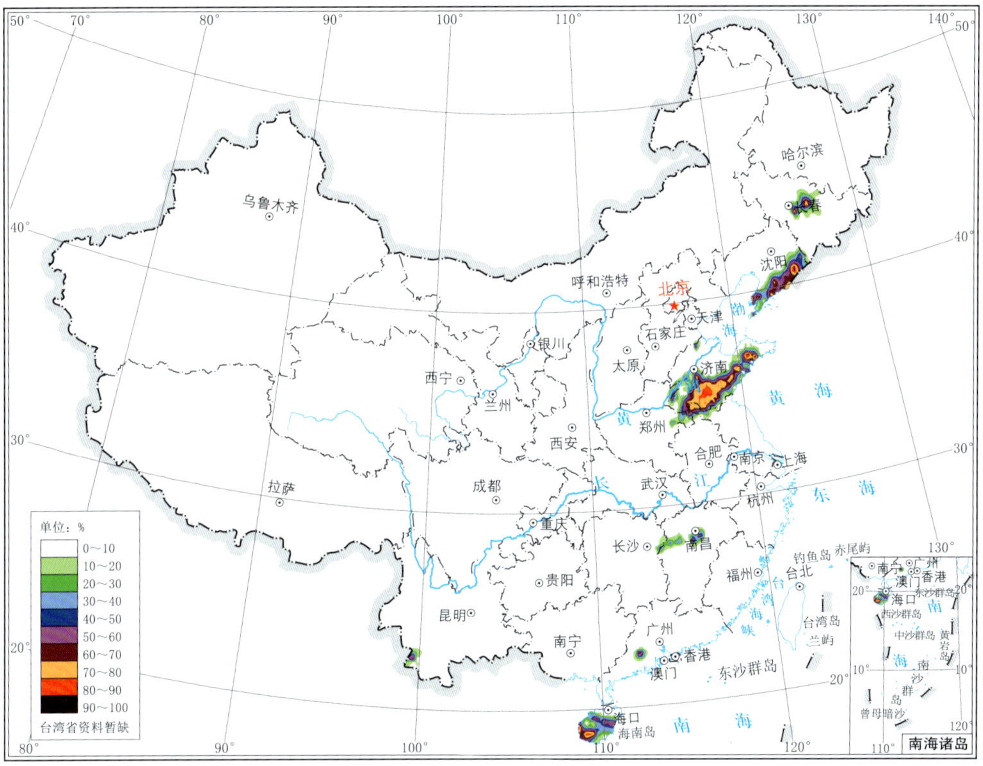

图 1.2.38　2020 年 11 月暴雨雨量占当月总降水量百分比

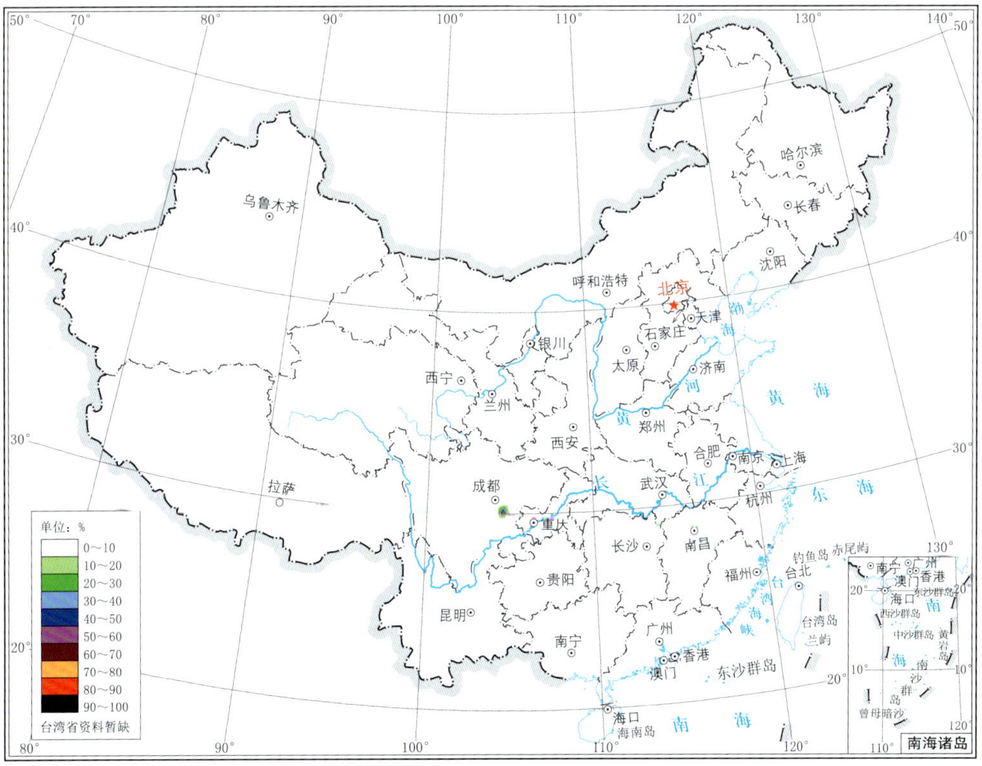

图 1.2.39　2020 年 12 月暴雨雨量占当月总降水量百分比

1.3　2020 年不同级别暴雨概况

1.3.1　年暴雨(≥50.0 mm/d)日数分布

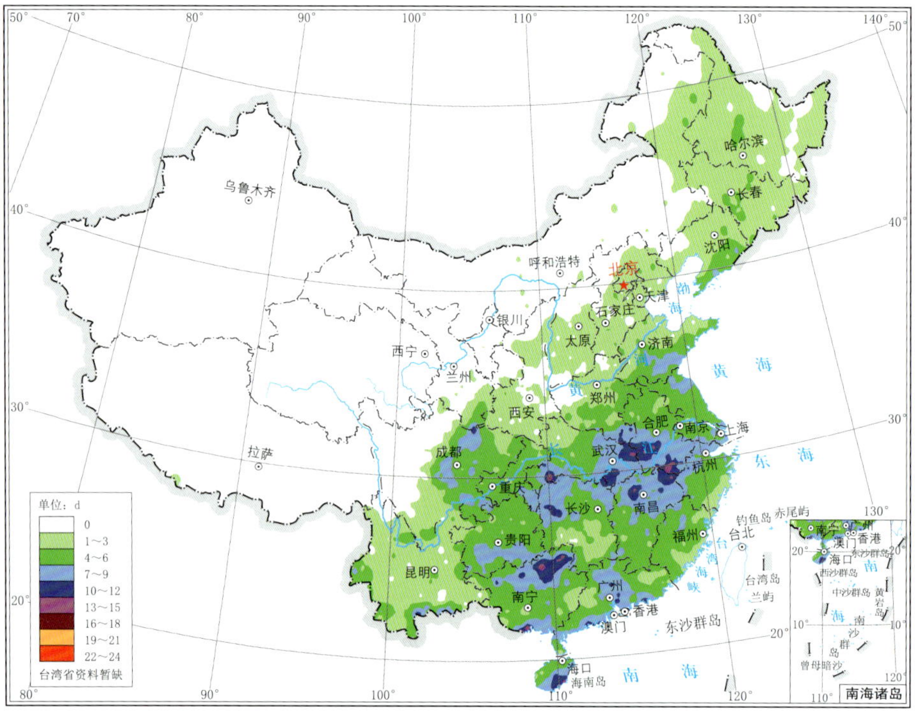

图 1.3.1　2020 年全国暴雨日数分布

1.3.2　月暴雨(≥50.0 mm/d)日数分布

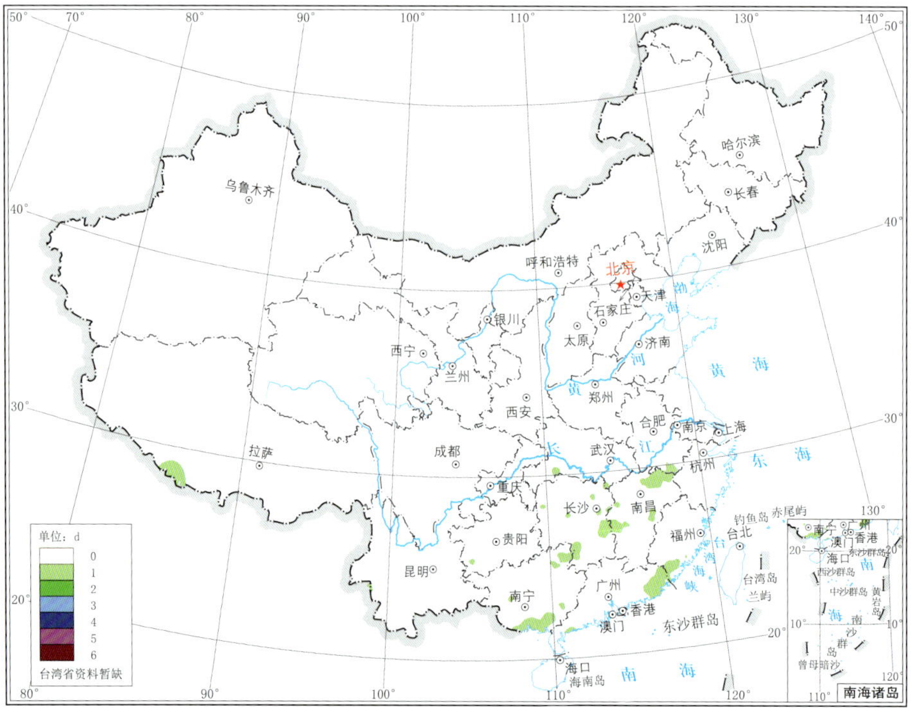

图 1.3.2　2020 年 1 月全国暴雨日数分布

图 1.3.3　2020 年 2 月全国暴雨日数分布

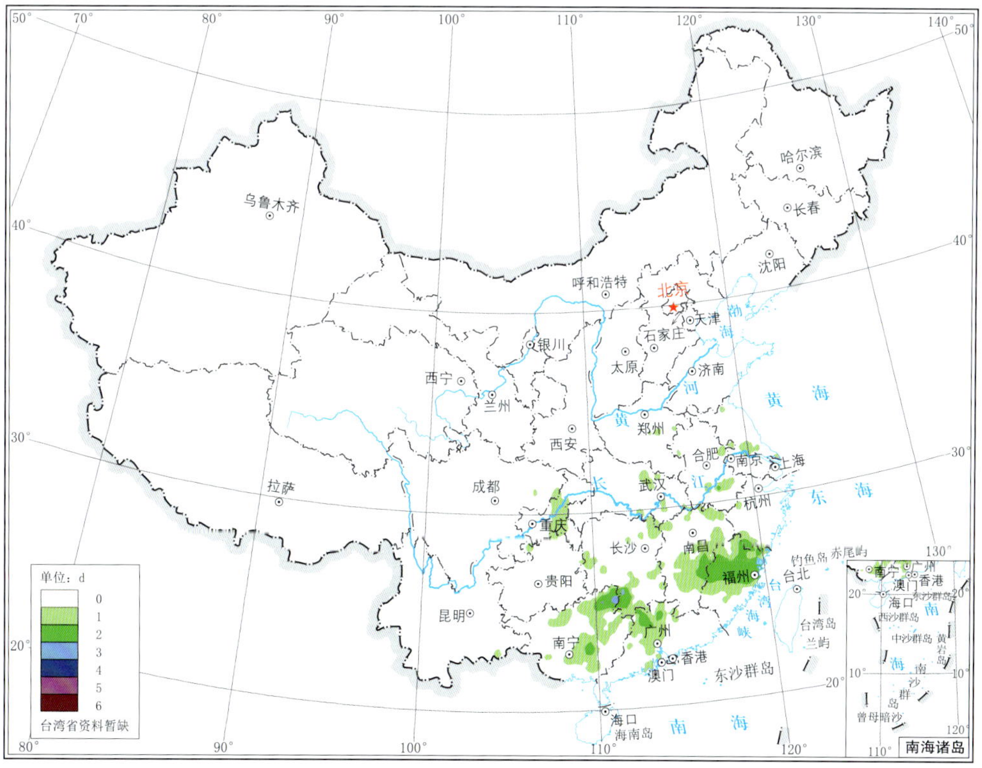

图 1.3.4　2020 年 3 月全国暴雨日数分布

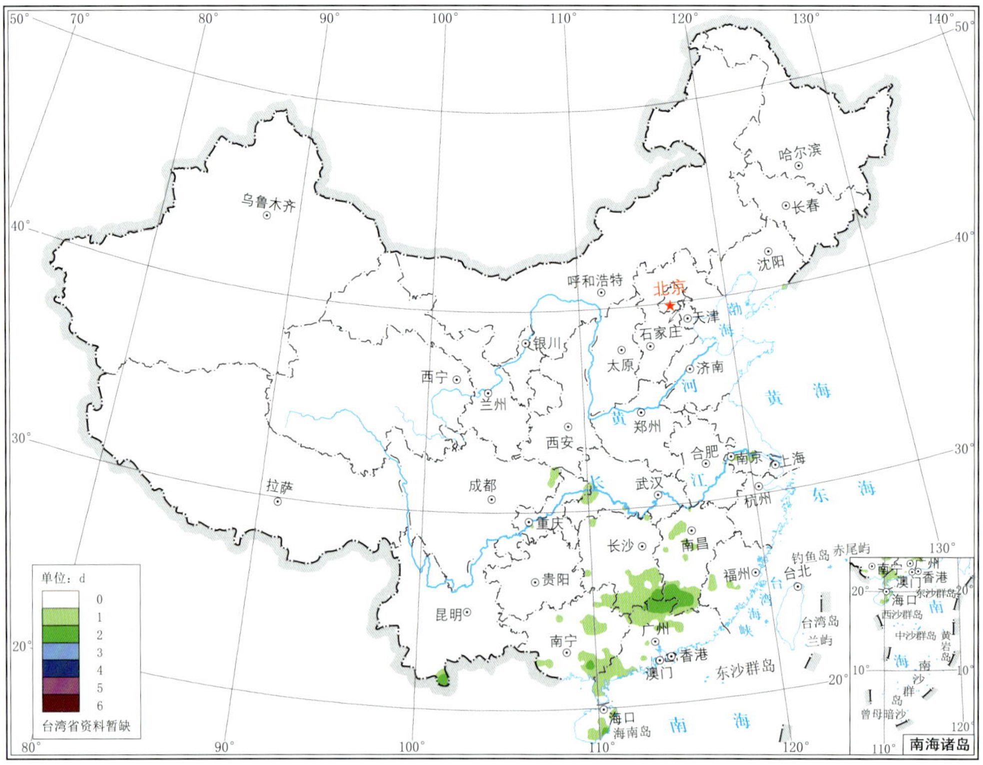

图 1.3.5　2020 年 4 月全国暴雨日数分布

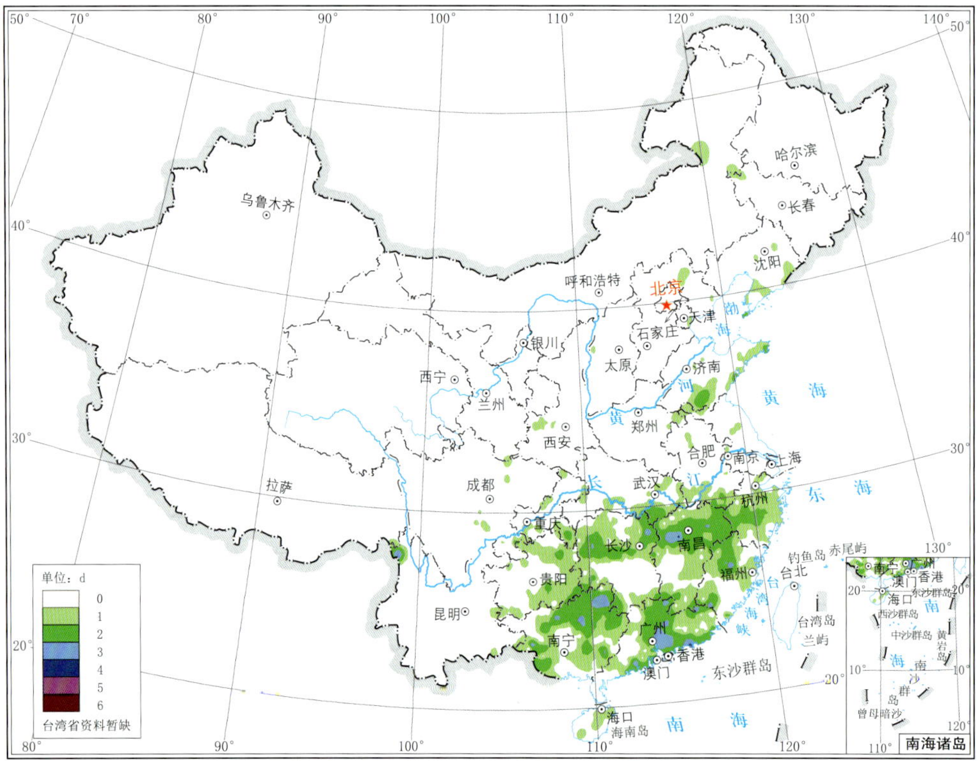

图 1.3.6　2020 年 5 月全国暴雨日数分布

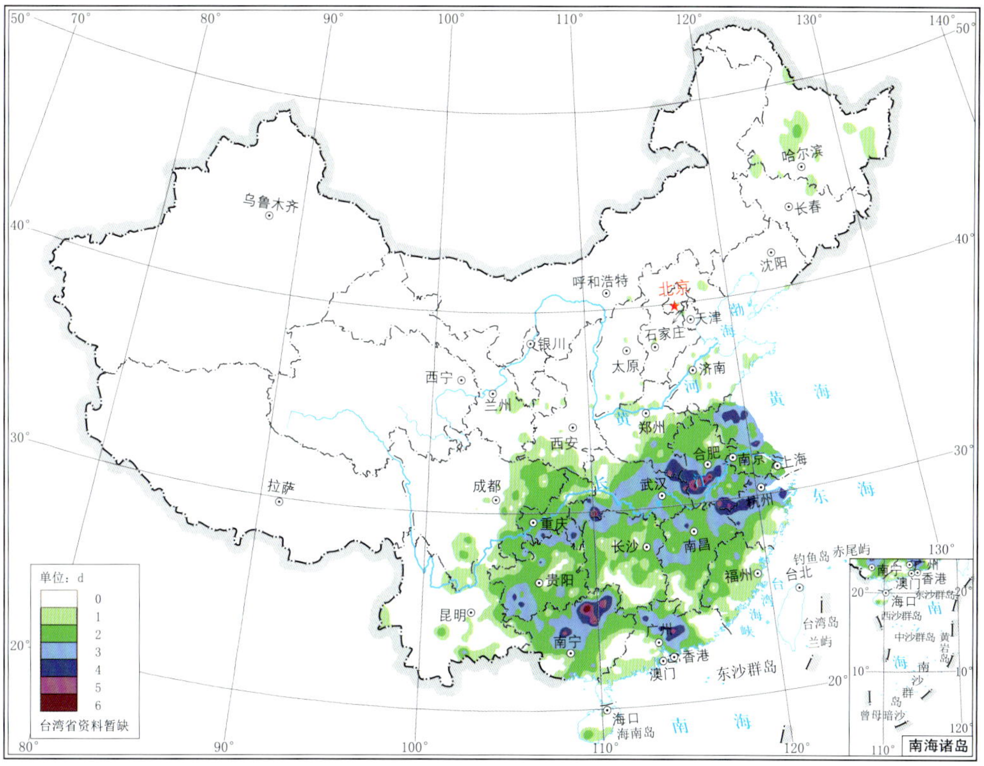

图 1.3.7　2020 年 6 月全国暴雨日数分布

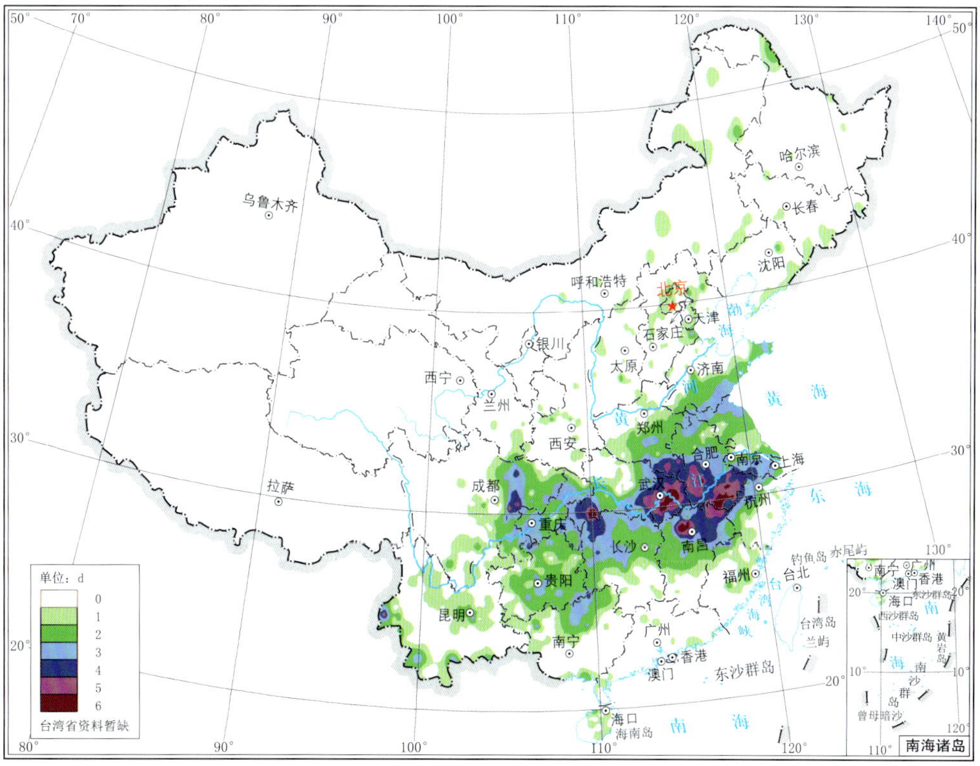

图 1.3.8　2020 年 7 月全国暴雨日数分布

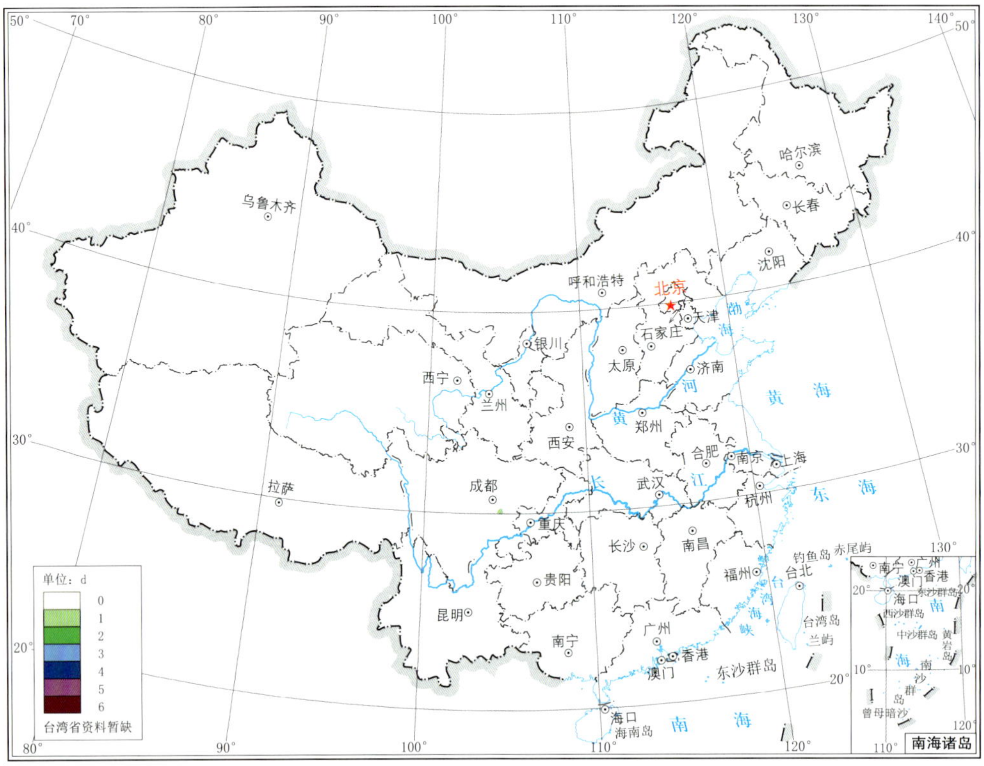

图 1.3.13　2020 年 12 月全国暴雨日数分布

1.3.3　年大暴雨(100.0～249.9 mm/d)日数分布

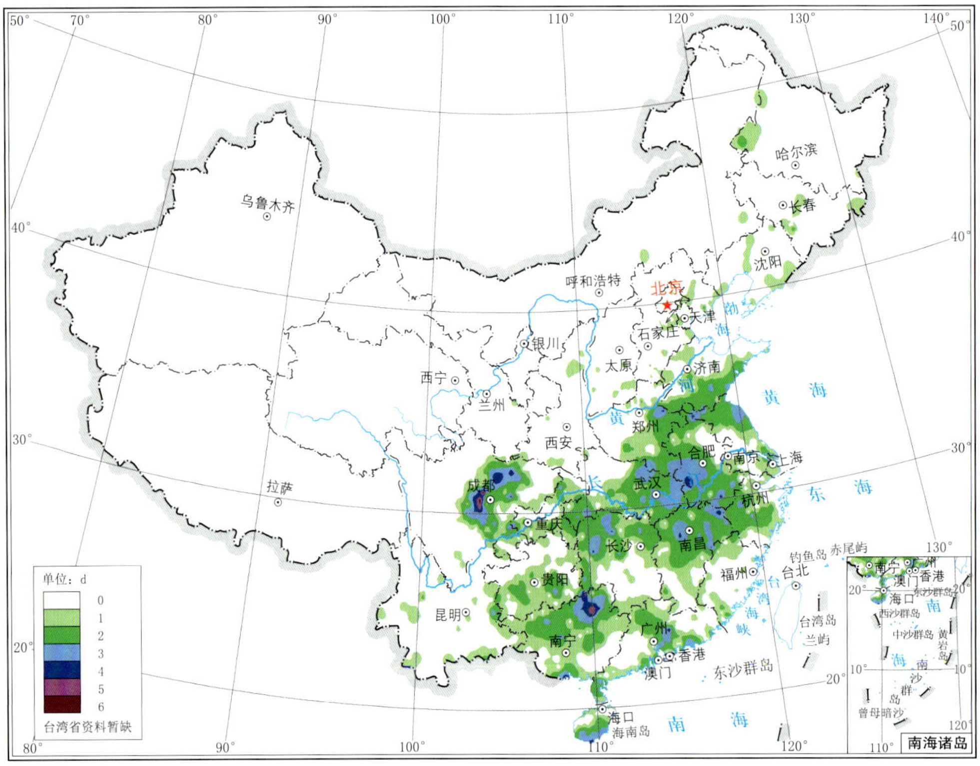

图 1.3.14　2020 年全国大暴雨日数分布

1.3.4　年特大暴雨(≥250.0 mm/d)日数分布

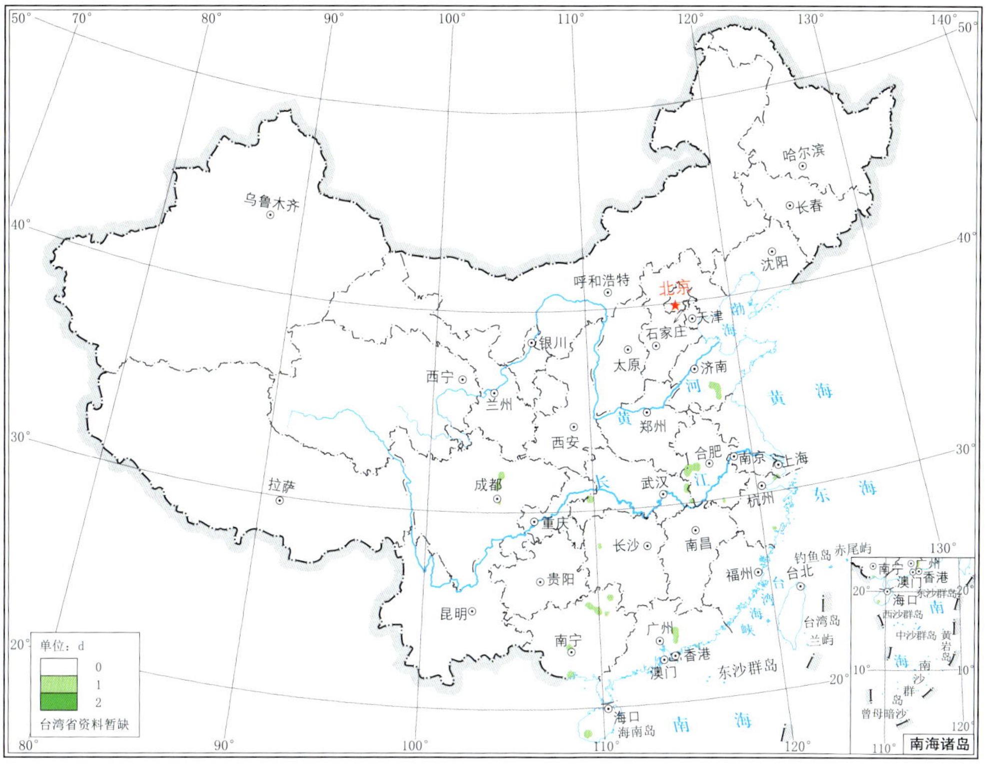

图 1.3.15　2020 年全国特大暴雨日数分布

1.3.5　特大暴雨概况

表 1.3.1　2020 年全国特大暴雨概况

省(自治区、直辖市)	站名	降水量/mm	出现时间(月-日)	省(自治区、直辖市)	站名	降水量/mm	出现时间(月-日)
山东	蒙阴	250.6	08-14	广西	兴安	298.8	05-16
	沂南	399.4	08-14		阳朔	330.0	06-07
	临沂	250.4	08-14		永福	326.4	06-07
四川	什邡	261.2	08-11		融安	257.1	06-10
	芦山	425.2	08-11		防城	319.8	06-16
	龙泉驿	264.3	08-16		防城港	318.3	06-16
	北川	266.6	08-16		武鸣	257.4	06-25
	绵竹	302.6	08-16	广东	上川岛	389.3	05-21
湖北	英山	285.2	07-06		博罗	251.3	06-08
	黄梅	258.4	07-08		汕尾	291.8	06-08
	建始	262.2	07-26		龙门	309.3	06-09
安徽	黟县	262.9	07-07	上海	金山	263.5	08-05
	金寨	309.5	07-18		平湖油田	468.8*	08-25
	六安	290.0	07-18	浙江	永嘉	263.4	08-04
湖南	泸溪	273.6	08-10		平湖	314.4	08-05
江苏	通州	295.3	08-29	海南	乐东	254.7	08-26

注：以 * 标注的数值为当年全国最大日降水量。

表 1.3.2c 2020 年第三季度全国各省(自治区、直辖市)各月最大日降水量概况

省(自治区、直辖市)	7月			8月			9月		
	站名	降水量/mm	出现日期	站名	降水量/mm	出现日期	站名	降水量/mm	出现日期
北京	石景山	95.5	31	怀柔	103.0	13	北京	34.7	29
天津	津南区	86.6	31	蓟县	149.6	24	塘沽	125.9	23
河北	遵化	139.0	18	任丘	176.3	12	深泽	77.0	15
山西	兴县	71.5	17	壶关	162.9	15	方山	36.2	13
内蒙古	通辽	112.2	04	高力板	97.4	13	扎兰屯	98.9	04
辽宁	丹东	143.1	19	宽甸	165.2	13	宽甸	96.9	03
吉林	公主岭	94.7	05	辽源	130.7	18	梅河口	152.6	03
黑龙江	呼玛	84.5	31	嫩江	155.7	03	齐齐哈尔	124.5	04
上海	崇明	172.3	06	平湖油田	468.8*	25	奉贤	98.3	17
江苏	赣榆	226.2	12	通州	295.3	29	响水	101.6	01
浙江	景宁	148.4	09	平湖	314.4	05	遂昌	143.0	19
安徽	金寨	309.5*	18	泗县	114.9	08	宁国	108.0	17
福建	光泽	231.4	09	永春	145.5	26	宁德	178.6	08
江西	吉安县	247.6	09	铜鼓	188.7	10	会昌	176.5	08
山东	枣庄	205.4	22	沂南	399.4	14	福山	77.5	11
河南	西华	247.6	22	唐河	175.2	08	淅川	72.2	21
湖北	英山	285.2	06	长阳	135.2	20	金沙	98.7	17
湖南	慈利	181.8	02	泸溪	273.6	10	辰溪	183.0	04
广东	陆丰	83.7	31	陆丰	135.7	19	东莞	113.0	12
广西	三江	168.7	11	东兴	181.6	17	环江	221.4*	07
海南	屯昌	93.7	15	乐东	254.7	26	五指山	107.1	19
重庆	荣昌	171.8	15	开县	89.2	08	秀山	87.6	10
四川	盐亭	204.2	24	芦山	425.2	11	屏山	119.5	10
贵州	赤水	133.4	17	丹寨	180.8	21	麻江	179.0	06
云南	盈江	127.5	18	凤庆	134.3	31	大理	123.9	18
西藏	那曲	35.2	21	日喀则	46.1	15	丁青	39.4	26
陕西	麟游	102.2	10	清涧	182.1	05	白河	63.3	21
甘肃	康县	72.1	10	徽县	96.4	16	武威	42.3	22
青海	玛沁	33.8	30	湟源	81.5	29	河南	25.1	21
宁夏	泾源	41.7	14	麻黄山	95.7	04	同心	29.5	15
新疆	奇台	42.8	28	昭苏	34.4	27	阿合奇	44.0	19

注:以*标注的数值为当月全国最大日降水量。

表 1.3.2d　2020 年第四季度全国各省(自治区、直辖市)各月最大日降水量概况

省(自治区、直辖市)	10 月			11 月			12 月		
	站名	降水量/mm	出现日期	站名	降水量/mm	出现日期	站名	降水量/mm	出现日期
北京	延庆	10.1	01	密云上甸子	28.1	18	昌平	1.5	12
天津	蓟县	6.6	01	大港	35.8	18	宁河	6.3	13
河北	张家口	15.4	01	海兴	48.8	18	抚宁	8.0	13
山西	平陆	21.8	13	交口	25.4	18	晋城	3.6	01
内蒙古	莫力达瓦旗	32.6	02	通辽	31.0	19	阿尔山	3.5	23
辽宁	东港	32.1	02	宽甸	81.7	19	皮口	6.0	13
吉林	集安	27.3	02	吉林城郊	54.4	19	抚松	3.5	23
黑龙江	鹤岗	35.3	05	鸡东	43.7	19	依兰	4.7	23
上海	崇明	38.3	04	崇明	38.4	26	春晓油田	27.2	24
江苏	高淳	49.7	03	丰县	72.1	18	沭阳	18.5	29
浙江	长兴	36.8	04	诸暨	48.4	20	龙游	20.9	14
安徽	金寨	87.5	03	砀山	64.2	18	九华山	28.3	29
福建	福安	23.5	05	福鼎	32.8	27	漳平	27.2	14
江西	奉新	46.6	04	上栗	69.7	23	修水	25.0	29
山东	菏泽	20.3	14	泰山	116.4	18	文登	22.5	30
河南	光山	73.2	03	虞城	77.4	18	商城	26.6	29
湖北	新洲	135.0	03	巴东	45.5	18	武穴	25.2	29
湖南	通道	38.0	04	石门	39.4	18	桃江	27.9	29
广东	湛江	205.3*	14	新兴	91.0	10	揭西	18.1	23
广西	涠洲岛	117.8	14	全州	16.7	23	陆川	17.7	14
海南	三亚	205.3*	18	乐东	171.1*	15	西沙	59.2	10
重庆	巫山	60.5	02	城口	38.4	18	黔江	22.1	29
四川	眉山	50.5	20	高县	36.2	21	资阳	63.6*	08
贵州	榕江	71.3	05	江口	13.6	19	赤水	14.2	11
云南	河口	173.1	01	西盟	54.2	03	绿春	17.8	18
西藏	错那	27.6	01	波密	12.3	04	丁青	5.3	25
陕西	山阳	27.6	02	镇坪	37.6	18	岚皋	8.3	29
甘肃	东乡	29.4	27	正宁	11.6	17	庆城	4.1	01
青海	同德	25.3	27	玛多	14.9	02	德令哈	5.5	18
宁夏	六盘山	24.3	27	盐池	11.1	21	固原	4.8	01
新疆	吐尔尕特	22.1	11	阿图什	13.4	21	伊宁县	8.4	21

注：以 * 标注的数值为当月全国最大日降水量。

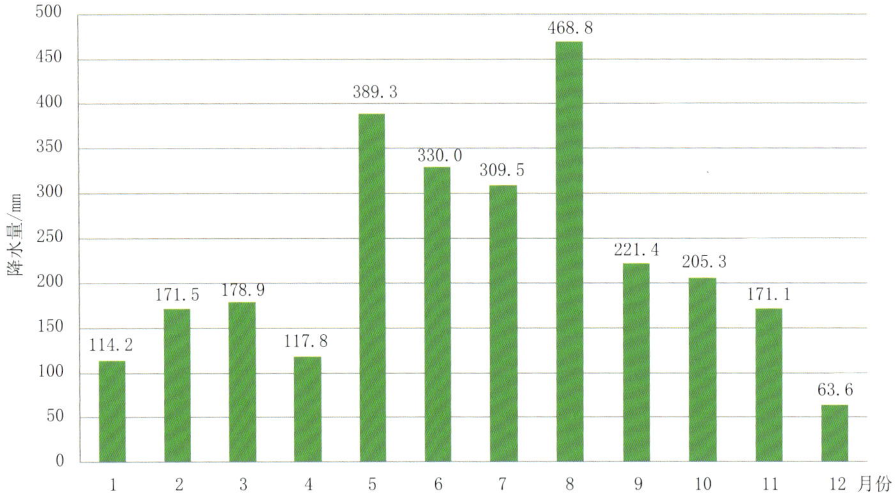

站点	广西合浦	四川安县	广西兴安	福建清流	广东上川岛	广西阳朔	安徽金寨	上海平湖油田	广西环江	广东湛江	海南乐东	四川资阳
日期	25	04	27	10	21	07	18	25	07	14	15	08

图 1.3.16　2020 年 1—12 月全国最大日降水量直方图
(图下方表格为与横坐标月份对应的最大日降水量出现的站点和日期)

1.3.7　突破 59 a(1961—2019 年)日降水量历史纪录概况

表 1.3.3　2020 年突破 59 a(1961—2019 年)日降水量历史纪录概况

省(自治区、直辖市)	站名	2020 年		历史纪录	
		降水量/mm	出现时间(月-日)	降水量/mm	出现时间(年-月-日)
黑龙江	嫩江	155.7	08-03	105.5	1981-07-31
	龙江	141.3	08-02	119.8	1961-08-12
新疆	托克逊	28.4	03-11	16.9	2002-06-08
青海	湟源	81.5	08-29	64.6	2016-08-18
西藏	那曲	43.2	08-11	43.1	2007-07-29
陕西	白河	122.6	08-08	110.8	2018-06-18
	清涧	182.1	08-05	98.5	2014-07-09
甘肃	静宁	112.5	06-26	86.1	2019-09-09
	文县	93.3	08-17	73.0	1987-05-30
吉林	烟筒山	145.9	09-03	132.3	1991-07-22
	辽源	130.7	08-18	119.2	1964-08-30
	梅河口	152.6	09-03	147.5	1995-07-29
山西	壶关	162.9	08-15	127.3	1972-07-07
山东	肥城	218.7	08-02	208.1	1973-07-15
	泰安	195.1	08-02	150.2	1996-07-30
河南	西华	247.6	07-22	225.4	1970-08-17
江西	新建	220.0	07-08	195.6	2003-06-25
	会昌	176.5	09-08	152.5	1999-05-26

续表

省(自治区、直辖市)	站名	2020年		历史纪录	
		降水量/mm	出现时间(月-日)	降水量/mm	出现时间(年-月-日)
湖北	建始	262.2	07-26	218.7	2016-07-19
重庆	南川	149.3	06-22	121.4	1963-07-30
湖南	泸溪	273.6	08-10	263.9	2007-08-04
	隆回	181.0	07-10	148.0	1969-06-26
贵州	惠水	215.4	06-24	185.8	1980-08-11
江苏	赣榆	226.2	07-12	219.9	1990-08-04
	通州	295.3	08-29	198.0	1962-09-06
安徽	金寨	309.5	07-18	272.9	2005-09-03
	六安	290.0	07-18	165.1	2013-07-07
上海	金山	263.5	08-05	172.5	1963-09-13
浙江	平湖	314.4	08-05	276.4	1977-08-22
四川	绵竹	302.6	08-16	292.5	2010-08-19
	什邡	261.2	08-11	236.7	1981-07-13
	芦山	425.2	08-11	188.6	1978-07-27
	蒲江	234.3	08-12	224.9	1977-07-02
	西昌	144.3	06-18	128.7	2000-06-25
云南	大理	123.9	09-18	116.8	1962-08-10
	凤庆	134.3	08-31	117.7	1990-06-20
	马关	178.4	05-23	128.5	2016-07-29
广西	环江	221.4	09-07	218.5	2008-06-12
	阳朔	330.0	06-07	197.5	2016-05-08
	武鸣	257.4	06-25	200.1	2001-06-21

1.4　2020年干旱地区日降水量≥25.0 mm概况

表1.4.1　2020年干旱地区日降水量≥25.0 mm概况

省(自治区、直辖市)	站名	出现时间(月-日)	降水量/mm	省(自治区、直辖市)	站名	出现时间(月-日)	降水量/mm
内蒙古	满洲里	08-17	35.1	内蒙古	新巴尔虎左旗	09-16	27.8
内蒙古	新巴尔虎右旗	08-10	28.6	内蒙古	东乌珠穆沁	06-25	34.5
内蒙古	新巴尔虎右旗	08-13	34.8	内蒙古	东乌珠穆沁	08-13	25.2
内蒙古	新巴尔虎左旗	07-18	59.1	内蒙古	头道湖	08-29	39.4

续表

省(自治区、直辖市)	站名	出现时间(月-日)	降水量/mm	省(自治区、直辖市)	站名	出现时间(月-日)	降水量/mm
内蒙古	二连浩特	07-05	34.3	内蒙古	乌拉特前旗	08-12	33.3
内蒙古	二连浩特	08-30	25.5	内蒙古	乌拉特前旗	08-29	43.6
内蒙古	那仁宝力格	07-26	34.6	内蒙古	乌拉特前旗	09-28	28.8
内蒙古	那仁宝力格	08-30	26.4	内蒙古	吉兰太	08-29	34.5
内蒙古	阿巴嘎旗	07-02	30.5	内蒙古	乌海	06-28	25.0
内蒙古	阿巴嘎旗	08-08	26.9	内蒙古	乌海	08-23	32.4
内蒙古	阿巴嘎旗	08-30	26.2	内蒙古	乌海	08-29	67.6
内蒙古	苏尼特左旗	07-03	29.0	内蒙古	临河	08-29	28.4
内蒙古	海力素	08-12	26.1	内蒙古	锡林浩特	07-28	36.9
内蒙古	苏尼特右旗	07-25	25.9	内蒙古	临河	09-28	37.8
内蒙古	镶黄旗	08-07	27.0	内蒙古	伊克乌素	08-29	26.2
内蒙古	乌拉特中旗	07-25	32.4	内蒙古	鄂托克旗	03-29	43.2
内蒙古	乌拉特中旗	08-12	62.2	内蒙古	鄂托克旗	06-11	26.7
内蒙古	乌拉特中旗	08-30	28.1	内蒙古	鄂托克旗	08-30	30.4
内蒙古	乌拉特中旗	09-28	36.3	内蒙古	鄂托克旗	09-13	27.2
内蒙古	五原	05-06	26.3	内蒙古	鄂托克旗	09-28	31.2
内蒙古	五原	08-12	36.9	内蒙古	杭锦旗	08-23	25.3
内蒙古	五原	08-29	28.0	内蒙古	杭锦旗	08-29	55.6
内蒙古	五原	09-28	26.3	内蒙古	杭锦旗	08-30	27.3
内蒙古	大佘太	08-12	25.0	内蒙古	鄂托克前旗	09-05	31.3
内蒙古	大佘太	09-28	28.1	内蒙古	锡林浩特	07-09	67.2
内蒙古	达茂旗气象局	07-17	41.1	内蒙古	锡林浩特	08-08	43.2
内蒙古	固阳县气象局	07-26	35.5	甘肃	高台	09-21	25.7
内蒙古	固阳县气象局	08-12	27.1	甘肃	临泽	09-21	26.9
内蒙古	固阳县气象局	08-30	28.5	甘肃	山丹	05-23	29.0
内蒙古	希拉穆仁气候站	07-11	57.7	甘肃	永昌	09-21	32.6
内蒙古	希拉穆仁气候站	07-12	32.5	甘肃	武威	09-22	42.3
内蒙古	希拉穆仁气候站	07-26	40.8	甘肃	兰州	05-07	25.6
内蒙古	磴口	08-29	36.2	甘肃	兰州	07-11	25.5
内蒙古	磴口	09-28	25.4	甘肃	兰州	08-23	39.1
内蒙古	杭锦后旗	07-17	25.2	甘肃	白银	08-04	49.7
内蒙古	杭锦后旗	08-12	30.5	宁夏	贺兰	08-29	26.2
内蒙古	乌拉特前旗	06-28	28.1	宁夏	平罗	08-11	25.8
内蒙古	乌拉特前旗	07-01	51.9	宁夏	平罗	08-23	28.0

续表

省(自治区、直辖市)	站名	出现时间(月-日)	降水量/mm	省(自治区、直辖市)	站名	出现时间(月-日)	降水量/mm
宁夏	平罗	08-29	30.2	新疆	阜康	06-06	28.2
宁夏	吴忠	08-23	25.8	新疆	奇台	07-28	42.8
宁夏	陶乐	08-29	26.1	新疆	巴仑台	06-29	25.8
宁夏	灵武	08-23	27.9	新疆	巴音布鲁克	07-20	25.1
宁夏	中卫	08-23	32.7	新疆	托克逊	03-11	28.4
宁夏	兴仁	08-04	32.2	新疆	喀什	04-20	27.1
宁夏	盐池	08-04	30.9	新疆	喀什	04-23	28.3
宁夏	同心	08-12	54.8	新疆	阿合奇	09-19	44.0
宁夏	同心	08-30	26.3	新疆	策勒	05-06	27.6
宁夏	同心	09-15	29.5	新疆	策勒	05-07	37.7
宁夏	惠农	08-11	63.8	青海	贵德	07-23	32.9
新疆	哈巴河	07-11	31.3	西藏	隆子	08-17	38.5
新疆	北塔山	05-22	28.8				

第 2 章　年度暴雨索引

2.1　全国各省(自治区、直辖市)暴雨索引(1—12 月)

表 2.1.1　2020 年 1 月暴雨索引

序号	日期 (月-日)	省(自治区、直辖市)	暴雨 站数	大暴雨 站数	特大暴雨 站数	≥50 mm/d 站数
1	01-05	云南	1			1
2	01-09	湖北	1			1
3	01-17	西藏	1			1
4	01-22	湖北	1			1
5	01-23	安徽	3			12
		江西	7			
		湖南	2			
6	01-24	江西	2			4
		湖南	2			
7	01-25	江西	6			26
		湖南	6			
		广西	11	2		
		贵州	1			
8	01-26	福建	6			18
		广东	12			
9	01-28	海南	1			1

表 2.1.2　2020 年 2 月暴雨索引

序号	日期 (月-日)	省(自治区、直辖市)	暴雨 站数	大暴雨 站数	特大暴雨 站数	≥50 mm/d 站数
10	02-04	四川		1		1
11	02-06	湖南	2			3
		广西	1			
12	02-09	云南	1			1
13	02-12	福建	1			1
14	02-13	广东	1			1

续表

序号	日期（月-日）	省（自治区、直辖市）	暴雨站数	大暴雨站数	特大暴雨站数	≥50 mm/d站数
15	02-14	福建	1			17
		江西	5			
		湖南	1			
		广东	6			
		广西	4			
16	02-15	福建	2			57
		江西	15			
		湖南	5			
		广东	26	1		
		广西	8			
17	02-26	湖北	1			1

表 2.1.3　2020 年 3 月暴雨索引

序号	日期（月-日）	省（自治区、直辖市）	暴雨站数	大暴雨站数	特大暴雨站数	≥50 mm/d站数
18	03-03	湖南	3			16
		广西	13			
19	03-04	广西	1			2
		云南	1			
20	03-08	浙江	1			5
		福建	1			
		江西	1			
		湖北	2			
21	03-09	上海	1			17
		浙江	1			
		福建	3			
		江西	12			
22	03-12	福建	28			40
		江西	11			
		湖南	1			
23	03-18	湖南	1			6
		广西	5			
24	03-19	江西	1			6
		湖南	2			
		广东	3			

续表

序号	日期(月-日)	省(自治区、直辖市)	暴雨站数	大暴雨站数	特大暴雨站数	≥50 mm/d 站数
25	03-22	安徽	4			8
		福建	1			
		江西	1			
		湖北	1			
		湖南	1			
26	03-24	广东	4			5
		广西	1			
27	03-25	江苏	1			18
		河南	4			
		湖北	2			
		广西	9	2		
28	03-26	江苏	7			18
		安徽	7			
		湖北	3	1		
29	03-27	江西	6			47
		湖南	12			
		广东	10	2		
		广西	4	1		
		重庆	5	2		
		四川	2			
		贵州	3			
30	03-28	浙江	2			23
		福建	17			
		广东	4			
31	03-29	江西	1			4
		湖南	3			
32	03-30	福建	1			1
33	03-31	福建	3			3

表 2.1.4　2020 年 4 月暴雨索引

序号	日期(月-日)	省(自治区、直辖市)	暴雨站数	大暴雨站数	特大暴雨站数	≥50 mm/d 站数
34	04-02	福建	3			30
		江西	9			
		湖南	7	4		
		广东	5			
		广西	2			

续表

序号	日期（月-日）	省（自治区、直辖市）	暴雨站数	大暴雨站数	特大暴雨站数	≥50 mm/d 站数
35	04-03	江西	9			26
		湖南	6			
		广东	8			
		广西	3			
36	04-05	广东	1			12
		广西	9			
		海南	2			
37	04-06	广东	2	1		7
		海南	4			
38	04-10	福建		1		1
39	04-11	上海	1			7
		江西	4			
		湖南	2			
40	04-17	辽宁	1			3
		四川	2			
41	04-18	江西	1			6
		湖北	3			
		重庆	2			
42	04-19	江苏	5			12
		安徽	1			
		江西	4			
		广西	2			
43	04-20	湖北	1			3
		湖南	2			
44	04-22	广东	10			13
		广西	3			
45	04-24	海南		1		2
		云南	1			
46	04-25	云南	1			1

表 2.1.5　2020 年 5 月暴雨索引

序号	日期（月-日）	省（自治区、直辖市）	暴雨站数	大暴雨站数	特大暴雨站数	≥50 mm/d 站数
47	05-01	贵州	1			1
48	05-02	安徽	1			3

续表

序号	日期（月-日）	省(自治区、直辖市)	暴雨站数	大暴雨站数	特大暴雨站数	≥50 mm/d站数
48	05-02	湖南	1			3
		贵州	1			
49	05-03	贵州	1			1
50	05-04	重庆	1			1
51	05-05	浙江	6			34
		安徽	9			
		江西	6			
		湖北	5			
		湖南	4	1		
		重庆	1			
		四川	2			
52	05-06	江西	3			11
		湖南	3	1		
		重庆	1			
		四川	2			
		贵州	1			
53	05-07	福建	2	2		16
		江西	4			
		湖南	1			
		四川	1			
		陕西	6			
54	05-08	天津	2			35
		辽宁	2			
		江苏	4			
		安徽	2			
		山东	19			
		河南	3			
		湖北	3			
55	05-09	浙江	1	1		14
		江西	5	2		
		重庆	2			
		贵州	3			
56	05-10	浙江	4			8
		福建	3			
		广东	1			

续表

序号	日期（月-日）	省（自治区、直辖市）	暴雨站数	大暴雨站数	特大暴雨站数	≥50 mm/d 站数
57	05-11	广西	3			3
58	05-12	广东	1	1		7
		广西	4			
		海南	1			
59	05-13	广东	1			1
60	05-14	江苏	1			35
		安徽	7			
		江西	2			
		湖北	15			
		湖南	7			
		重庆	3			
61	05-15	江西	17	1		30
		湖南	8	1		
		贵州	3			
62	05-16	福建	1	1		32
		江西	7	2		
		湖南	2			
		广东	2			
		广西	10	4	1	
		贵州	2			
63	05-17	内蒙古	2			21
		辽宁	1			
		吉林	1			
		福建	2			
		江西	1			
		广东	4			
		广西	6	1		
		海南	1			
		贵州	1			
		云南	1			
64	05-18	辽宁	6			26
		福建	7			
		山东	9			
		广东	3	1		

续表

序号	日期(月-日)	省(自治区、直辖市)	暴雨站数	大暴雨站数	特大暴雨站数	≥50 mm/d站数
78	06-01	山东	1			21
		湖南	1			
		广东	1			
		广西	7	3		
		贵州	2			
79	06-02	福建	1			48
		江西	9	1		
		山东	3			
		湖北	1			
		湖南	4			
		广东	4	2		
		广西	3			
		重庆	10			
		四川	4			
		贵州	6			
80	06-03	上海	1			61
		江苏	3			
		浙江	8	4		
		安徽	6			
		江西	11	5		
		湖南	7	1		
		广东	2			
		广西	9	2		
		贵州	2			
81	06-04	浙江	7			24
		安徽	1			
		福建	2			
		江西	6			
		湖南	4			
		广西	2			
		贵州	2			
82	06-05	上海	5	1		92
		江苏	3			
		浙江	6	1		
		安徽	9	2		

续表

序号	日期（月-日）	省（自治区、直辖市）	暴雨站数	大暴雨站数	特大暴雨站数	≥50 mm/d站数
82	06-05	福建	9	1		92
		江西	15	2		
		湖南	3	1		
		贵州	4			
		广东	3			
		广西	17	10		
83	06-06	浙江	2			36
		福建	9	1		
		江西		3		
		广东	13			
		广西	5	1		
		云南	1	1		
84	06-07	福建	6			48
		江西	2			
		湖南	5			
		广东	10	5		
		广西	9	5	2	
		贵州	4			
85	06-08	黑龙江	1			71
		福建	15	2		
		江西	5			
		湖南	1			
		广东	16	7	2	
		广西	3			
		重庆	1			
		四川	2			
		贵州	11	2		
		陕西	3			
86	06-09	福建	7	1		61
		江西	3	1		
		湖北	4	1		
		湖南	5			
		广东	9	5	1	
		广西	12	2		
		贵州	7	1		
		云南	1	1		

续表

序号	日期（月-日）	省(自治区、直辖市)	暴雨站数	大暴雨站数	特大暴雨站数	≥50 mm/d 站数
87	06-10	浙江	2			53
		安徽	16			
		福建	1			
		江西	1	1		
		山东	1			
		河南	3			
		湖北	4			
		湖南	7	3		
		广西	8	2	1	
		贵州	1			
		云南	2			
88	06-11	黑龙江	2			10
		浙江	1			
		江西	2			
		河南	2			
		重庆		1		
		四川	1			
		陕西	1			
89	06-12	江苏	15	3		73
		安徽	2	3		
		山东	1	1		
		河南	24	2		
		湖北	12	2		
		湖南	1			
		重庆	2			
		四川	1			
		贵州	3			
		云南	1			
90	06-13	江苏	5			63
		安徽	14	5		
		河南	4	2		
		湖北	12	3		
		湖南	4	2		
		广西	1			
		重庆		1		
		贵州	8	1		
		陕西	1			

续表

序号	日期(月-日)	省(自治区、直辖市)	暴雨站数	大暴雨站数	特大暴雨站数	≥50 mm/d 站数
91	06-14	黑龙江	5			62
		江苏	3			
		浙江	3			
		安徽	2			
		湖北	7	1		
		湖南	3	2		
		广东	3			
		广西	1			
		海南	1			
		重庆	1			
		四川	5			
		贵州	7	6		
		云南	10	2		
92	06-15	辽宁	1			28
		山东	13			
		江苏	2	2		
		安徽	3			
		河南	5	1		
		四川	1			
93	06-16	山西	3			56
		江苏	7	1		
		安徽	4			
		山东	1			
		河南	5			
		湖北	5			
		广西	2	1	2	
		海南	3	2		
		四川	8	4		
		云南	1			
		陕西	4	1		
		甘肃	2			
94	06-17	内蒙古	1			78
		江苏	8	8		
		安徽	4	4		
		山东	1			

续表

序号	日期(月-日)	省(自治区、直辖市)	暴雨站数	大暴雨站数	特大暴雨站数	≥50 mm/d站数
94	06-17	河南	19	2		78
		湖北	1			
		海南	1			
		重庆	4			
		四川	19	2		
		陕西	2	2		
95	06-18	河北	1			33
		江苏	9			
		湖北	8	1		
		湖南	1			
		重庆	1			
		四川	1	1		
		贵州	9			
		云南		1		
96	06-19	浙江	10	5		39
		安徽	4			
		江西	13			
		湖北	5			
		广西	1			
		云南	1			
97	06-20	浙江	15			26
		安徽	8			
		广东	1			
		重庆	1			
		四川	1			
98	06-21	黑龙江	1			72
		上海	1			
		江苏	4			
		浙江	25			
		安徽	20	4		
		河南	1			
		湖北	3	2		
		湖南	2			
		重庆	3			
		贵州	4	1		
		云南	1			

续表

序号	日期（月-日）	省（自治区、直辖市）	暴雨站数	大暴雨站数	特大暴雨站数	≥50 mm/d 站数
99	06-22	浙江	1			32
		安徽	6	1		
		河南	2			
		湖北	10			
		湖南	2	1		
		重庆	3	2		
		贵州	4			
100	06-23	吉林	1			64
		黑龙江	8			
		江苏	4			
		安徽	10			
		福建	1			
		江西	2			
		山东	1			
		湖北	10	6		
		湖南	6	3		
		贵州	8	4		
101	06-24	山西	1			44
		辽宁	1			
		上海	1			
		浙江	1			
		江西	15	2		
		湖南	4			
		广西	4			
		贵州	8	5		
		云南	2			
102	06-25	河北	1	1		96
		上海	2			
		浙江	7			
		安徽	1			
		江西	27	3		
		湖南	8	3		
		广东	6			
		广西	19	16	1	
		云南	1			

续表

序号	日期(月-日)	省(自治区、直辖市)	暴雨站数	大暴雨站数	特大暴雨站数	≥50 mm/d站数
109	07-02	山东	5			125
		河南	1			
		湖北	37	3		
		湖南	2	3		
		广西	6			
		重庆	3			
		四川	2			
		贵州	12	4		
		云南	16	1		
110	07-03	北京	5			85
		河北	1	1		
		吉林	1			
		上海	2			
		江苏	8	3		
		浙江	13	2		
		安徽	8			
		江西	13	5		
		山东	1			
		湖北	1			
		湖南	5	1		
		广西	7			
		海南	2			
		贵州	2			
		云南	2	1		
		陕西	1			
111	07-04	内蒙古		1		56
		吉林	1			
		上海	1			
		浙江	2			
		安徽	4			
		福建	1			
		江西	16	4		
		河南	1			
		湖北	7	2		
		湖南	2			

续表

序号	日期（月-日）	省（自治区、直辖市）	暴雨站数	大暴雨站数	特大暴雨站数	≥50 mm/d 站数
111	07-04	广东	2			56
		广西	3			
		海南	1			
		重庆	1			
		四川	3	1		
		云南	3			
112	07-05	河北	6	1		65
		内蒙古	1			
		吉林	2			
		黑龙江	1			
		上海	1			
		江苏	4	1		
		安徽	9	6		
		山东	1			
		河南	6	1		
		湖北	17	5		
		重庆	1			
		四川	2			
113	07-06	北京	1			88
		上海	3	3		
		江苏	13	5		
		浙江	6			
		安徽	5	19		
		江西	1			
		山东	2			
		湖北	12	15	1	
		湖南	2			
114	07-07	黑龙江	1			89
		上海	1			
		浙江	7	3		
		安徽	6	6	1	
		江西	12	2		
		湖北	22	16		
		湖南	5			
		重庆	1	1		
		贵州	5			

续表

序号	日期(月-日)	省(自治区、直辖市)	暴雨站数	大暴雨站数	特大暴雨站数	≥50 mm/d站数
115	07-08	山西	2			116
		浙江	4			
		安徽	8	1		
		江西	11	35		
		湖北	9	3	1	
		湖南	14	7		
		重庆	2			
		四川	1			
		贵州	16			
		云南	2			
116	07-09	河北	4			92
		山西	4			
		内蒙古	1			
		浙江	7	2		
		福建	5	1		
		江西	11	25		
		山东	1			
		河南		1		
		湖南	4	4		
		广西	2			
		四川	2			
		贵州	15	1		
		云南	2			
117	07-10	山西	1			70
		上海	1			
		浙江	3			
		福建	1			
		江西	15	7		
		湖南	10	5		
		广东	1			
		广西	3	2		
		重庆	1			
		四川	9	2		
		贵州	5			
		陕西	1	1		
		甘肃	2			

续表

序号	日期（月-日）	省（自治区、直辖市）	暴雨站数	大暴雨站数	特大暴雨站数	≥50 mm/d 站数
118	07-11	内蒙古	1			74
		江苏	6			
		安徽	10	2		
		河南	17	4		
		湖北	10	2		
		湖南	1			
		广西	11	4		
		重庆		1		
		四川	1			
		贵州	2			
		陕西	2			
119	07-12	北京	1			66
		河北	5			
		江苏	8	8		
		安徽	8	3		
		山东	19	3		
		河南	4			
		广西	4			
		四川	2			
		贵州	1			
120	07-13	内蒙古	1			26
		江苏	2			
		安徽	7			
		江西	1			
		重庆	3			
		云南	9	3		
121	07-14	福建	1			3
		海南	2			
122	07-15	上海	6			69
		江苏	15	1		
		浙江	3			
		安徽	16			
		福建	1			
		河南	8			
		广东	1			

续表

序号	日期（月-日）	省（自治区、直辖市）	暴雨站数	大暴雨站数	特大暴雨站数	≥50 mm/d 站数
122	07-15	海南	1			69
		重庆	3	1		
		四川	12	1		
123	07-16	山西	2			51
		内蒙古	1			
		上海	6			
		江苏	2			
		浙江	6	1		
		安徽	5			
		河南	1	1		
		湖北	6	4		
		重庆	4	3		
		四川	6	3		
124	07-17	河北	2			62
		山西	2			
		内蒙古	1			
		江苏		2		
		安徽	7	2		
		河南	9			
		湖北	3	3		
		广东	1			
		重庆	7	3		
		四川	12	4		
		贵州		1		
		云南	3			
125	07-18	河北	1	1		59
		内蒙古	1			
		江苏	4			
		安徽	12	9	2	
		河南	4	6		
		湖北	3	1		
		重庆	2			
		四川	1			
		贵州	6			
		云南	2	1		
		陕西	1			
		甘肃	2			

续表

序号	日期（月-日）	省（自治区、直辖市）	暴雨站数	大暴雨站数	特大暴雨站数	≥50 mm/d 站数
126	07-19	内蒙古	1			135
		辽宁	7	3		
		江苏	10	2		
		安徽	17	8		
		江西	1			
		山东	11			
		河南	6			
		湖北	16	6		
		湖南	22	3		
		广西	1	1		
		四川	1			
		贵州	14	1		
		云南	4			
127	07-20	吉林	5			56
		江苏	4			
		浙江	2			
		安徽	9	4		
		江西	9	4		
		湖南	2			
		广西	11	2		
		海南	1			
		贵州	1			
		云南	2			
128	07-21	江西	1			6
		云南	3			
		陕西	2			
129	07-22	江苏	2	4		99
		安徽	5	3		
		山东	13	19		
		河南	16	33		
		湖北	1			
		四川	3			
130	07-23	江苏	4	1		25
		山东	9	8		
		云南	2			
		陕西	1			

续表

序号	日期 (月-日)	省(自治区、直辖市)	暴雨 站数	大暴雨 站数	特大暴雨 站数	≥50 mm/d 站数
131	07-24	浙江	1			14
		安徽	1			
		四川	3	3		
		云南	1			
		陕西	5			
132	07-25	上海	1			39
		福建	4	1		
		四川	25	6		
		陕西	1			
		甘肃	1			
133	07-26	黑龙江	1			60
		浙江	1			
		安徽	4			
		福建	4			
		湖北	6		1	
		重庆	17	5		
		四川	11	4		
		贵州	5			
		云南	1			
134	07-27	河北	1			48
		辽宁	1			
		浙江	1			
		安徽	5	1		
		福建	1			
		江西	2			
		湖北	2	1		
		湖南	21	6		
		广西	1			
		贵州	3			
		云南	2			
135	07-28	天津	1			18
		河北	2			
		内蒙古	1			
		浙江	1			
		安徽	7			

续表

序号	日期(月-日)	省(自治区、直辖市)	暴雨站数	大暴雨站数	特大暴雨站数	≥50 mm/d站数
135	07-28	福建	1			18
		江西	1			
		湖北	1			
		湖南	3			
136	07-29	江西	1			10
		湖南	2			
		广东	1			
		四川	4	1		
		云南	1			
137	07-30	内蒙古	1			19
		江苏		1		
		河南	3			
		湖南	2			
		广西	1	1		
		四川	7	1		
		陕西	1			
		甘肃	1			
138	07-31	北京	4			49
		天津	6			
		河北	2	1		
		山西	2			
		内蒙古	2			
		黑龙江	2			
		江苏	1			
		安徽	2			
		山东	2			
		河南	2			
		湖北	1			
		广东	6			
		海南	2			
		重庆	1			
		四川	11	1		
		云南	1			

表 2.1.8　2020 年 8 月暴雨索引

序号	日期（月-日）	省（自治区、直辖市）	暴雨站数	大暴雨站数	特大暴雨站数	≥50 mm/d 站数
139	08-01	河北	2			30
		内蒙古	1			
		辽宁	3			
		江西	1			
		山东	2			
		广东	13	2		
		海南	4	1		
		四川	1			
140	08-02	河北	4			47
		山西	1			
		辽宁	3			
		黑龙江	1	1		
		山东	23	4		
		河南	2			
		广东	5			
		广西	1			
		四川	2			
141	08-03	山西	1			32
		内蒙古	1			
		辽宁	2			
		吉林	4			
		黑龙江	6	1		
		山东	1	1		
		河南	2	1		
		湖北	1			
		广东	1			
		广西	4	1		
		海南	1			
		云南	1			
		陕西	3			
142	08-04	内蒙古	1			59
		辽宁	3			
		吉林	1			
		黑龙江	2			

续表

序号	日期 (月-日)	省(自治区、直辖市)	暴雨 站数	大暴雨 站数	特大暴雨 站数	≥50 mm/d 站数
142	08-04	浙江	7	13	1	59
		山东	9	1		
		河南	5	4		
		广东	3			
		广西	3			
		四川	2			
		陕西	3			
		宁夏	1			
143	08-05	河北	21	1		112
		山西	22	2		
		辽宁	1			
		上海	5	4	1	
		江苏	4			
		浙江	3	3	1	
		山东	3			
		河南	7	1		
		广东	13			
		广西	3			
		海南	1			
		四川	1	1		
		陕西	8	4		
		甘肃	2			
144	08-06	河北	27	3		116
		山西	28	1		
		江苏	1			
		山东	28	6		
		河南	7	6		
		广东	1			
		广西	3			
		云南	3			
		陕西	2			
145	08-07	山西	2			106
		江苏	7			
		浙江	1			
		山东	23	6		

续表

序号	日期(月-日)	省(自治区、直辖市)	暴雨站数	大暴雨站数	特大暴雨站数	≥50 mm/d站数
145	08-07	河南	19	8		106
		四川	13	3		
		云南	7			
		陕西	16	1		
146	08-08	山西	2			51
		江苏	10	3		
		安徽	10	1		
		河南	4	2		
		湖北	6			
		重庆	2			
		四川	5	1		
		云南	3			
		陕西	1	1		
147	08-09	黑龙江	6			51
		江苏	5	2		
		安徽	12	2		
		江西	1			
		河南	2			
		湖北	6	2		
		湖南	2			
		海南	3			
		重庆	1			
		四川	1			
		贵州	5			
		云南	1			
148	08-10	河北	5	1		41
		辽宁		1		
		上海	2			
		江苏	1			
		浙江	1			
		安徽	3			
		江西	3	2		
		湖北	5	1		
		湖南	3	6	1	
		广西	1			
		贵州	3			
		云南	1	1		

续表

序号	日期 (月-日)	省(自治区、直辖市)	暴雨 站数	大暴雨 站数	特大暴雨 站数	≥50 mm/d 站数
149	08-11	内蒙古	1			50
		吉林	1			
		福建	7	2		
		江西	1			
		湖南	1			
		广东	2			
		广西	2			
		海南	1			
		重庆	1			
		四川	10	14	2	
		贵州	1			
		甘肃	3			
		宁夏	1			
150	08-12	北京	1			115
		河北	34	5		
		内蒙古	2			
		江西	3			
		山东	1			
		河南	2			
		广东	9	2		
		广西	1			
		海南	2			
		四川	22	17		
		云南	3			
		陕西	2			
		甘肃	8			
		宁夏	1			
151	08-13	北京	10	2		117
		天津	3			
		河北	6	1		
		内蒙古	6			
		辽宁	6	1		
		吉林	2			
		山东	27	2		
		河南	3			

续表

序号	日期(月-日)	省(自治区、直辖市)	暴雨站数	大暴雨站数	特大暴雨站数	≥50 mm/d站数
151	08-13	湖北	3			117
		广东	3			
		广西	3			
		海南		1		
		四川	18	6		
		贵州	1			
		云南	10			
		陕西	3			
152	08-14	辽宁	1			30
		吉林	2			
		黑龙江	6			
		山东	4	6	3	
		广西	2			
		云南	5	1		
153	08-15	河北	10	1		75
		山西	13	5		
		辽宁	2			
		福建	2	1		
		山东	11	5		
		河南	2	1		
		广东		1		
		广西	2			
		海南	1			
		四川	9	5		
		云南	1			
		陕西	3			
154	08-16	山西	12			81
		辽宁	2			
		山东	2	1		
		四川	26	19	3	
		陕西	11			
		甘肃	5			
155	08-17	山西	3			75
		内蒙古	1			
		广西	2	3		

续表

序号	日期（月-日）	省（自治区、直辖市）	暴雨站数	大暴雨站数	特大暴雨站数	≥50 mm/d 站数
155	08-17	海南	1			75
		四川	25	7		
		云南	26	1		
		甘肃	6			
156	08-18	北京	1			85
		天津	1			
		河北	9			
		山西	3			
		辽宁	3	2		
		吉林		1		
		黑龙江	1			
		广东	1			
		海南	1			
		重庆	1			
		四川	14	14		
		云南	29	2		
		陕西	2			
157	08-19	河北	1			47
		辽宁	5			
		吉林	1			
		江苏	1			
		安徽	1			
		福建	1			
		江西	2			
		山东	1			
		河南	3			
		湖北	1			
		湖南	2			
		广东	15	7		
		广西	2			
		贵州	2			
		云南	1			
		陕西	1			
158	08-20	安徽	1			79
		山东	13	1		

续表

序号	日期(月-日)	省(自治区、直辖市)	暴雨站数	大暴雨站数	特大暴雨站数	≥50 mm/d站数
158	08-20	河南	16	1		79
		湖北	11	4		
		湖南		1		
		广东	3			
		广西	16	9		
		海南	1			
		贵州	1			
		云南	1			
159	08-21	江苏	3			29
		安徽	3			
		江西	3			
		湖北	6	1		
		湖南	2			
		广西	1			
		贵州	5	3		
		云南	2			
160	08-22	江西	2			8
		山东	2			
		湖北	1			
		湖南	2			
		云南		1		
161	08-23	福建	1			10
		江西	1			
		海南	2			
		四川	2			
		甘肃	4			
162	08-24	北京	7			119
		天津	1	1		
		河北	19	7		
		辽宁	34	5		
		吉林	11			
		黑龙江	2			
		山东	2			
		湖北	1			
		湖南	1			

续表

序号	日期 (月-日)	省(自治区、直辖市)	暴雨 站数	大暴雨 站数	特大暴雨 站数	≥50 mm/d 站数
162	08-24	重庆	1			119
		四川	24	2		
		云南	1			
163	08-25	辽宁	2			40
		吉林	1			
		黑龙江	1			
		上海			1	
		江苏	1			
		江西	1			
		湖北	3			
		湖南	11	4		
		广东	1			
		广西	3			
		贵州	4	1		
		云南	6			
164	08-26	辽宁	5			50
		江苏	5	1		
		安徽	1			
		福建	3	1		
		江西	3			
		山东	9	5		
		湖南	2			
		广东	7			
		广西	7			
		海南			1	
165	08-27	辽宁	10			37
		吉林	4			
		黑龙江	1			
		江苏	2			
		浙江	4			
		福建	7			
		江西	1			
		广东	6			
		海南	1	1		

续表

序号	日期(月-日)	省(自治区、直辖市)	暴雨站数	大暴雨站数	特大暴雨站数	≥50 mm/d站数
166	08-28	内蒙古	2			24
		吉林	1			
		黑龙江	4			
		上海	3	1		
		江苏	4			
		浙江	8			
		福建	1			
167	08-29	内蒙古	5			29
		黑龙江	7			
		上海	1			
		江苏	1	2	1	
		浙江	1			
		四川	6			
		云南	2			
		青海	3			
168	08-30	江苏	1			25
		广西	1			
		四川	12	7		
		云南	2			
		甘肃	2			
169	08-31	北京	1			52
		辽宁	2	2		
		福建	1			
		山东	5			
		四川	18	4		
		云南	17	2		

表 2.1.9　2020 年 9 月暴雨索引

序号	日期(月-日)	省(自治区、直辖市)	暴雨站数	大暴雨站数	特大暴雨站数	≥50 mm/d站数
170	09-01	辽宁	5			21
		吉林	5	1		
		黑龙江	1			
		江苏	5	1		
		浙江	2			
		广东	1			

续表

序号	日期(月-日)	省(自治区、直辖市)	暴雨站数	大暴雨站数	特大暴雨站数	≥50 mm/d 站数
171	09-02	江苏	1			3
		湖北	2			
172	09-03	辽宁	4			72
		吉林	39	4		
		黑龙江	23	1		
		云南	1			
173	09-04	内蒙古	6			36
		吉林	3			
		黑龙江	8	4		
		福建		1		
		湖南	8	2		
		海南	1			
		重庆	2			
		贵州	1			
174	09-05	辽宁	1			12
		福建	2			
		湖南	5			
		广东	2			
		贵州	1	1		
175	09-06	湖北	1			58
		湖南	1			
		重庆	1			
		四川	13	1		
		贵州	31	9		
		云南		1		
176	09-07	吉林	13	2		28
		黑龙江	1			
		福建	1			
		广东	5			
		广西	4	1		
		海南	1			
177	09-08	辽宁	1			62
		吉林	17			
		黑龙江	16			
		浙江	1			

续表

序号	日期（月-日）	省(自治区、直辖市)	暴雨站数	大暴雨站数	特大暴雨站数	≥50 mm/d站数
186	09-17	上海	11			121
		江苏	6			
		浙江	14	2		
		安徽	30	2		
		江西	2			
		湖北	17			
		湖南	10			
		广西	2			
		海南	1			
		贵州	21	1		
		云南	2			
187	09-18	浙江	2			17
		安徽	1			
		福建	1			
		江西	1			
		广东	3	1		
		广西	1			
		海南	3	2		
		云南	1	1		
188	09-19	浙江	22	6		59
		福建	11	2		
		江西	6			
		广东	7			
		海南	3	2		
189	09-20	浙江	4			19
		福建	2			
		江西	4			
		广东	1			
		广西	4	2		
		海南	2			
190	09-21	福建	1			17
		河南	7			
		湖北	3			
		广东	1			
		广西	1			
		云南	2			
		陕西	2			

续表

序号	日期（月-日）	省（自治区、直辖市）	暴雨站数	大暴雨站数	特大暴雨站数	≥50 mm/d 站数
191	09-22	福建	1			10
		江西	2			
		湖南	1			
		广西	4	1		
		云南	1			
192	09-23	天津	1	1		26
		河北	4			
		福建	1			
		广东	3			
		广西	5	1		
		四川	1			
		云南	9			
193	09-24	河北	1			3
		广东	1			
		海南	1			
194	09-26	江西	2			13
		湖南	5			
		广东	2	1		
		广西	1			
		海南	1			
		云南	1			
195	09-27	广东	1			5
		广西	3			
		云南	1			
196	09-28	广东	1			3
		海南	2			
197	09-29	河北	1			2
		海南	1			
198	09-30	广东	5			6
		广西	1			

表 2.1.10　2020 年 10 月暴雨索引

序号	日期（月-日）	省（自治区、直辖市）	暴雨站数	大暴雨站数	特大暴雨站数	≥50 mm/d 站数
199	10-01	广东	1			2
		云南		1		

续表

序号	日期（月-日）	省(自治区、直辖市)	暴雨站数	大暴雨站数	特大暴雨站数	≥50 mm/d站数
200	10-02	湖北	5			7
		广东		1		
		重庆	1			
201	10-03	安徽	7			44
		河南	6			
		湖北	22	1		
		广东	1			
		广西	3			
		海南	1			
		重庆	2			
		云南	1			
202	10-04	安徽	1			9
		湖北	2			
		广西	2			
		贵州	4			
203	10-05	广西	2			6
		贵州	1			
		云南	3			
204	10-06	海南	1			2
		云南	1			
205	10-07	海南	2	1		4
		云南	1			
206	10-08	海南	1			1
207	10-09	海南		1		1
208	10-10	海南	1			1
209	10-11	海南	1			1
210	10-13	海南	1			1
211	10-14	广东	4	6		24
		广西	7	1		
		海南	5	1		
212	10-15	广东	6	1		30
		广西	16			
		海南	7			
213	10-16	海南	2			2
214	10-17	海南	7	2		9

续表

序号	日期（月-日）	省（自治区、直辖市）	暴雨站数	大暴雨站数	特大暴雨站数	≥50 mm/d 站数
215	10-18	海南	2	3		5
216	10-20	四川	1			1
217	10-21	云南	1			1
218	10-25	海南	2			2
219	10-26	海南	1			1
220	10-28	海南	5	2		7
221	10-30	海南	1			1

表 2.1.11　2020 年 11 月暴雨索引

<table>
<tr><th>序号</th><th>日期（月-日）</th><th>省（自治区、直辖市）</th><th>暴雨站数</th><th>大暴雨站数</th><th>特大暴雨站数</th><th>≥50 mm/d 站数</th></tr>
<tr><td>222</td><td>11-03</td><td>云南</td><td>1</td><td></td><td></td><td>1</td></tr>
<tr><td>223</td><td>11-10</td><td>广东</td><td>1</td><td></td><td></td><td>1</td></tr>
<tr><td>224</td><td>11-14</td><td>海南</td><td>1</td><td>2</td><td></td><td>3</td></tr>
<tr><td>225</td><td>11-15</td><td>海南</td><td>4</td><td>3</td><td></td><td>7</td></tr>
<tr><td rowspan="5">226</td><td rowspan="5">11-18</td><td>辽宁</td><td>10</td><td></td><td></td><td rowspan="5">52</td></tr>
<tr><td>江苏</td><td>2</td><td></td><td></td></tr>
<tr><td>安徽</td><td>1</td><td></td><td></td></tr>
<tr><td>山东</td><td>35</td><td>1</td><td></td></tr>
<tr><td>河南</td><td>3</td><td></td><td></td></tr>
<tr><td rowspan="2">227</td><td rowspan="2">11-19</td><td>辽宁</td><td>2</td><td></td><td></td><td rowspan="2">5</td></tr>
<tr><td>吉林</td><td>3</td><td></td><td></td></tr>
<tr><td>228</td><td>11-23</td><td>江西</td><td>5</td><td></td><td></td><td>5</td></tr>
</table>

表 2.1.12　2020 年 12 月暴雨索引

序号	日期（月-日）	省（自治区、直辖市）	暴雨站数	大暴雨站数	特大暴雨站数	≥50 mm/d 站数
229	12-08	四川	1			1
230	12-10	海南	1			1

2.2 单站连续性暴雨索引

表 2.2.1 2020 年全国单站连续性暴雨索引

序号	月份	起止日	省(自治区、直辖市)	站名	日期	降水量/mm
1	5	25—27	云南	贡山	25	72.2
					26	85.4
					27	63.9
2	6	3—5	浙江	江山	3	65.6
					4	71.5
					5	53.3
3		3—5	广西	东兰	3	136.9
					4	3.8
					5	101.3
4		4—6		鹿寨	4	93.3
					5	95.2
					6	61.1
5		5—6		罗城	5	141.9
					6	104.9
6		5—7		永福	5	180.2
					6	26.3
					7	326.4
7		6—8	广东	博罗	6	89.7
					7	136.1
					8	251.3
8		6—9		龙门	6	50.5
					7	197.4
					8	180.6
					9	309.3
9		6—9		河源	6	57.5
					7	67.0
					8	82.6
					9	86.5
10		7—8		汕尾	7	101.6
					8	291.8
11		7—9		佛冈	7	221.9
					8	79.5
					9	113.6

续表

序号	月份	起止日	省(自治区、直辖市)	站名	日期	降水量/mm
12	6	8—10	广西	兴安	8	69.0
					9	74.9
					10	107.2
13		9—10		融水	9	112.5
					10	149.0
14		9—11	江西	安义	9	107.1
					10	68.0
					11	60.9
15		12—14	湖北	鹤峰	12	94.2
					13	65.5
					14	89.8
16			江苏	海安	12	65.1
					13	59.7
					14	51.8
17		19—21	浙江	余姚	19	56.2
					20	68.2
					21	76.7
18				淳安	19	123.5
					20	73.0
					21	50.0
19				诸暨	19	108.3
					20	52.9
					21	52.2
20				上虞	19	71.4
					20	62.5
					21	74.4
21				镇海	19	72.6
					20	50.2
					21	79.0
22				鄞州区	19	87.0
					20	63.9
					21	94.2
23		21—23	安徽	岳西	21	114.0
					22	91.6
					23	52.3

续表

序号	日期（月-日）	区域	暴雨站数	大暴雨站数	特大暴雨站数	≥50 mm/d站数	暴雨中心		
							降水量/mm	地点	
								省(自治区、直辖市)	站名
29	06-04	江南地区 华南北部	23			23	93.3	广西	鹿寨
30	06-05	江淮西部 江南地区 华南地区	83	8		91	180.2	广西	永福
31	06-06	江南南部 华南地区	30	6		36	124.5	江西	龙南
32	06-07	西南东部 江南地区 华南地区	36	10	2	48	330.0	广西	阳朔
33	06-08	西北东部 西南东部 江南地区 华南地区	57	11	2	70	291.8	广东	汕尾
34	06-09	江汉地区 西南东部 江南地区 华南地区	48	12	1	61	309.3	广东	龙门
35	06-10	黄淮西部 江淮西部 江汉地区 江南地区 华南地区	45	6	1	52	257.1	广西	融安
36	06-12	黄淮地区 江淮地区 江汉地区 西南东部	61	11		72	194.7	安徽	萧县
37	06-13	江淮地区 江汉东部 江南西部 西南东部	49	14		63	186.8	湖南	慈利
38	06-14	江淮地区 江汉东部 江南北部 西南东部 西南南部	41	11		52	186.4	云南	罗平

续表

序号	日期（月-日）	区域	暴雨站数	大暴雨站数	特大暴雨站数	≥50 mm/d 站数	暴雨中心		
							降水量/mm	地点	
								省（自治区、直辖市）	站名
39	06-15	黄淮地区	23	3		26	192.7	河南	确山
40	06-16	四川盆地 西北东部 华北南部 黄淮地区 江淮地区 江汉地区	39	6		45	132.7	四川	广元
41	06-17	四川盆地 西北东部 华北南部 黄淮地区 江汉地区	59	18		77	177.5	安徽	界首
42	06-18	西南东部 江南西部 江汉东部 江淮地区 黄淮地区	29	3		32	144.3	四川	西昌
43	06-19	江南北部	32	5		37	123.5	浙江	淳安
44	06-20	江南北部	24			24	85.6	福建	浦江
45	06-21	江淮西部 江南北部	63	7		70	149.8	湖北	英山
46	06-22	江淮西部 江汉地区 西南东部	28	4		32	173.5	湖南	慈利
47	06-23	江淮地区 江南地区 西南东部	40	13		53	177.5	贵州	都匀
48	06-24	江南地区 华南西部 西南东部	31	7		38	215.4	贵州	惠水
49	06-25	江南地区 华南地区	71	22	1	94	257.4	广西	武鸣
50	06-26	江南地区 华南北部	11	4		15	113.1	广东	阳山
51	06-27	西南东部 江汉地区	45	11		56	239.5	湖北	远安

续表

序号	日期（月-日）	区域	暴雨站数	大暴雨站数	特大暴雨站数	≥50 mm/d站数	暴雨中心		
							降水量/mm	地点	
								省（自治区、直辖市）	站名
52	06-28	黄淮地区 江淮地区 江汉地区 江南北部	60	27		87	204.7	湖北	随州
53	06-29	黄淮东部 江淮地区 江南北部	55	8		63	125.1	江苏	盐城
54	06-30	西南东部	27	2		29	205.1	贵州	江口
		江南北部	28	9		37	202.3	浙江	衢州
55	07-01	西南东部 西南南部	31	3		34	117.0	湖南	古丈
56	07-02	江淮西部 江汉地区 江南北部 西南东部 西南南部	96	15		111	181.8	湖南	慈利
57	07-03	江南地区 华南西部 西南南部	50	9		59	155.1	江西	德兴
58	07-04	江淮西部 江南北部	32	6		38	139.6	江西	靖安
59	07-05	长江流域	34	12		46	151.5	湖北	仙桃
60	07-06	长江中下游	39	45		84	285.2	湖北	英山
61	07-07	长江中游 江南北部	59	28	1	88	262.9	安徽	黟县
62	07-08	长江中游 江南北部 西南东部	65	46	1	112	258.4	湖北	黄梅
63	07-09	江南地区 西南东部	47	33		80	247.6	江西	吉安
64	07-10	江南地区 华南北部	38	14		52	185.3	江西	泰和
		四川盆地 西北东部	15	3		18	122.9	四川	苍溪

续表

序号	日期(月-日)	区域	暴雨站数	大暴雨站数	特大暴雨站数	≥50 mm/d站数	暴雨中心		
							降水量/mm	地点	
								省(自治区、直辖市)	站名
65	07-11	华南西部	12	4		16	168.7	广西	三江
		西南东部 西北东部 黄淮西部 江淮地区 江汉地区 江南北部	48	9		57	132.6	河南	平舆
66	07-12	华北地区 黄淮地区	45	14		59	226.2	江苏	赣榆
67	07-15	四川盆地	14	2		16	171.8	重庆	荣昌
		江淮地区 江南北部	48	1		49	104.0	江苏	靖江
68	07-16	西南东部	14	6		20	149.7	四川	邻水
		江淮西部 江南北部	22	6		28	158.3	湖北	广水
69	07-17	西南东部 江汉地区 黄淮西部 江淮地区 江南北部	40	15		55	191.6	湖北	恩施
70	07-18	西南东部 江汉地区 江淮地区 黄淮南部	32	16	2	50	309.5	安徽	金寨
71	07-19	云贵高原 江南地区 江汉地区 江淮地区 黄淮东部 东北南部	110	24		134	170.5	安徽	庐江
72	07-20	江南地区 华南西部	38	10		48	157.0	安徽	黄山
73	07-22	黄淮地区	40	59		99	247.6	河南	西华
74	07-23	黄淮东部 江淮东部	13	9		22	161.4	山东	胶南

续表

序号	日期(月-日)	区域	暴雨站数	大暴雨站数	特大暴雨站数	≥50 mm/d站数	暴雨中心		
							降水量/mm	地点	
								省(自治区、直辖市)	站名
75	07-25	西南东部 西北东部	27	6		33	150.3	四川	阆中
76	07-26	西南东部 江汉地区	45	5	1	51	262.2	湖北	建始
77	07-27	江南地区 江淮西部	35	8		43	169.5	湖南	靖州
78	08-01	华南地区	16	3		19	124.8	广东	汕尾
79	08-02	黄淮北部 华北地区	33	4		37	218.7	山东	肥城
80	08-04	江南东部	7	13	1	21	263.4	浙江	永嘉
		黄淮北部	14	5		19	133.7	山东	青岛
81	08-05	华南地区	16			16	88.3	广西	涠洲岛
		江南东部	12	7	2	21	314.4	浙江	平湖
		西北东部 华北地区	62	8		70	182.1	陕西	清涧
82	08-06	华北地区 黄淮北部	93	16		109	152.4	河南	杞县
83	08-07	黄淮地区 西北东部 四川盆地	78	18		96	200.8	山东	鱼台
84	08-08	黄淮南部 江淮地区 江汉地区	33	7		40	175.2	河南	唐河
85	08-09	江淮地区	28	6		34	127.4	湖北	孝昌
86	08-10	江淮西部 江南北部	20	9	1	30	273.6	湖南	泸溪
87	08-11	四川盆地 川西高原 西北东部	12	14	2	28	425.2	四川	芦山
88	08-12	四川盆地 川西高原 西北东部	37	17		54	234.3	四川	浦江
		华北东部	38	5		43	176.3	河北	任丘
89	08-13	西南东部	37	6		43	228.6	四川	蓬溪

续表

序号	日期（月-日）	区域	暴雨站数	大暴雨站数	特大暴雨站数	≥50 mm/d 站数	暴雨中心		
							降水量/mm	地点	
								省（自治区、直辖市）	站名
89	08-13	华北地区 东北地区 内蒙古东部	61	6		67	165.2	辽宁	宽甸
90	08-15	华北南部 黄淮北部 西北东部 四川盆地	50	17		67	207.5	山东	聊城
91	08-16	华北地区 西北东部 四川盆地	58	20	3	81	302.6	四川	绵竹
92	08-17	华北西部 西北东部 西南东部 西南南部	60	8		68	174.1	四川	安县
93	08-18	东北地区 华北地区 西北东部 西南东部 西南南部	63	19		82	230.3	四川	峨眉
94	08-19	华南地区	20	7		27	135.7	广东	陆丰
95	08-20	华南西部	20	9		29	176.3	广西	金秀
		黄淮地区 江淮地区 江汉地区 江南西部	41	7		48	142.4	湖南	龙山
96	08-21	黄淮南部 江淮地区 江汉地区 江南地区	17	1		18	106.4	湖北	秭归
97	08-24	东北地区 华北地区	76	13		89	166.2	河北	昌黎
		西南东部	28	2		30	115.2	四川	峨眉
98	08-25	江南西部 华南西部 西南东部 西南南部	27	5		32	136.0	湖南	花垣

续表

序号	日期(月-日)	区域	暴雨站数	大暴雨站数	特大暴雨站数	≥50 mm/d站数	暴雨中心		
							降水量/mm	地点	
								省(自治区、直辖市)	站名
99	08-26	江南地区 华南地区	22	1	1	24	145.5	福建	永春
		黄淮东部 江淮东部 东北南部	19	6		25	177.6	山东	即墨
100	08-27	江南东部 华南地区	18			18	96.0	福建	仙游
		东北地区	15			15	89.3	辽宁	海城
101	08-30	西北东部 西南东部	15	7		22	181.0	四川	名山
102	08-31	西南东部 西南南部	35	6		41	222.6	四川	大邑
103	09-03	东北地区	66	5		71	152.6	吉林	梅河口
104	09-04	东北地区	17	4		21	124.5	黑龙江	齐齐哈尔
105	09-06	西南东部 江南西部	47	11		58	179.0	贵州	麻江
106	09-07	东北东部	14	2		16	114.3	吉林	珲春
107	09-08	东北地区	34			34	98.1	黑龙江	绥芬河
		华南地区	23	4		27	178.6	福建	宁德
108	09-10	江淮地区 江汉地区 江南地区 西南东部 西南南部	34	5		39	156.6	湖南	石门
109	09-11	江南地区 华南北部 云贵高原	34	2		36	106.8	贵州	平塘
110	09-12	华南地区 云贵高原	23	6		29	114.7	云南	呈贡
111	09-13	华南地区 西南东部	15	3		18	125.2	福建	南靖
112	09-14	西南东部	19	2		21	132.4	贵州	关岭

续表

序号	日期（月-日）	区域	暴雨站数	大暴雨站数	特大暴雨站数	≥50 mm/d站数	暴雨中心		
							降水量/mm	地点	
								省（自治区、直辖市）	站名
113	09-15	江淮西部 江南北部 西南东部	18			18	82.4	贵州	德江
		华北地区	14	2		16	122.0	天津	静海
114	09-16	江南地区 西南东部	50			50	97.5	湖南	岳阳
115	09-17	江淮地区 江南北部 云贵高原	114	5		119	121.9	贵州	册亨
116	09-19	江南地区	38	8		46	143.0	浙江	遂昌
117	09-23	华南地区 西南南部	19	1		20	142.7	广西	河池
118	10-03	江淮地区 江汉地区	42	1		43	135.0	湖北	新洲
119	10-14	华南地区	16	8		24	205.3	广东	湛江
120	10-15	华南地区	29	1		30	117.2	广东	遂溪
121	11-18	黄淮地区 华北地区 东北南部	51	1		52	116.4	山东	泰山

2.4　主要暴雨过程索引

表 2.4.1　2020年全国主要暴雨过程索引

序号	月份	暴雨过程		过程累积最大降水量			备注
		起止日	区域	降水量/mm	地点		
					省（自治区、直辖市）	站名	
1	1	25—26	江南地区 华南地区	131	广西	合浦	
2	3	27—28	江南地区 华南地区 西南东部	179	广西	兴安	
3	4	2—3	江南地区 华南地区	171	江西	南康	

续表

序号	月份	暴雨过程		过程累积最大降水量			备注
		起止日	区域	降水量/mm	地点		
					省(自治区、直辖市)	站名	
4	5	14—18	江淮地区 江南地区 华南地区 西南东部	306	广西	兴安	
5	5	20—22	江南南部 华南地区 西南东部	396	广东	上川岛	
6	5	25—26	江南地区 华南地区	194	广西	凤山	
7	5	29—30	江南地区 华南地区	143	广东	珠海	
8	5	5月31日—6月1日	江南地区 华南地区 西南东部	175	江西	广昌	
9	6	2—10	江淮西部 江汉地区 江南地区 华南地区 西南东部	936	广东	龙门	重大暴雨事件1
10	6	11—15	黄淮地区 江淮地区 江汉地区 江南北部 西南东部	281	安徽	桐城	重大暴雨事件2
11	6	16—21	西北东部 华北南部 黄淮地区 江淮地区 江汉地区 江南北部 西南东部 西南南部	257	江苏	宿豫	重大暴雨事件2
12	6	21—26	江淮地区 江汉地区 江南地区 华南地区 西南东部	280	贵州	三都	重大暴雨事件2

续表

序号	月份	暴雨过程		过程累积最大降水量			备注
		起止日	区域	降水量/mm	地点		
					省(自治区、直辖市)	站名	
13	6	26—30	黄淮南部 江淮地区 江汉地区 江南地区 西南东部	287	湖北	远安	重大暴雨事件 3
14		6 月 30 日—7 月 4 日	江淮地区 江汉地区 江南地区 西南东部 西南南部	323	江西	德兴	
15	7	5—11	黄淮南部 江淮地区 江汉地区 江南地区 华南西部 西南东部	580	安徽	黄山	
16		10—13	黄淮南部 江淮地区 江汉地区 西南东部	226	江苏	赣榆	重大暴雨事件 4
17		15—20	黄淮南部 江淮地区 江汉地区 江南北部 华南西部 西南东部 西南南部	530	安徽	金寨	重大暴雨事件 5
18		22—23	黄淮地区	248	河南	西华	
19		24—28	江淮西部 江南北部 西南东部	283	四川	盐亭	重大暴雨事件 6
20		7 月 31 日—8 月 4 日	东北地区 华北地区 黄淮地区	250	山东	肥城	
21		7 月 31 日—8 月 5 日	华南地区	264	广东	海丰	2003 号热带风暴“森拉克”(Sinlaku)

续表

序号	月份	暴雨过程		过程累积最大降水量			备注
		起止日	区域	降水量/mm	地点		
					省(自治区、直辖市)	站名	
22	8	4	黄淮北部	134	山东	青岛	
23		4—5	江南大部	324	浙江	平湖	2004 号强台风“黑格比”(Hagupit)
24		5—10	华北地区 黄淮地区 江淮地区 江汉地区 江南北部 西北东部 西南东部 西南南部	292	湖南	泸溪	重大暴雨事件 7
25		11—14	东北地区 华北地区 黄淮北部 西北东部 西南东部 西南南部	482	四川	芦山	重大暴雨事件 8
26		15—21	东北地区 华北地区 黄淮地区 江淮地区 江汉地区 西北东部 西南东部 西南南部	536	四川	北川	重大暴雨事件 9
27		19—21	华南地区 江南南部 贵州南部	189	贵州	丹寨	2007 号台风“海高斯”(Higos)
28		23—29	东北地区 华北地区 西北东部 西南东部 西南南部 江南地区 华南地区	344	江苏	南通	
29		26—29	东北地区 黄淮东部	182	山东	即墨	2008 号强台风“巴威”(Bavi)

续表

序号	月份	暴雨过程		过程累积最大降水量			备注
		起止日	区域	降水量/mm	地点		
					省(自治区、直辖市)	站名	
30	8	29—31	西南东部 西南南部	290	四川	大邑	
31	9	3—4	东北地区 内蒙古东部	158	吉林	梅河口	2009号超强台风"美莎克"(Maysak) 重大暴雨事件10
32		6—9	江南南部 华南地区 西南东部	269	广西	环江	
33		7—8	东北地区	151	黑龙江	绥芬河	2010号超强台风"海神"(Haihen)
34		10—13	江淮地区 江汉地区 江南地区 华南地区 西南东部 西南南部	196	广西	凤山	
35		14—20	江淮地区 江汉地区 江南地区 华南地区 西南东部 西南南部	260	贵州	关岭	
36		15	华南地区	122	天津	静海	
37	10	14—15	华南地区				2016号强热带风暴"浪卡"(Nangka)

第3章　主要暴雨过程

本章对2020年37次主要暴雨过程的基本天气形势和降水演变特征进行简要叙述，并给出过程每天的降水量分布图及过程总降水量分布图。

3.1　1月主要暴雨过程(No.1)

第1次主要暴雨过程(No.1):1月25—26日

1月25日，500 hPa四川盆地、云贵高原有短波槽发展东移，700 hPa云贵高原至长江中下游地区有弱切变线形成，江南南部、华南北部低空急流发展加强，850 hPa江南、华南地区暖切变发展加强，华南沿海西南低空急流发展加强，受其影响，江南地区、华南地区出现较大范围降水，暴雨分布较为零散，广西沿海局部出现大暴雨(图3.1.1)；26日，500 hPa短波槽快速东移南压，低层切变和低空急流也随之东移南压，受其影响，江南中东部、华南中东部出现降水，暴雨主要出现在广东、福建交界的部分地区(图3.1.2)。图3.1.3为此次暴雨过程总降水量分布。

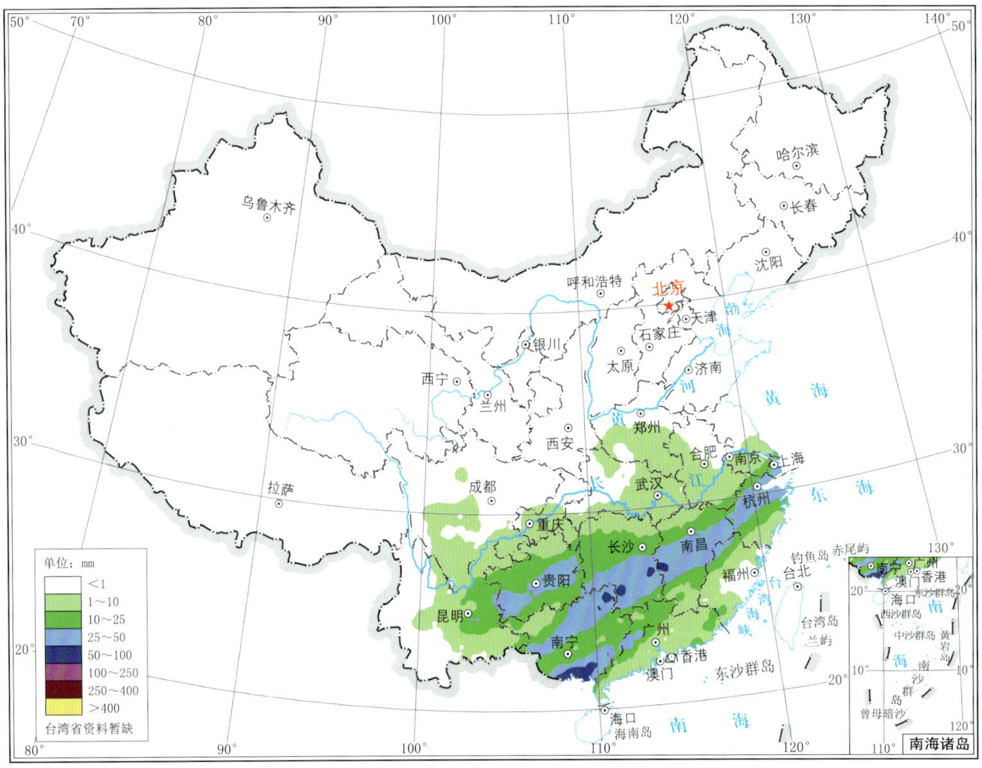

图3.1.1　2020年1月25日全国降水量分布

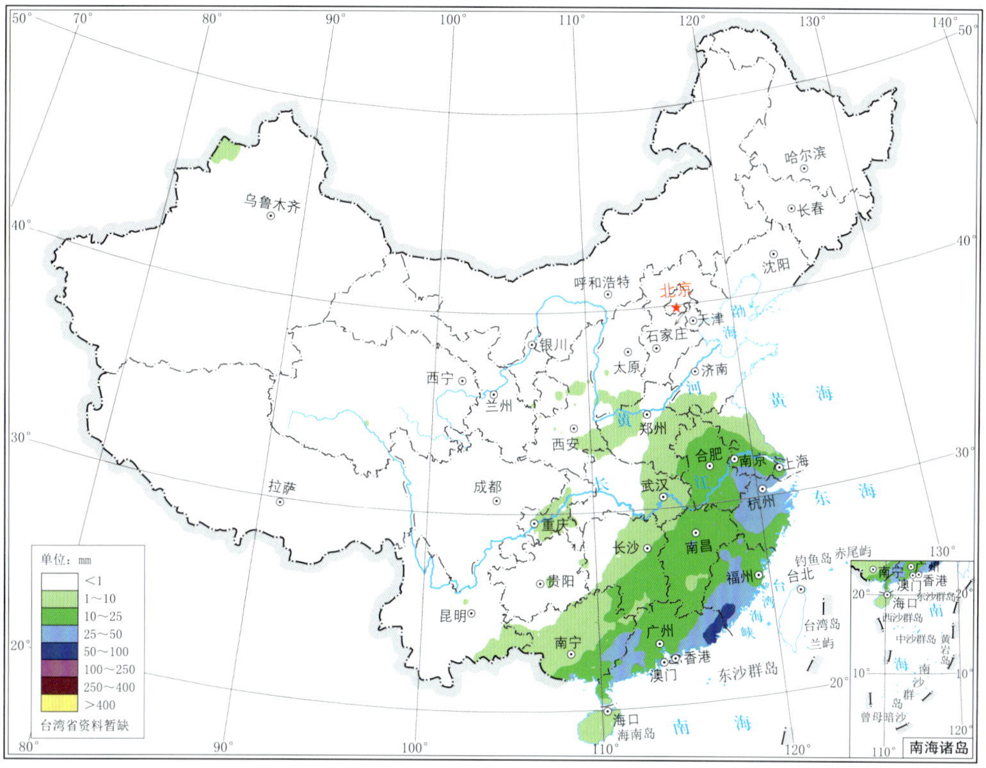

图 3.1.2　2020 年 1 月 26 日全国降水量分布

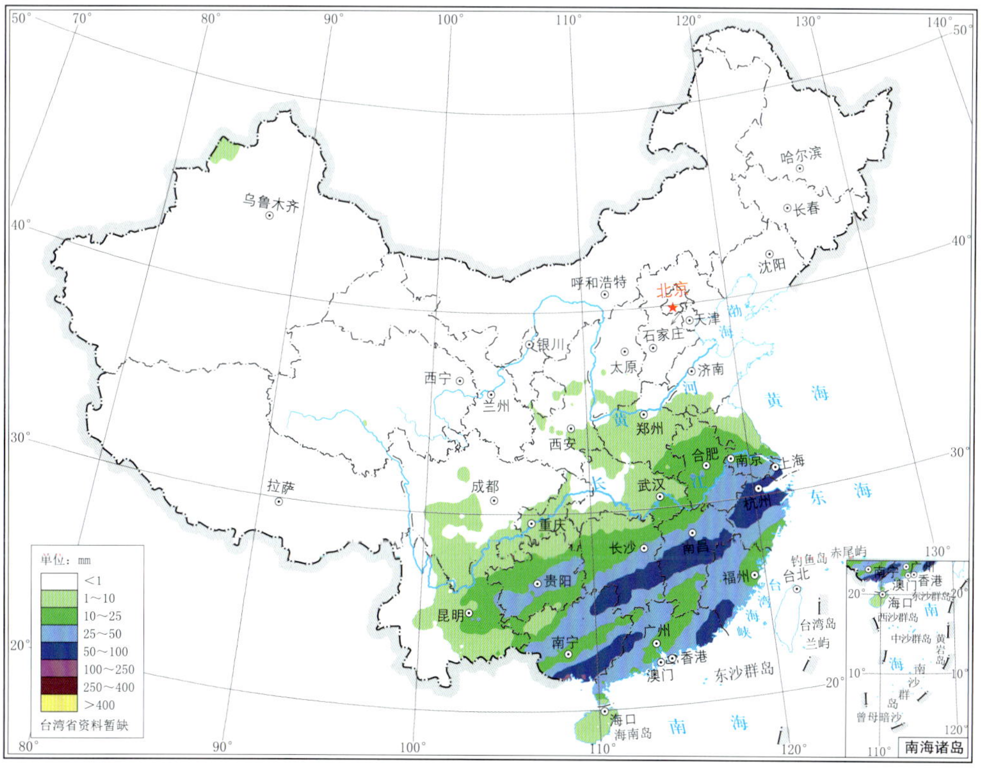

图 3.1.3　2020 年 1 月 25—26 日全国总降水量分布

3.2　3 月主要暴雨过程(No. 2)

第 2 次主要暴雨过程(No. 2):3 月 27—28 日

3 月 27 日,500 hPa 秦巴山地至四川盆地、重庆至贵州有西风短波槽发展加强,中低层四川盆地至贵州有西南低涡发展,850 hPa 江南地区有暖切变发展,华南地区低空急流加强,受其影响,西南东部、江汉地区、江南地区及华南北部出现大范围降水,暴雨分布较为零散,局部地区出现大暴雨(图 3.2.1);28 日,500 hPa 短波槽快速东移南压,中低层西南低涡也快速东移南压至江南东部地区,受其影响,降水区快速东移至江淮地区、江南中东部及华南中东部,暴雨主要出现在福建东部及浙江南部局部地区(图 3.2.2)。图 3.2.3 为此次暴雨过程总降水量分布。

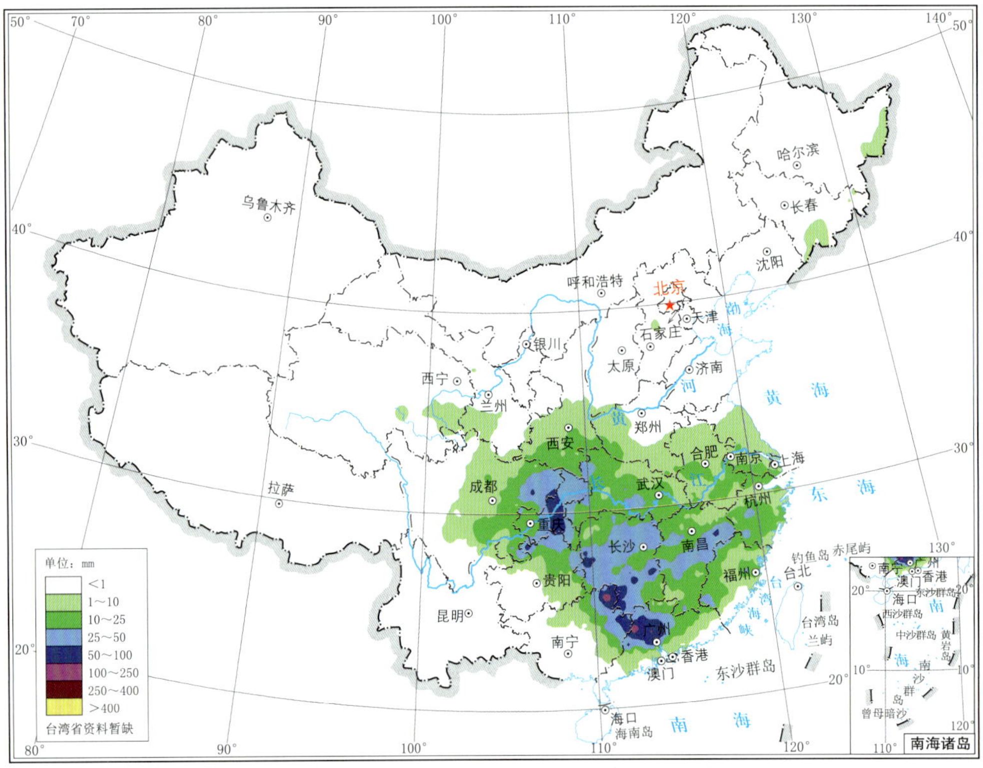

图 3.2.1　2020 年 3 月 27 日全国降水量分布

3.3　4 月主要暴雨过程(No. 3)

第 3 次主要暴雨过程(No. 3):4 月 2—3 日

4 月 2 日,500 hPa 云贵高原及江南南部多短波槽活动,700 hPa 贵州、广西至湖南低空急流发展加强,850 hPa 江南地区有低涡及暖切变发展,受其影响,江南南部、华南北部出现降水,暴雨主要出现在湖南南部、广东北部及江西南部,湖南南部局部出现大暴雨(图 3.3.1);3 日,500 hPa 短波槽缓慢活动,700 hPa 低空急流维持少动,850 hPa 江南地区切变维持,受其影响,江南南部、华南中北部出现降水,暴雨主要出现在湖南、广东、江西交界的区域(图 3.3.2)。图 3.3.3 为此次暴雨过程总降水量分布。

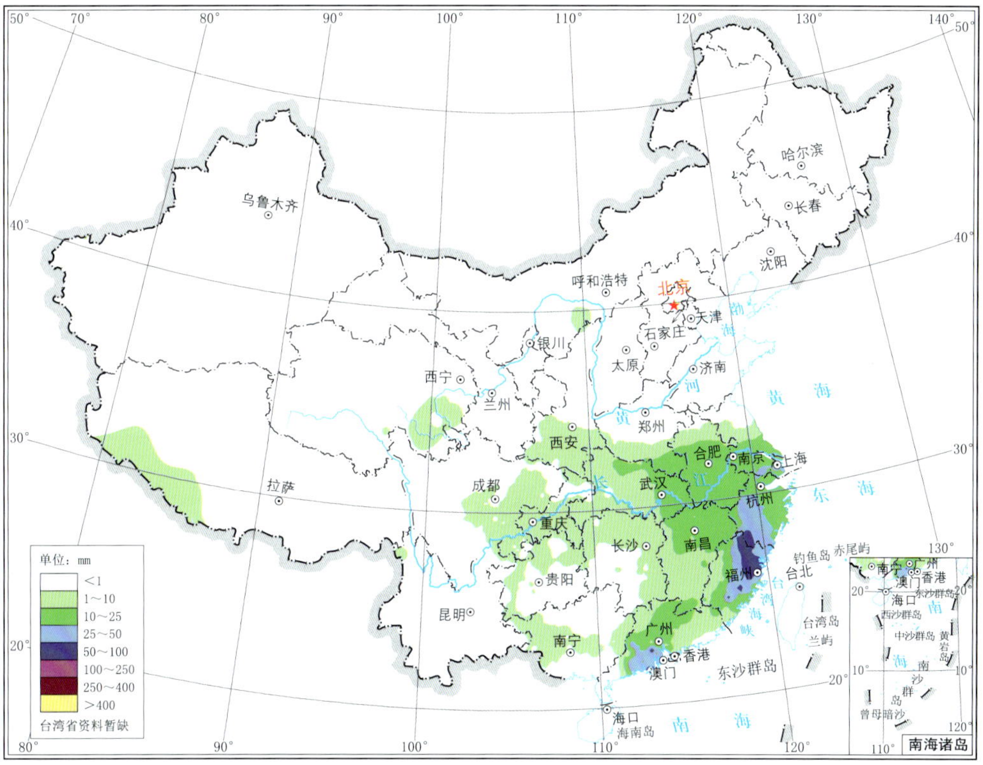

图 3.2.2　2020 年 3 月 28 日全国降水量分布

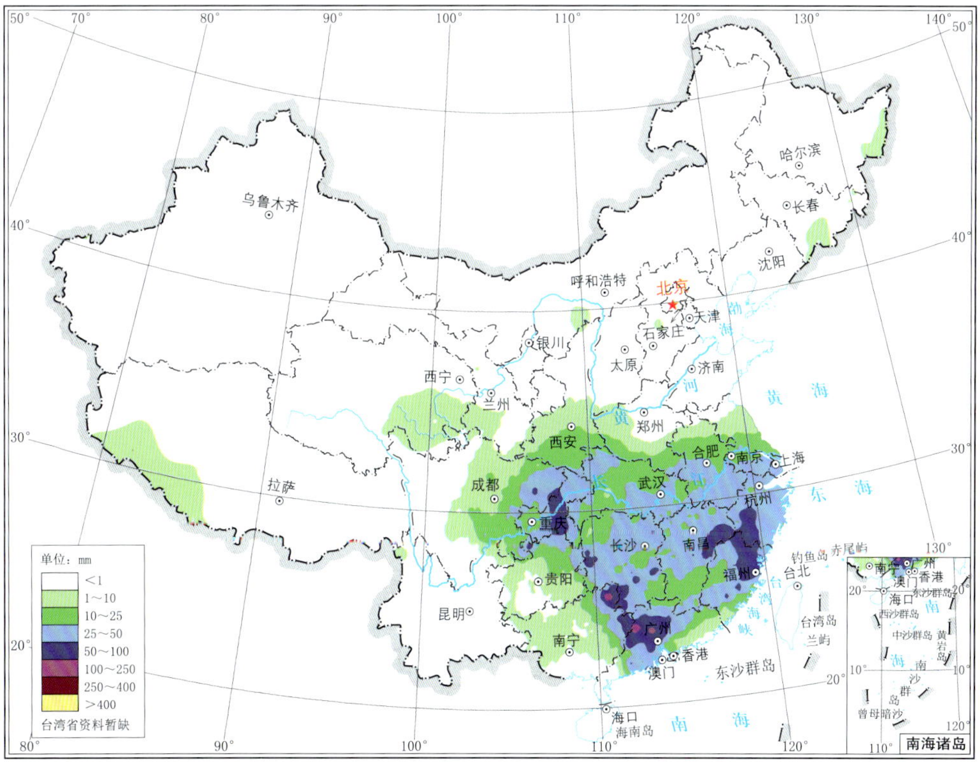

图 3.2.3　2020 年 3 月 27—28 日全国总降水量分布

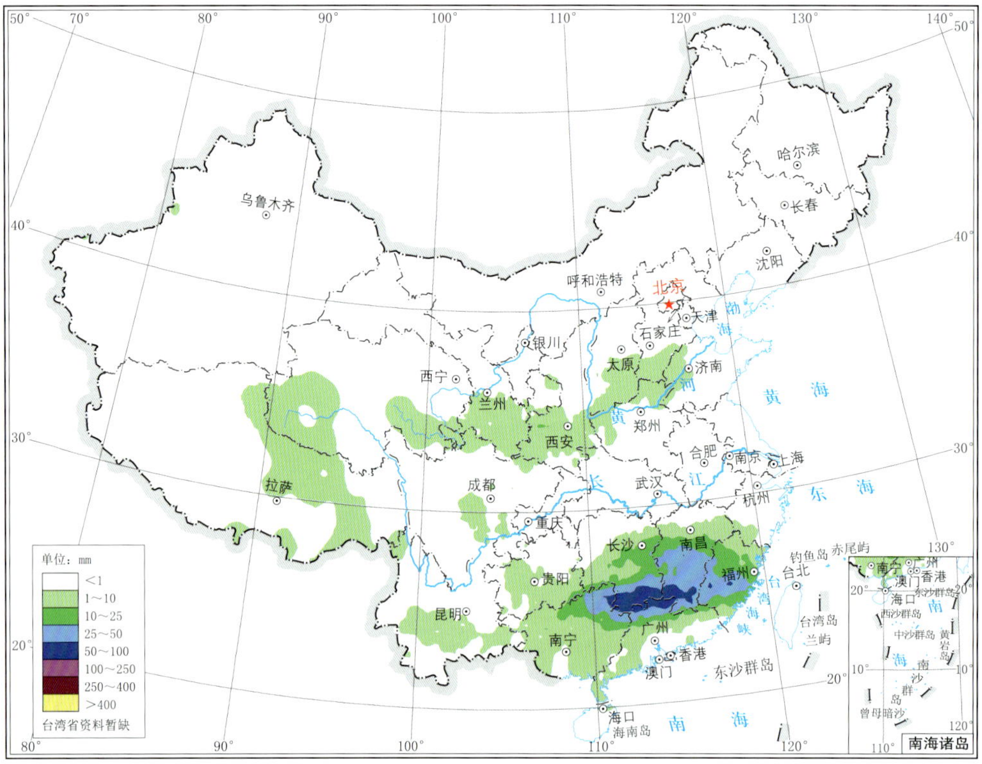

图 3.3.1　2020 年 4 月 2 日全国降水量分布

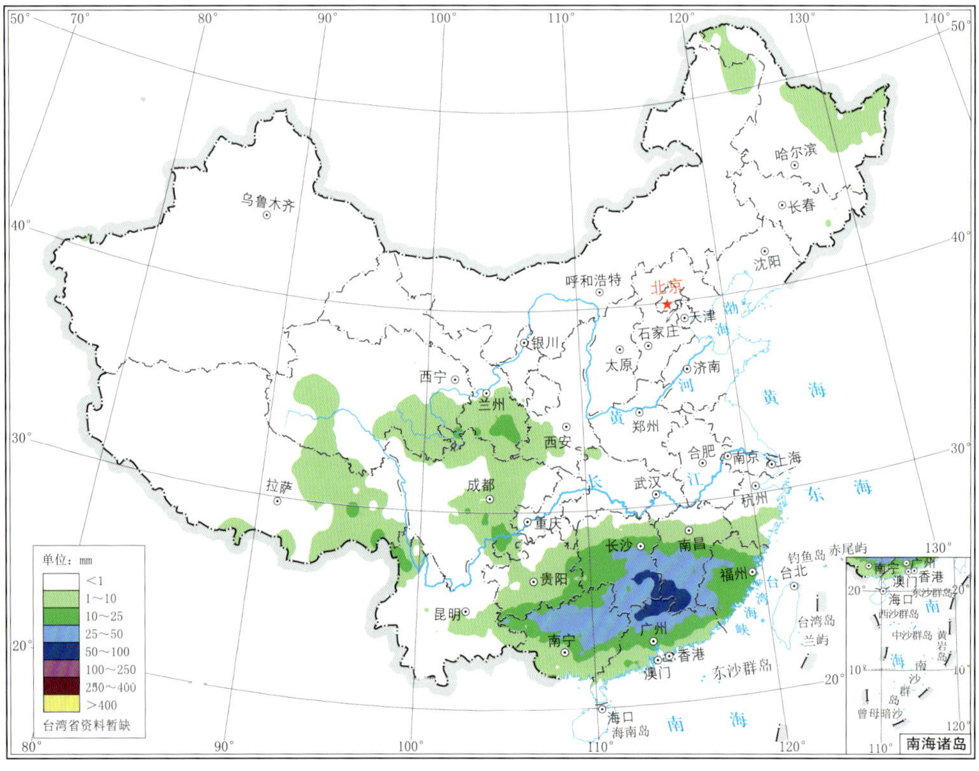

图 3.3.2　2020 年 4 月 3 日全国降水量分布

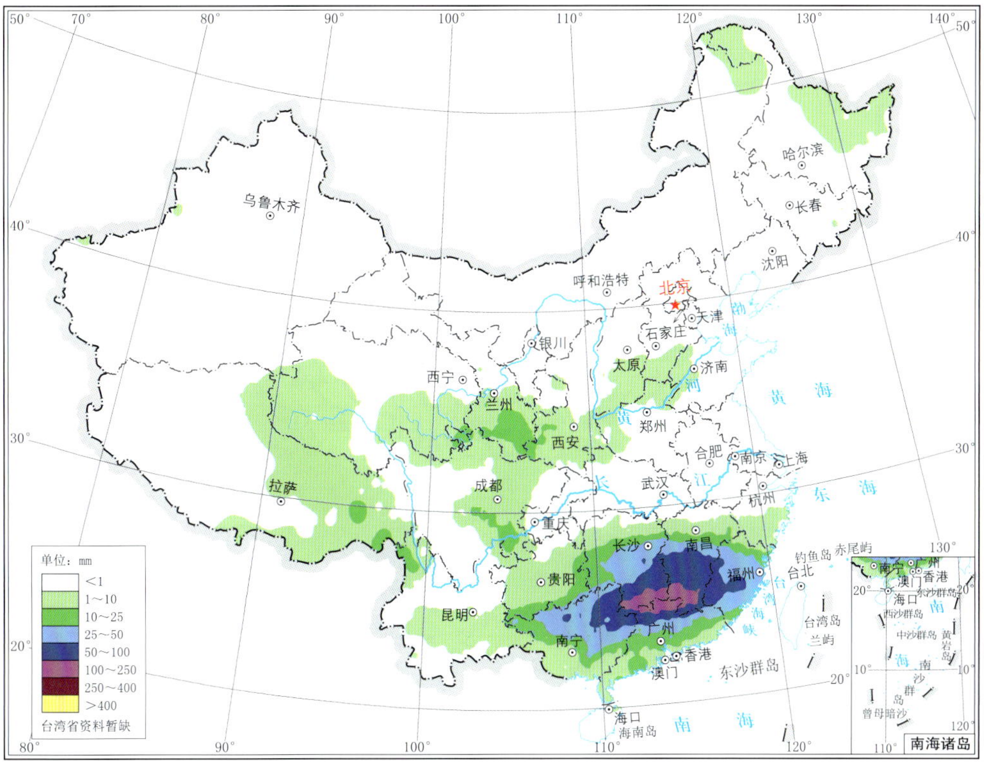

图 3.3.3　2020 年 4 月 2—3 日全国总降水量分布

3.4　5 月主要暴雨过程(No. 4—No. 8)

第 4 次主要暴雨过程(No. 4):5 月 14—18 日

5 月 14 日,500 hPa 华北至四川盆地有西风槽发展加强,700 hPa 华北南部及四川盆地有低涡发展,850 hPa 华北南部至贵州上空有切变发展,江南至长江中游地区有低空急流发展加强,受其影响,重庆南部至长江中下游地区出现降水,暴雨主要出现在湘西北、鄂东南至皖南地区(图 3.4.1);15 日,500 hPa 西风槽东移南压,中低层江淮地区至贵州上空有切变发展,受其影响,雨带整体南压至江南地区,暴雨主要出现在江西北部至湖南中部,局地出现大暴雨(图 3.4.2);16 日,500 hPa 西风槽继续东移南压,中低层切变也有所南压,受其影响,雨带整体南压至江南南部至华南北部,雨带中出现两个暴雨区,一个位于江西、福建交界处,局部出现大暴雨,另一个位于桂东北,部分站点出现大暴雨,其中兴安出现 298.8 mm 的特大暴雨(图 3.4.3);17—18 日,500 hPa 长江中游及华南地区又有新的短波槽形成,中低层江南及华南仍有切变线活动,受其影响,江南中东部及华南地区出现降水,暴雨分布较为零散,广西局部出现大暴雨(图 3.4.4 和图 3.4.5)。图 3.4.6 为此次暴雨过程总降水量分布。

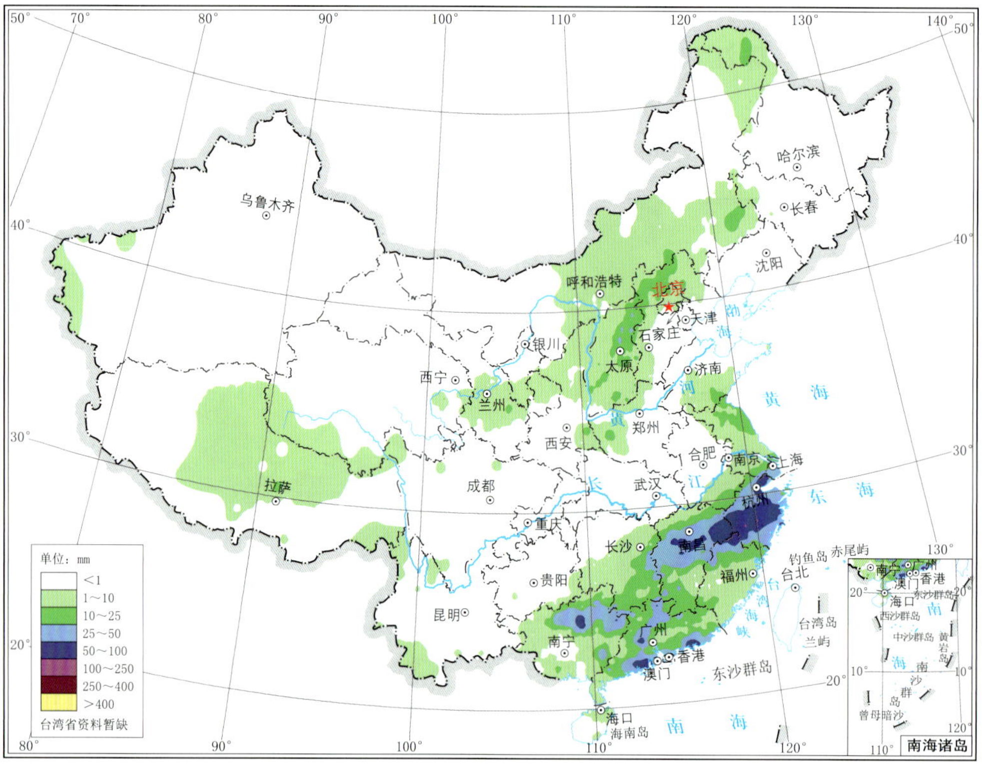

图 3.4.15　2020 年 5 月 30 日全国降水量分布

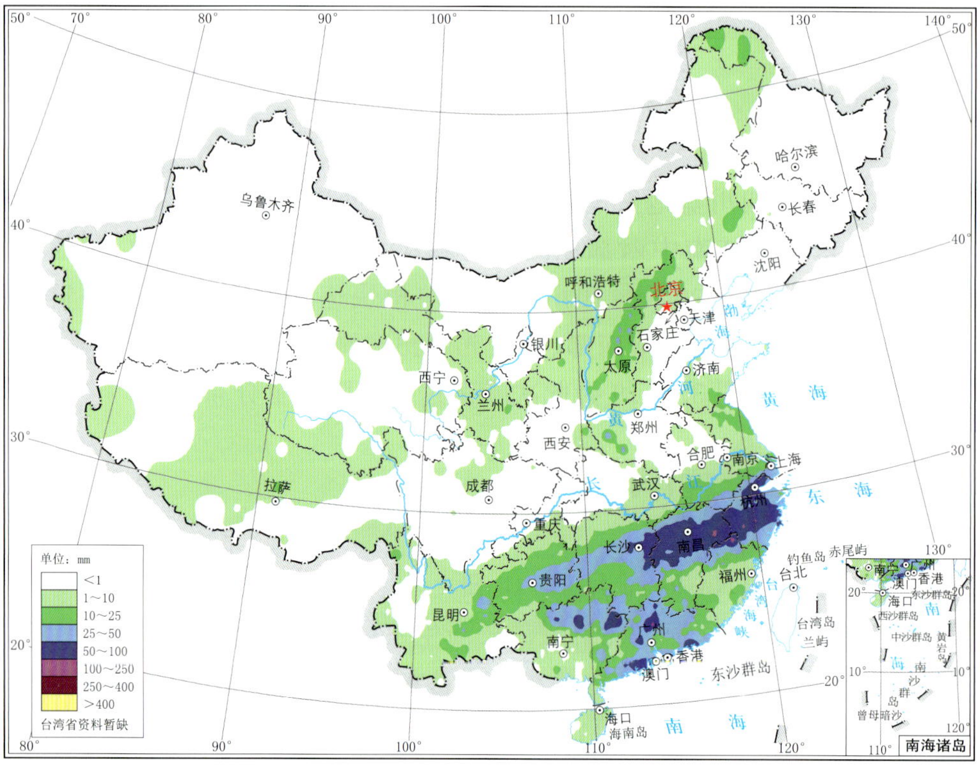

图 3.4.16　2020 年 5 月 29—30 日全国总降水量分布

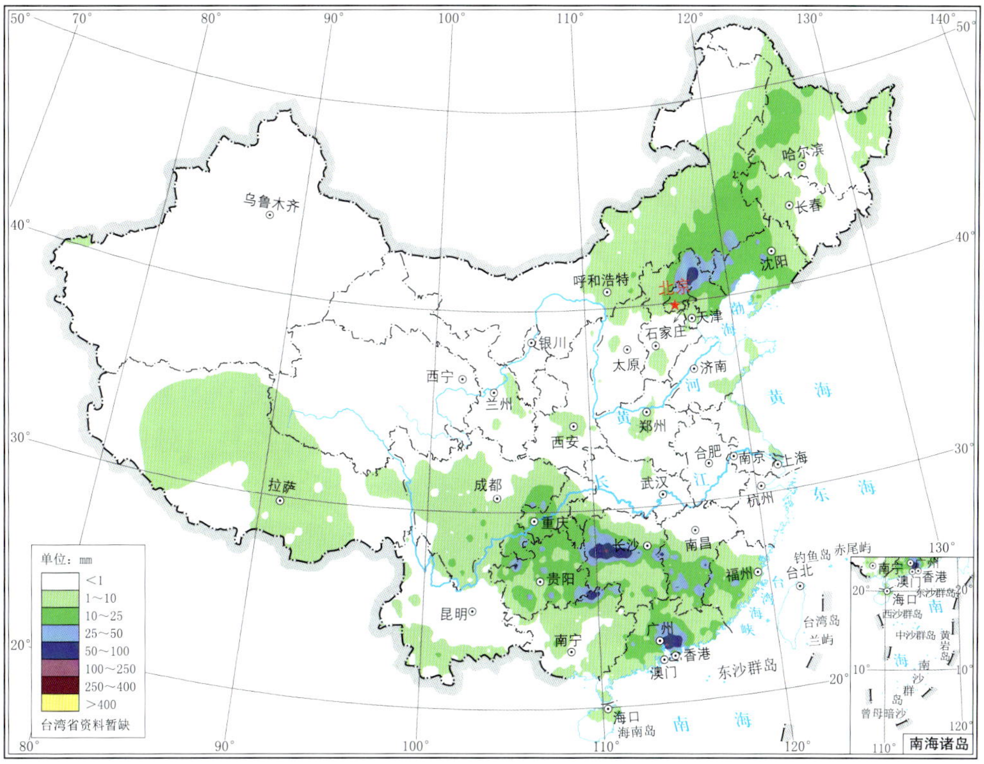

图 3.4.17　2020 年 5 月 31 日全国降水量分布

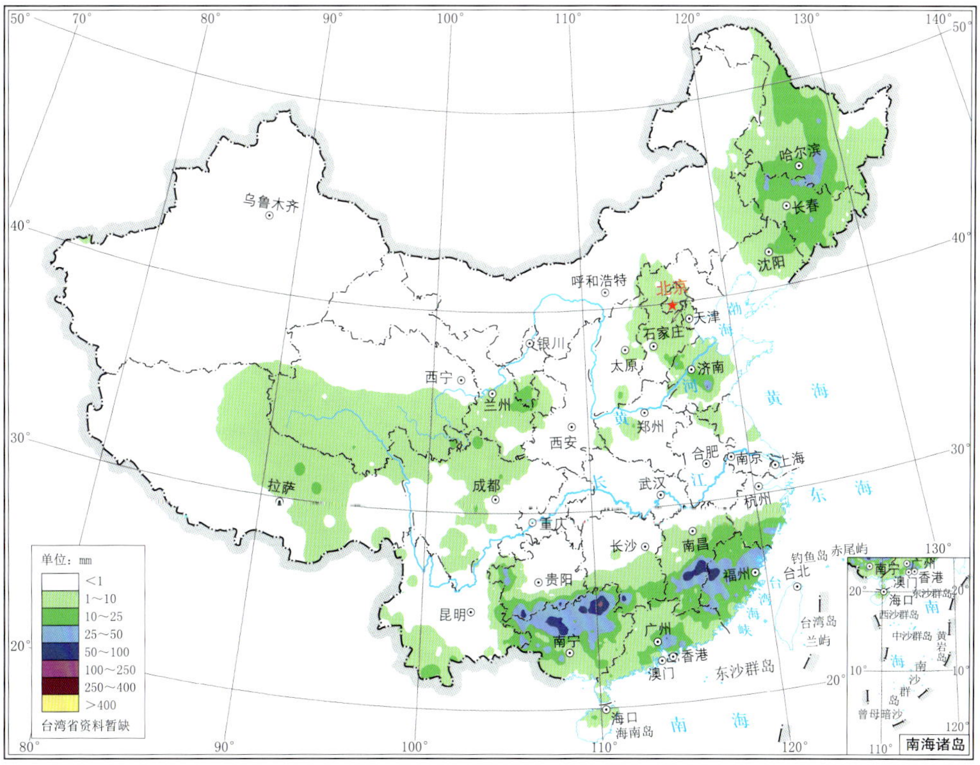

图 3.4.18　2020 年 6 月 1 日全国降水量分布

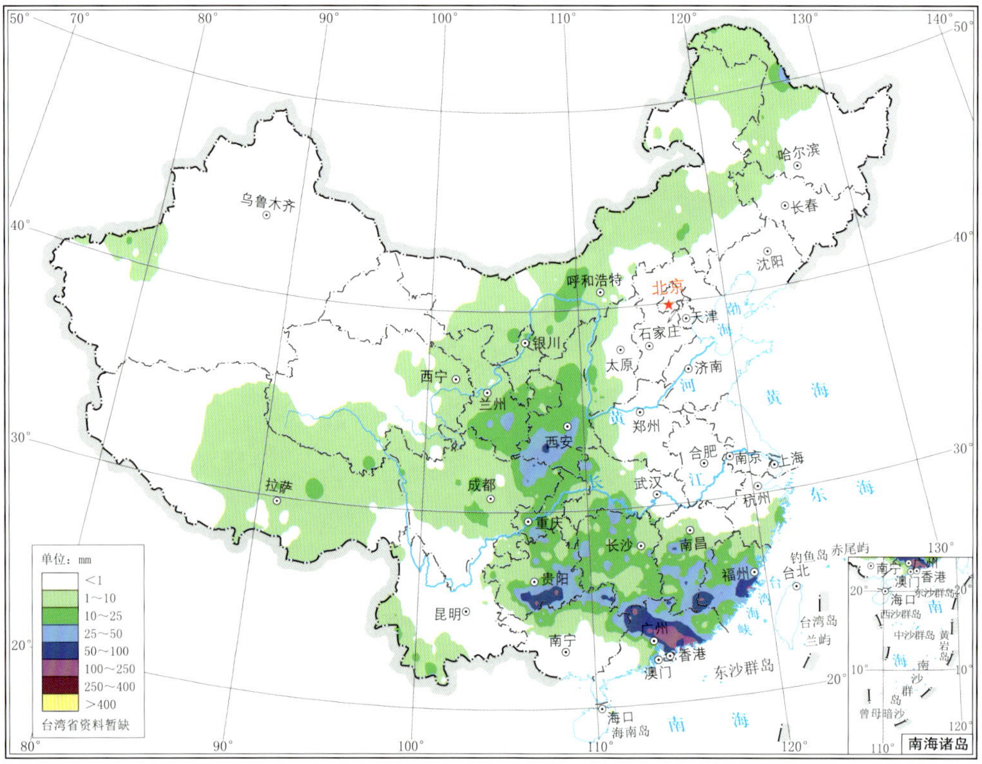

图 3.5.7　2020 年 6 月 8 日全国降水量分布

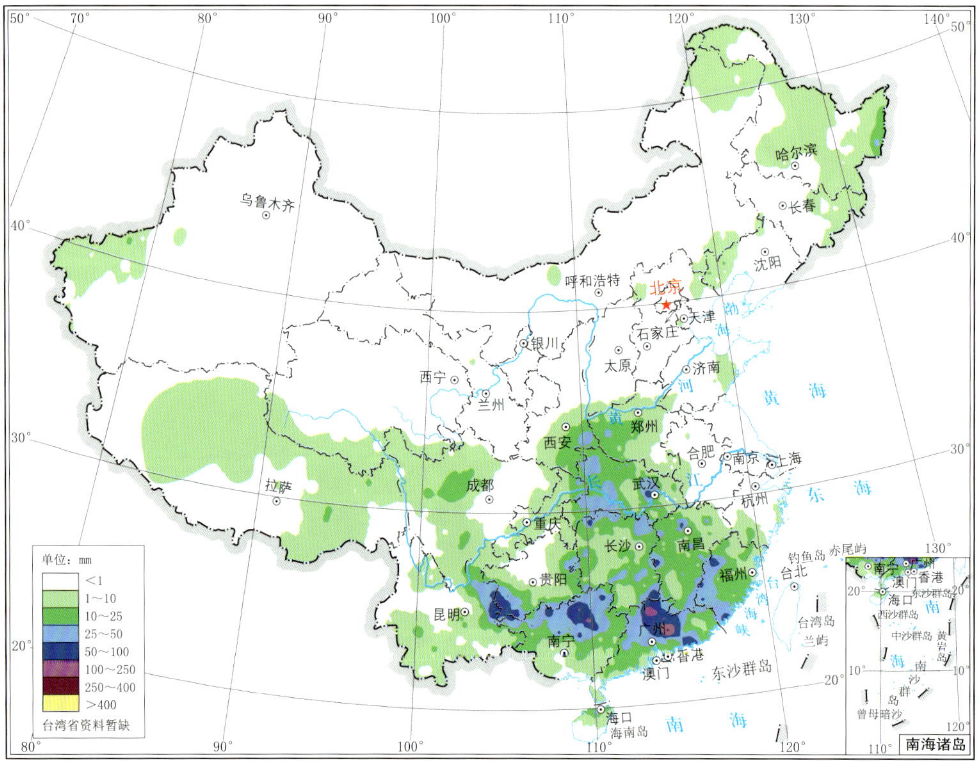

图 3.5.8　2020 年 6 月 9 日全国降水量分布

区、华南地区及贵州大部出现降水，暴雨分布广泛，部分地区零散出现大暴雨，其中广西融安出现了 257.1 mm 的特大暴雨(图 3.5.9)。图 3.5.10 为此次暴雨过程总降水量分布。

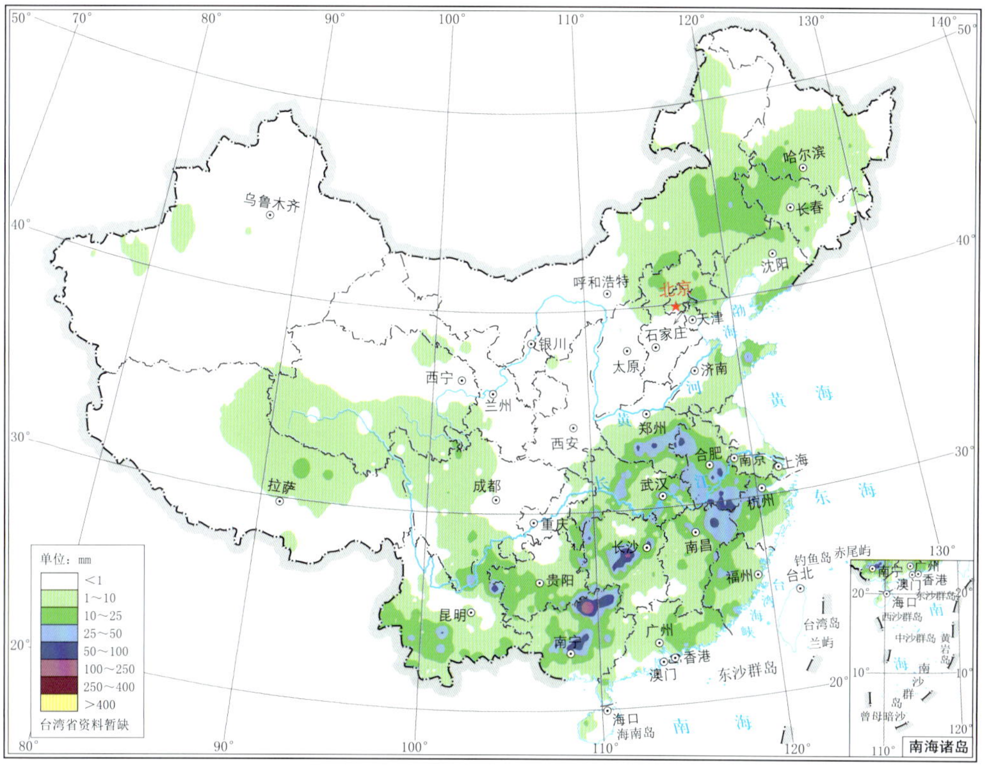

图 3.5.9 2020 年 6 月 10 日全国降水量分布

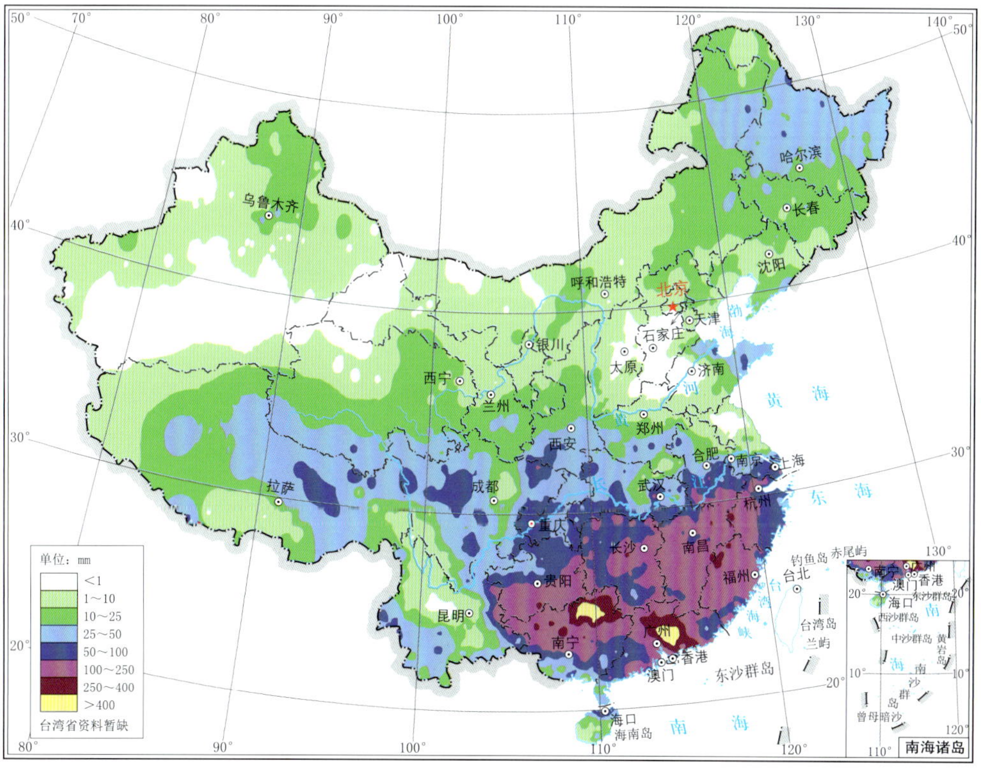

图 3.5.10 2020 年 6 月 2—10 全国总降水量分布

第 10 次主要暴雨过程(No. 10):6 月 11—15 日

6 月 11 日,500 hPa 河套地区有短波槽新生发展,700 hPa 河套地区有低涡切变形成,850 hPa 四川盆地有西南低涡出现,受其影响,河南中部至重庆北部出现降水,局部地区出现暴雨到大暴雨(图 3.5.11);12 日,500 hPa 河套短波槽东移南压,同时高原东侧又有新的短波槽形成,中低层四川盆地有西南低涡发展,低涡东北侧至黄淮地区有切变发展,受其影响,黄淮大部、江淮地区、江汉地区及西南东部部分地区出现降水,暴雨带呈东北—西南走向,黄淮部分地区出现大暴雨(图 3.5.12);13 日,500 hPa 短波槽缓慢东移南压,中低层西南低涡、黄淮切变也随之缓慢东移南压,受其影响,雨带整体略有东移南压,暴雨带呈东北—西南走向出现在江淮地区至贵州中西部地区,暴雨带中多站出现大暴雨(图 3.5.13);14 日,500 hPa 华中地区短波槽继续缓慢东移,同时云贵高原上空有短波槽发展,中低层云贵高原有低涡形成,江淮及江汉地区有切变发展,受其影响,长江中下游至云贵高原出现东北—西南向暴雨带,贵州中部出现大暴雨(图 3.5.14);15 日,500 hPa 短波槽东移北收,中低层黄淮、江淮地区有切变活动,受其影响,黄淮大部、江淮大部出现降水,部分地区出现暴雨、局部大暴雨(图 3.5.15)。图 3.5.16 为此次暴雨过程总降水量分布。

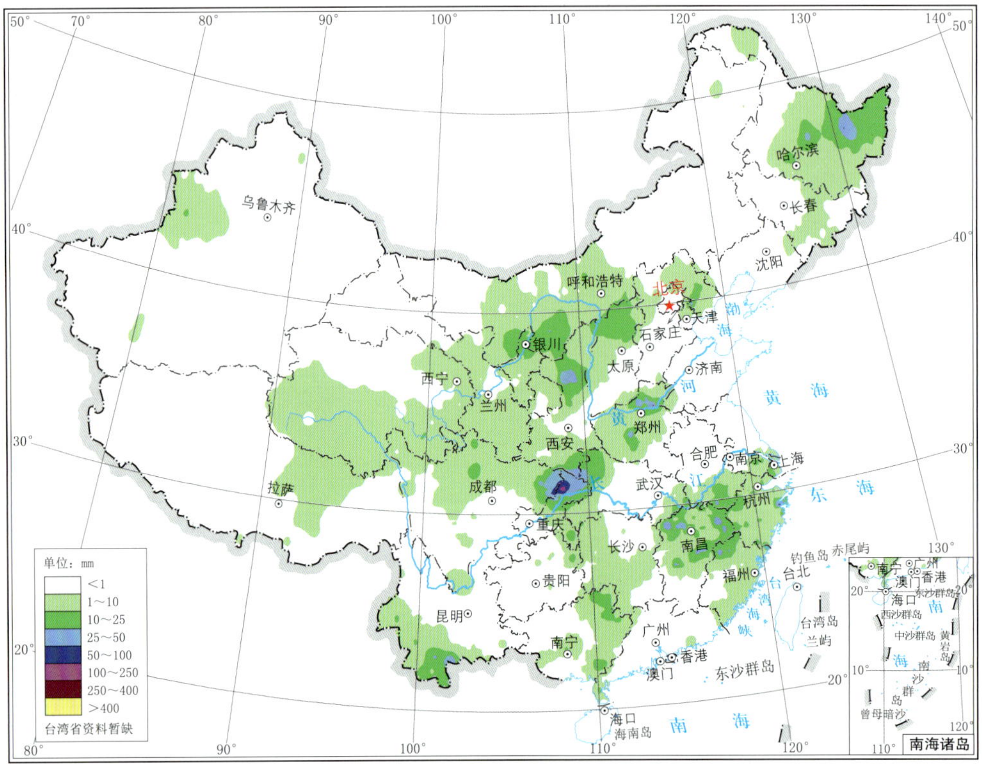

图 3.5.11　2020 年 6 月 11 日全国降水量分布

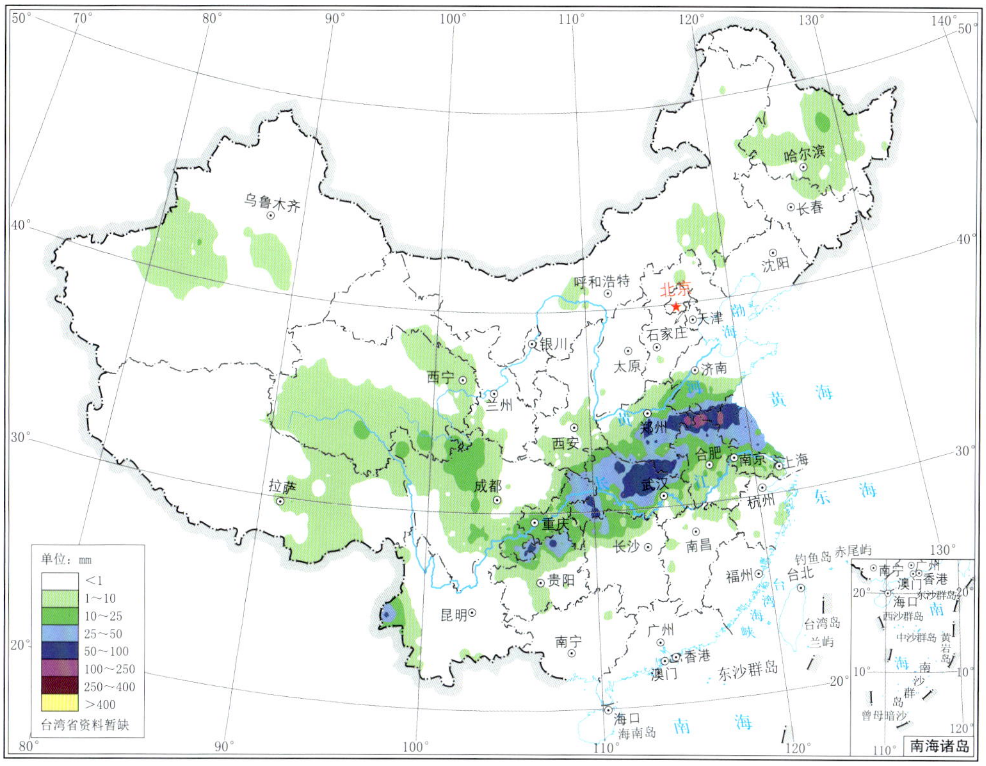

图 3.5.12　2020 年 6 月 12 日全国降水量分布

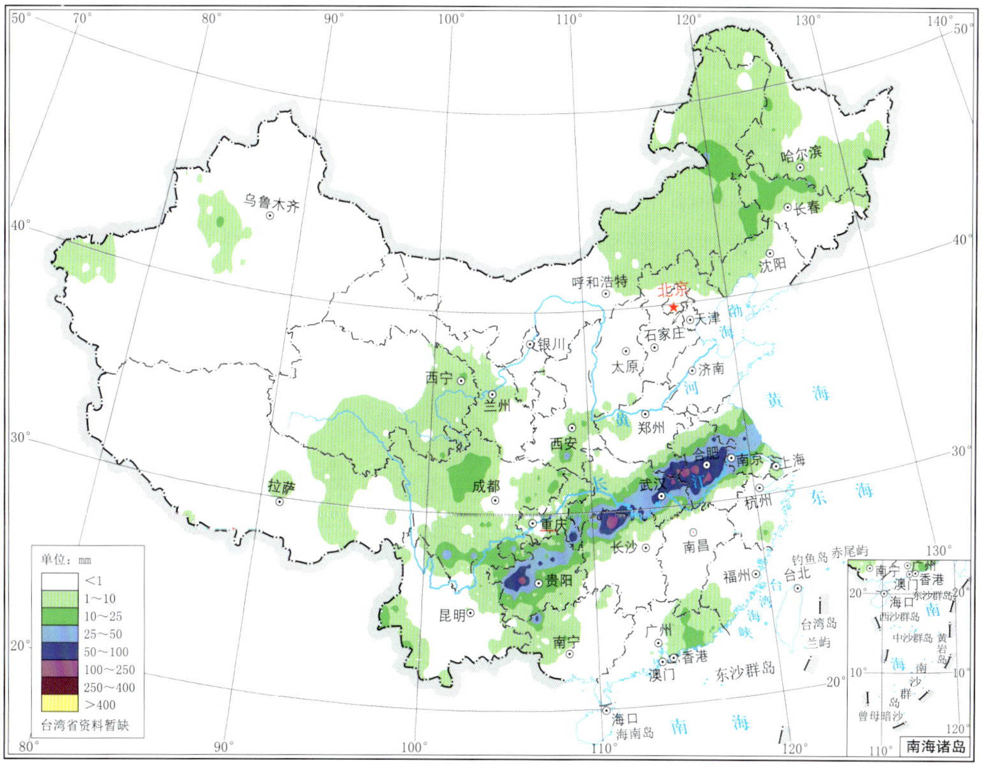

图 3.5.13　2020 年 6 月 13 日全国降水量分布

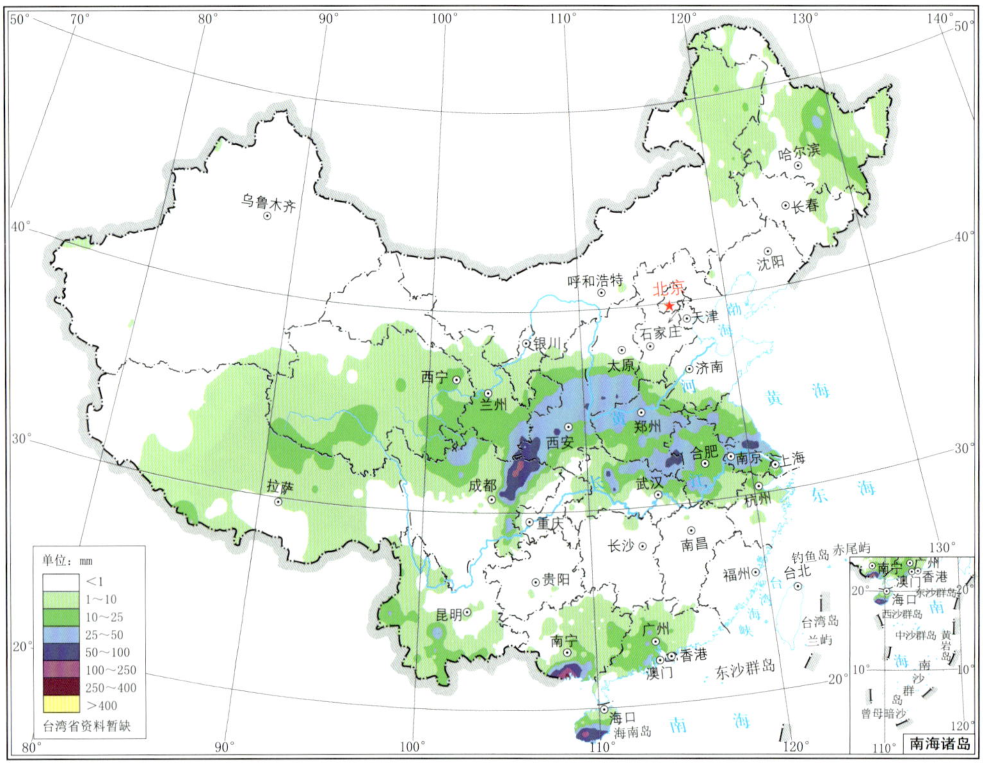

图 3.5.17　2020 年 6 月 16 日全国降水量分布

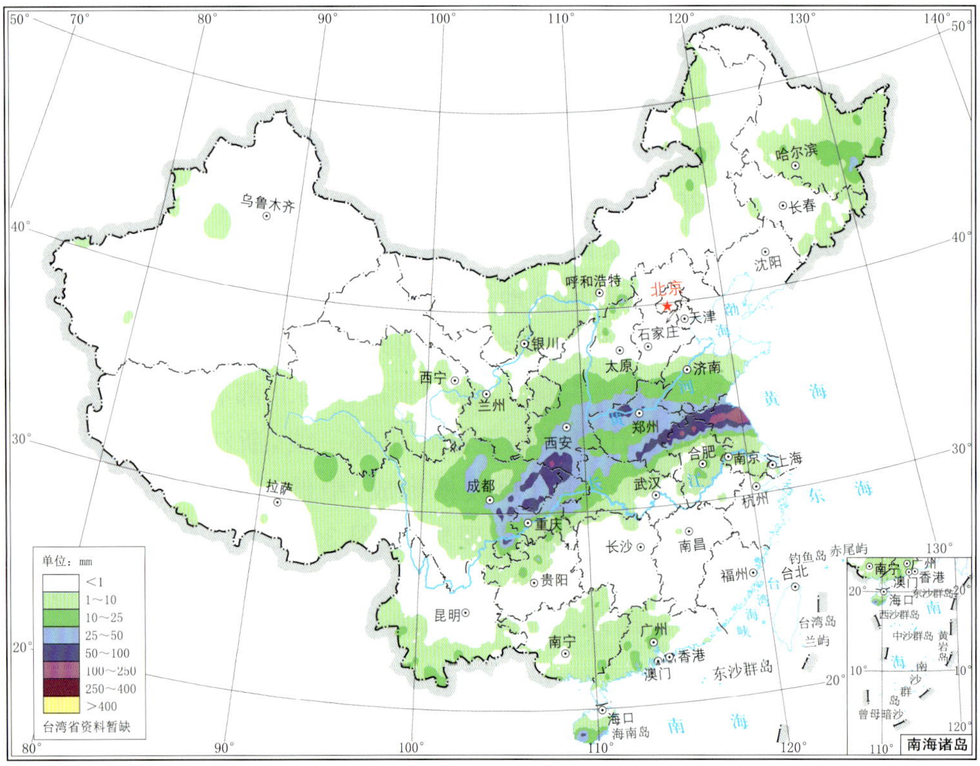

图 3.5.18　2020 年 6 月 17 日全国降水量分布

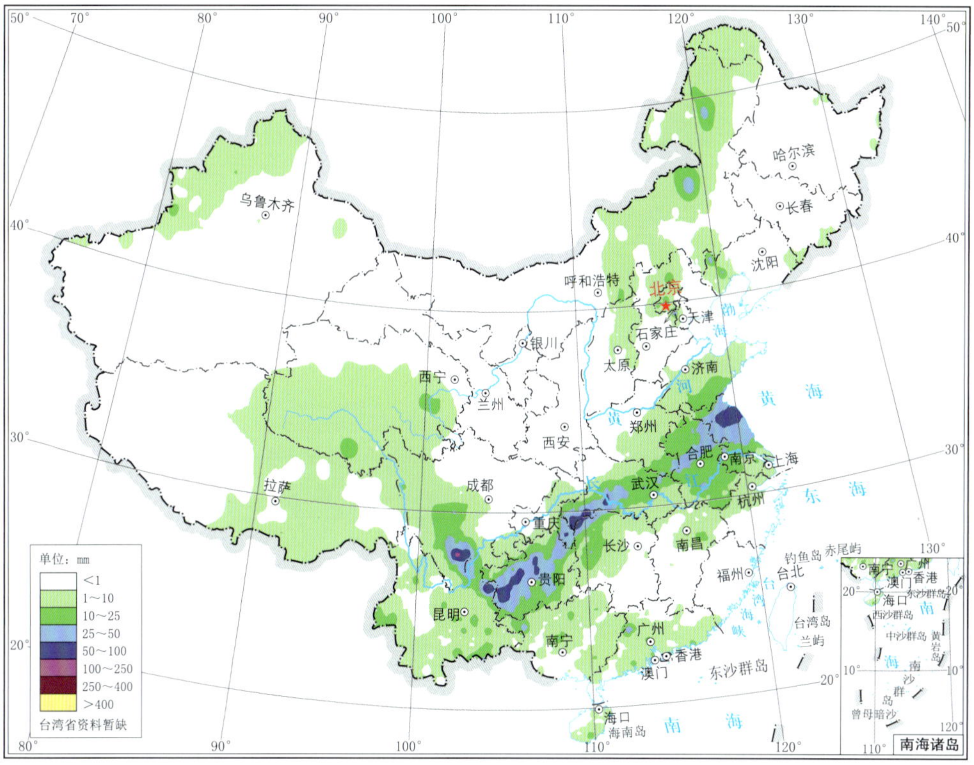

图 3.5.19　2020 年 6 月 18 日全国降水量分布

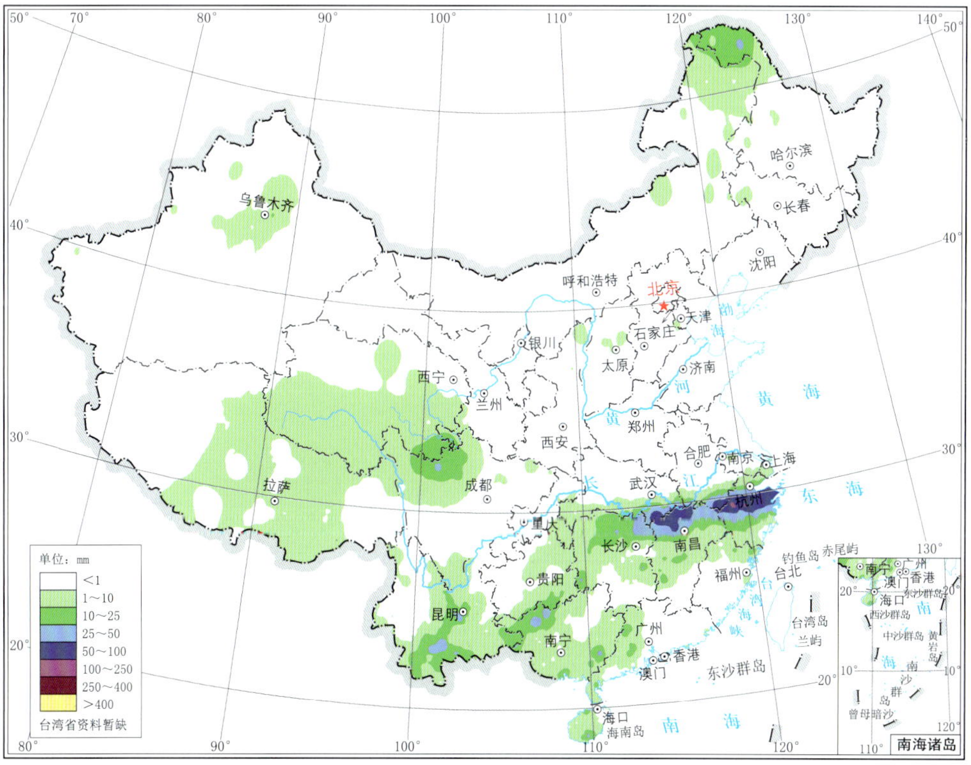

图 3.5.20　2020 年 6 月 19 日全国降水量分布

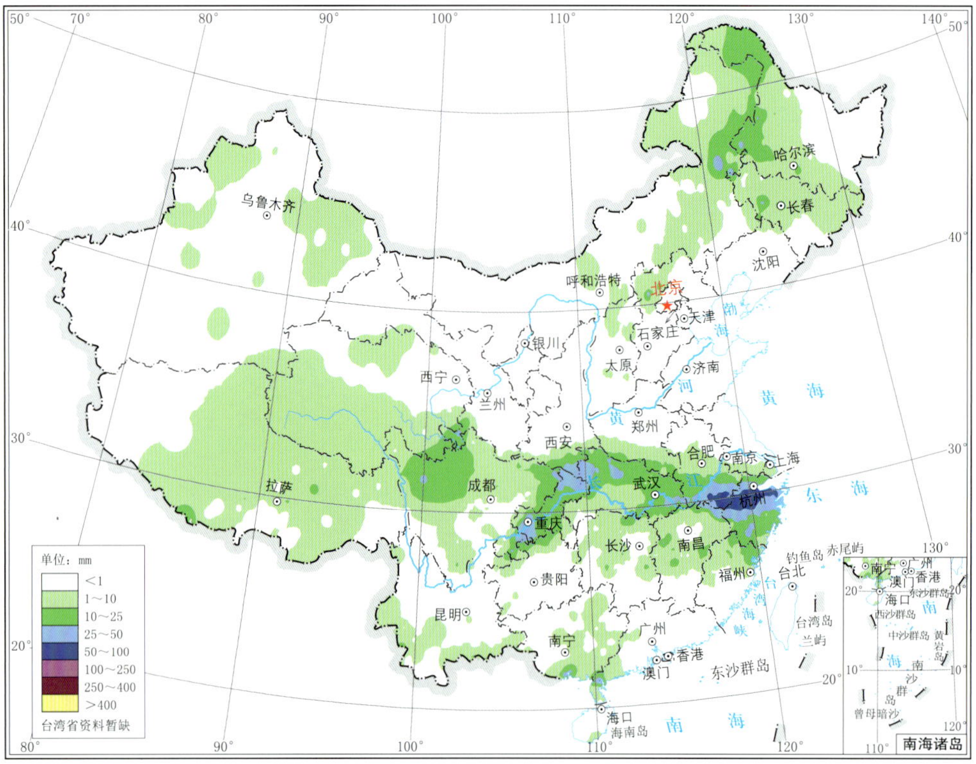

图 3.5.21　2020 年 6 月 20 日全国降水量分布

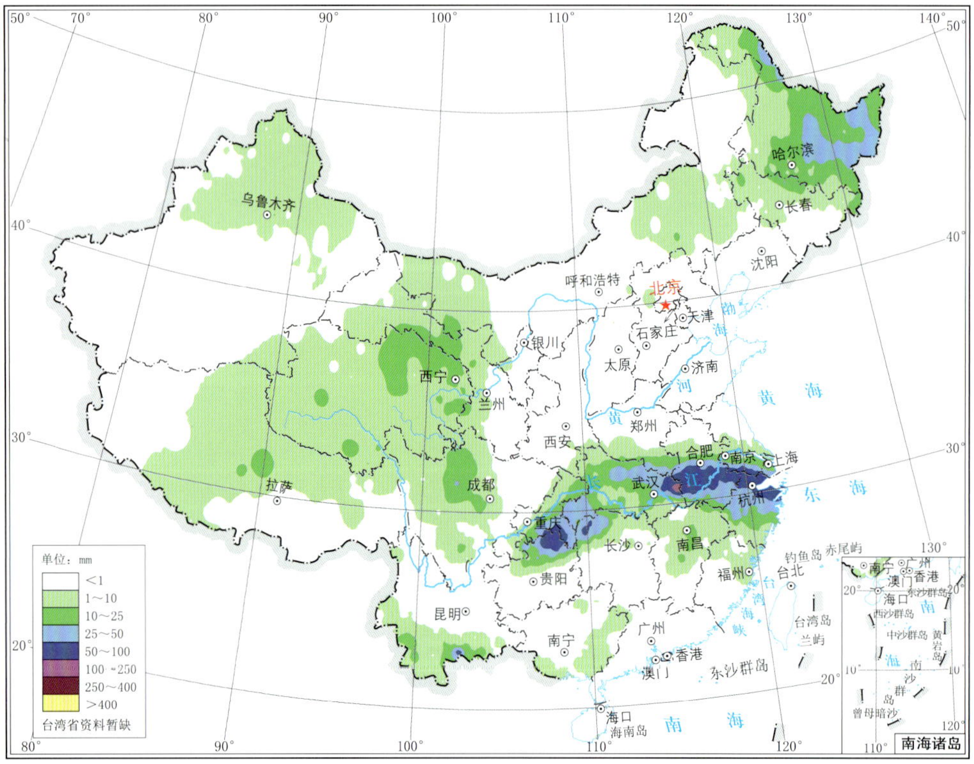

图 3.5.22　2020 年 6 月 21 日全国降水量分布

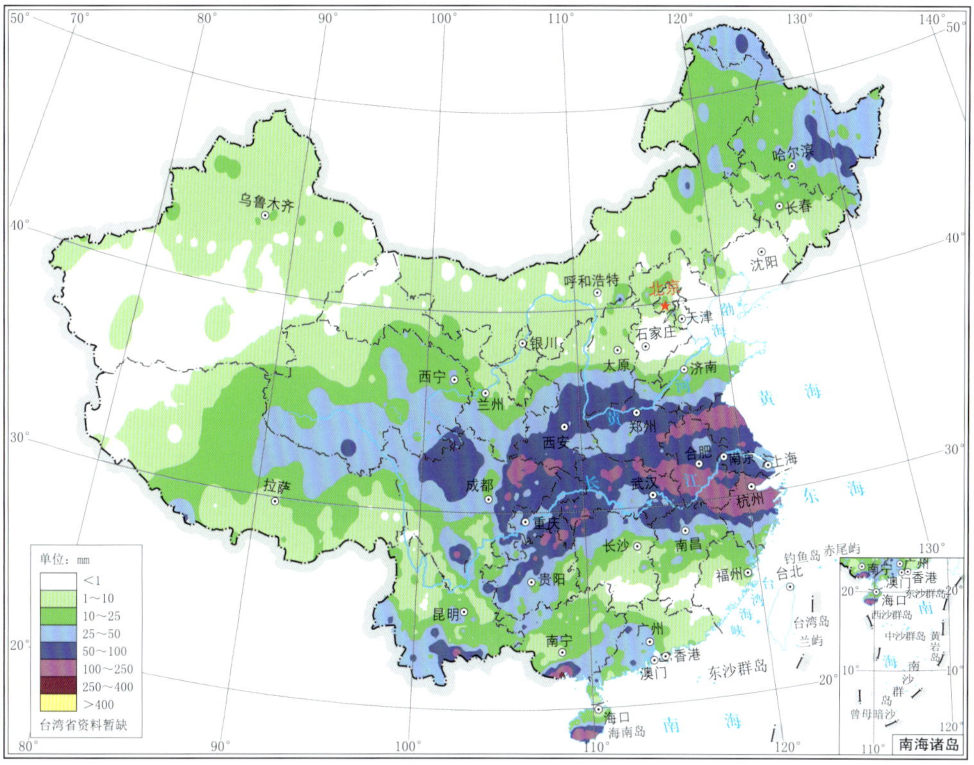

图 3.5.23 2020 年 6 月 16—21 全国总降水量分布

第 12 次主要暴雨过程(No. 12):6 月 21—26 日

6 月 21 日,500 hPa 四川盆地有短波槽东移至重庆、贵州上空,中低层贵州西部有西南低涡发展,受其影响,湘鄂渝黔交界区域出现降水,部分地区暴雨、局部大暴雨(图 3.5.22);22 日,500 hPa 短波槽东移至长江中游地区,中低层贵州西部的低涡东移至湘渝黔交界的区域,黄淮西部至贵州上空有明显的切变线发展,受其影响,江淮西部至贵州北部出现降水,暴雨分布范围较广,局部出现大暴雨(图 3.5.24);23 日,500 hPa 华北至西南东部有宽广的西风槽区形成,中低层黄淮地区至贵州上空切变维持发展,受其影响,雨带略有东移南压,两个暴雨中心分别出现在湖北安徽交界处、贵州湖南交界处,并各有多站出现大暴雨(图 3.5.25);24 日,500 hPa 西风槽缓慢东移发展,中低层切变东移南压,受其影响,雨带整体南压,两个较为集中的暴雨区分别位于江西中部和贵州南部,局部出现大暴雨(图 3.5.26);25 日,500 hPa 西风槽进一步东移发展加深,中低层切变也进一步东移南压至江南北部、华南西部,受其影响,江南、华南出现大范围强降水,江西北部至广西出现东北—西南向暴雨带,江西、湖南局部出现大暴雨,广西则有 17 站出现大暴雨,其中武鸣出现 257.4 mm 的特大暴雨(图 3.5.27);26 日,500 hPa 西风槽东移北收,中低层切变则逐步减弱,受其影响,降水减弱,暴雨分布零散,华南北部局部出现大暴雨(图 3.5.28)。图 3.5.29 为此次暴雨过程总降水量分布。

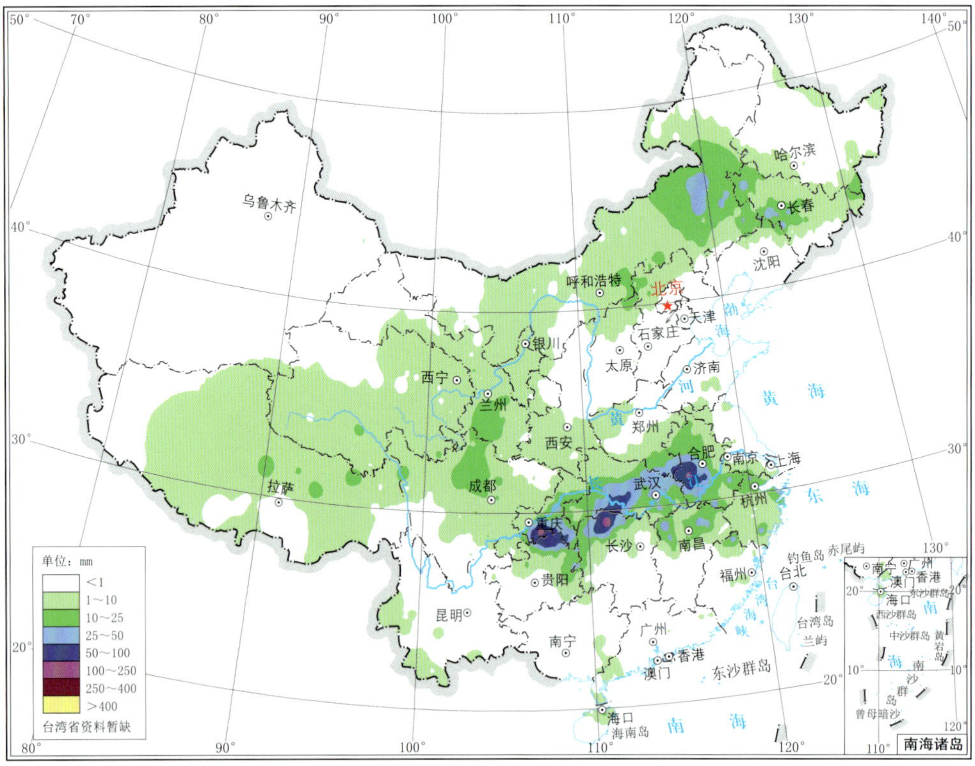

图 3.5.24　2020 年 6 月 22 日全国降水量分布

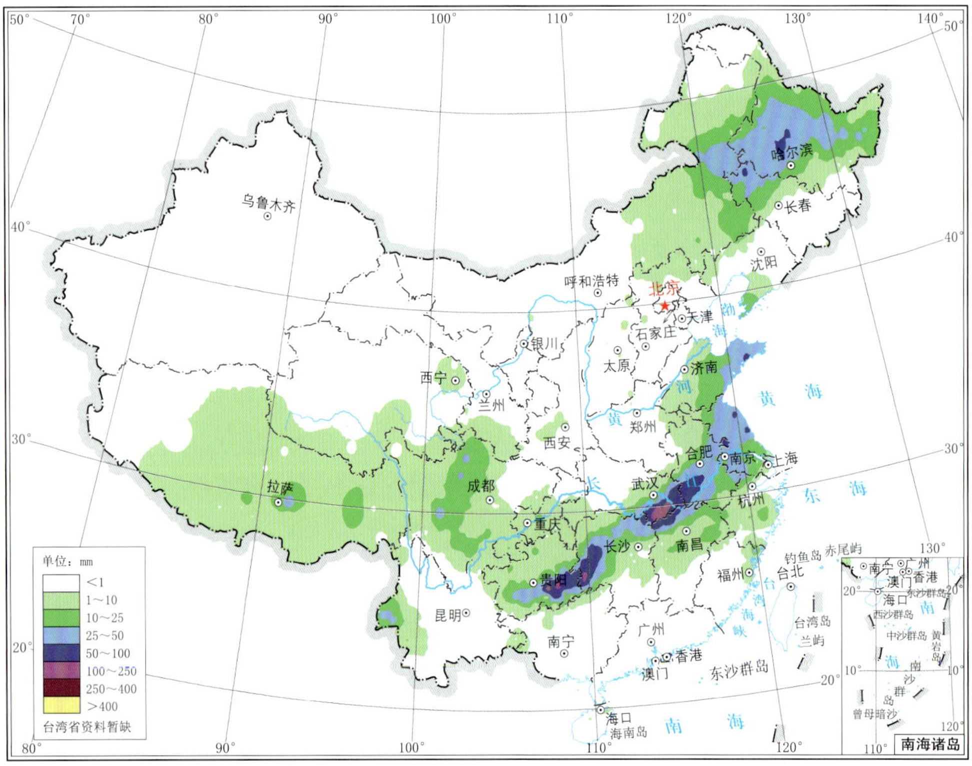

图 3.5.25　2020 年 6 月 23 日全国降水量分布

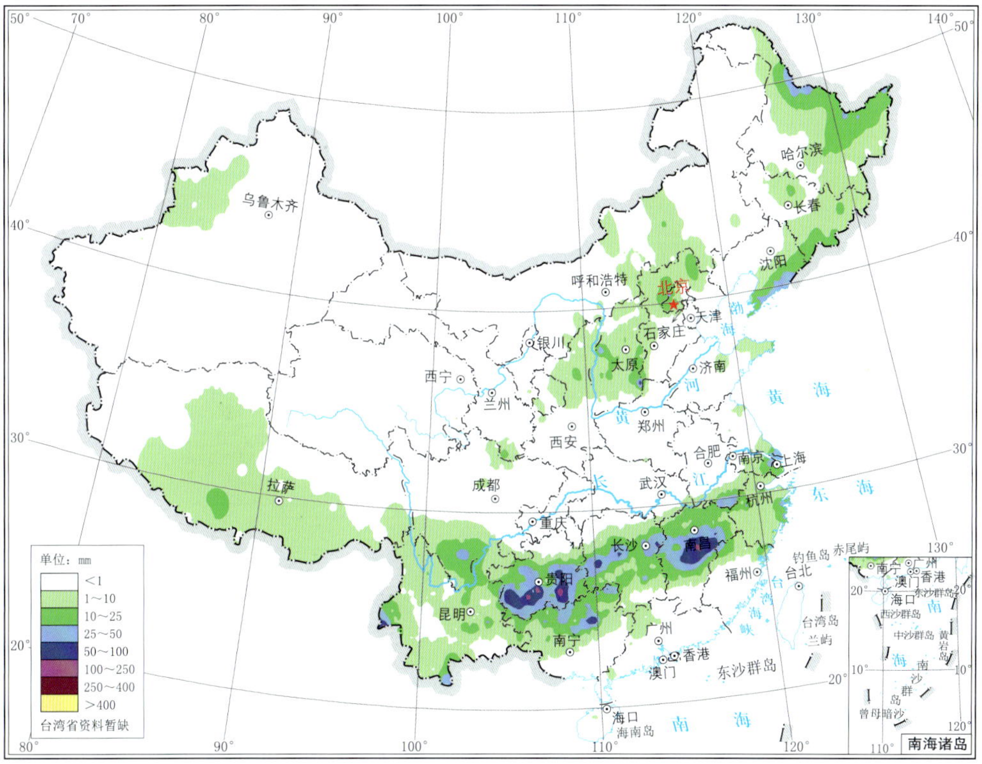

图 3.5.26　2020 年 6 月 24 日全国降水量分布

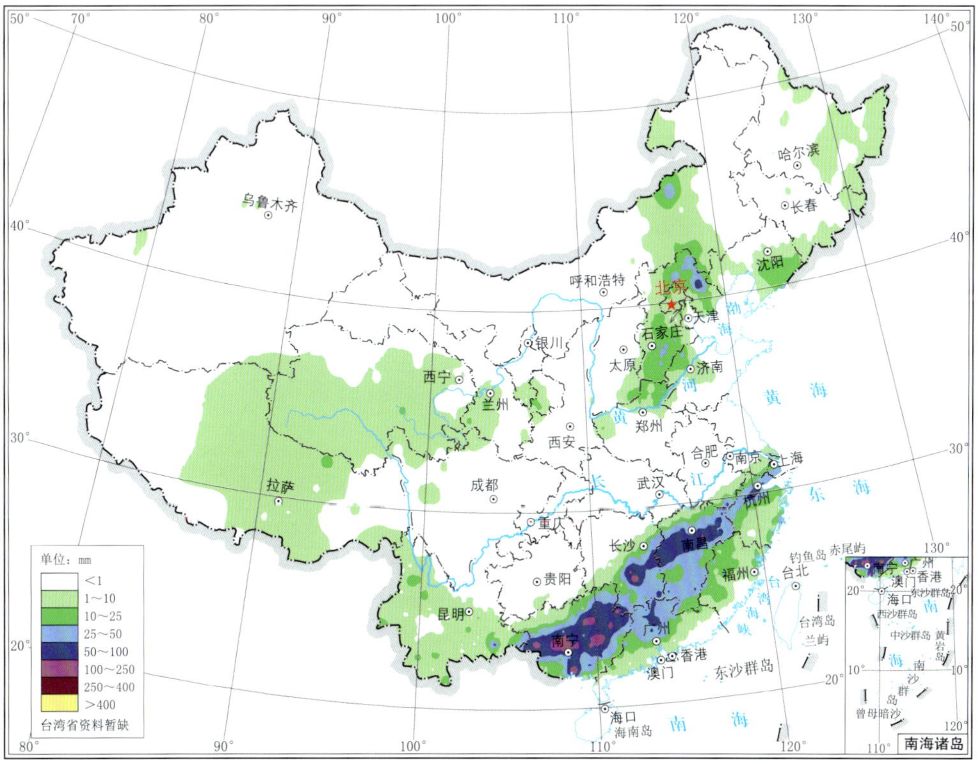

图 3.5.27　2020 年 6 月 25 日全国降水量分布

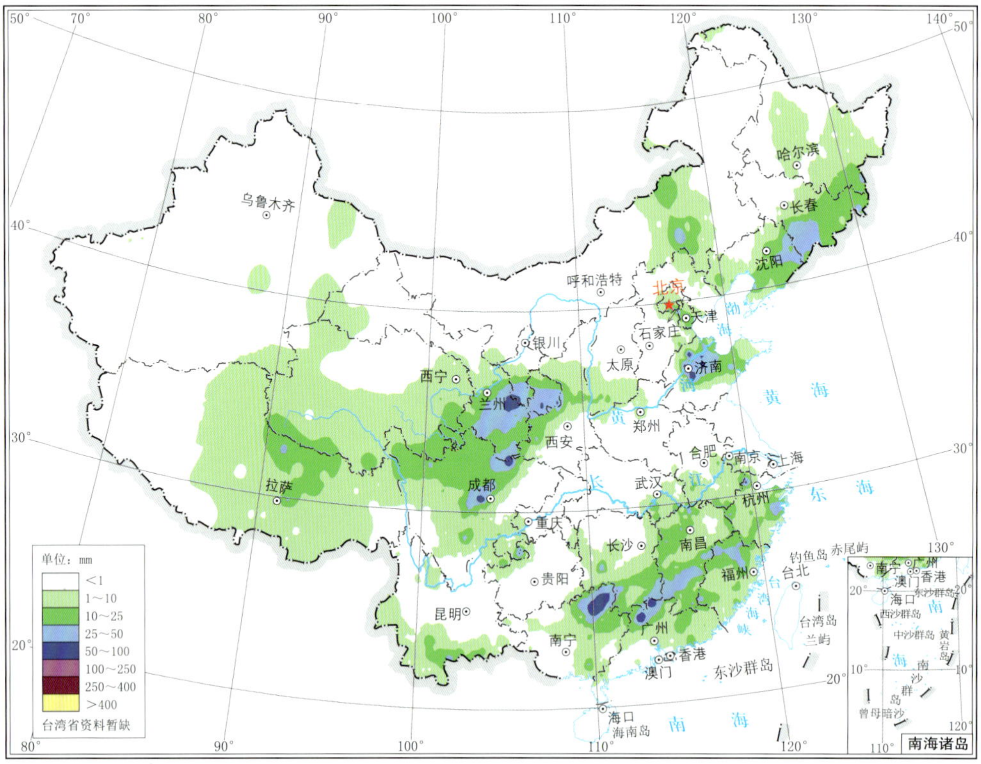

图 3.5.28　2020 年 6 月 26 日全国降水量分布

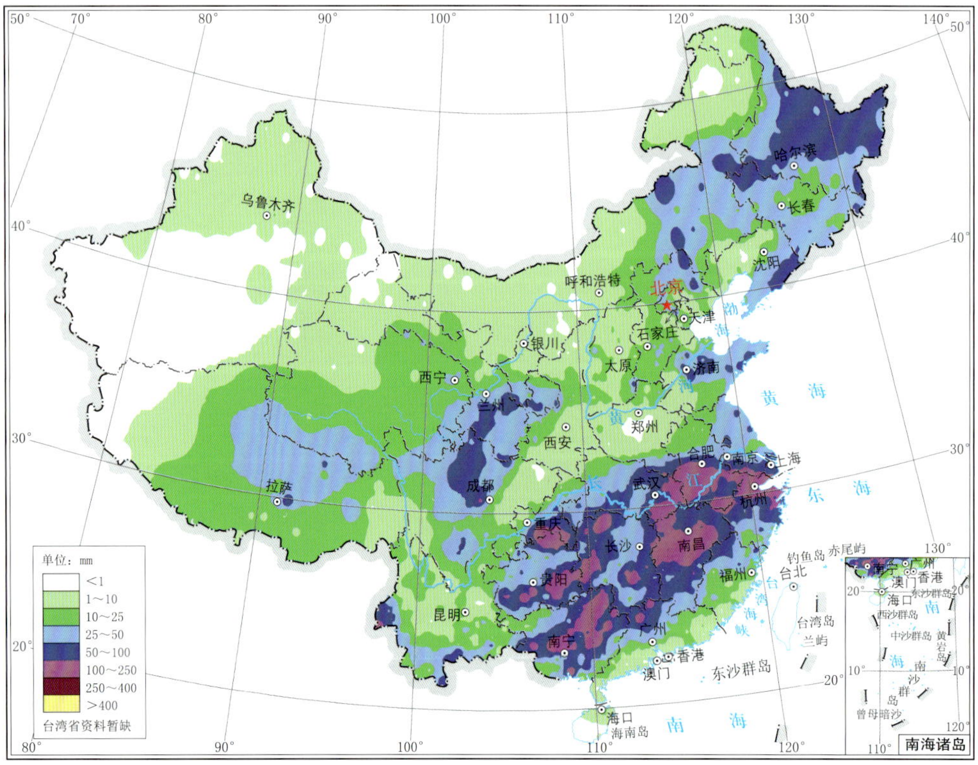

图 3.5.29　2020 年 6 月 21—26 日全国总降水量分布

第 13 次主要暴雨过程(No. 13):6 月 26—30 日

6 月 26 日,500 hPa 河套地区有西风短波槽发展,中低层甘肃东部至关中平原有切变形成,受其影响,陕甘宁交界区域出现降水,暴雨主要出现在甘肃陇中、陇东地区,局部出现大暴雨(图 3.5.28);27 日,500 hPa 四川盆地有西风短波槽发展加强,中低层四川盆地有西南低涡发展加强,受其影响,四川东部、重庆地区、湖北西部出现暴雨,部分地区出现大暴雨(图 3.5.30);28 日,500 hPa 四川盆地短波槽发展东移,中低层西南低涡东移发展加强,黄淮、江淮有暖切变形成,低涡切变南侧低空急流加强,受其影响,雨区东移发展,黄淮南部、江淮地区、江汉地区及江南东北部出现强降水,暴雨较为集中,淮河上游及湖北北部部分地区出现大暴雨带(图 3.5.31);29 日,500 hPa 黄淮至华中地区有西风槽发展加强,中低层低涡东移至黄淮东部,江淮地区切变维持,江南北部低空急流进一步加强,受其影响,长江中下游及江淮东部、黄淮东部出现降水,暴雨分布范围较广,江苏部分地区出现大暴雨(图 3.5.32);30 日,500 hPa 西风槽进一步东移南压,中低层低涡东移入海,切变东移南压至江南北部,受其影响,雨带整体东移南压至江南北部,暴雨主要出现在浙江南部至江西东北部,两省交界处出现大暴雨(图 3.5.33)。图 3.5.34 为此次暴雨过程总降水量分布。

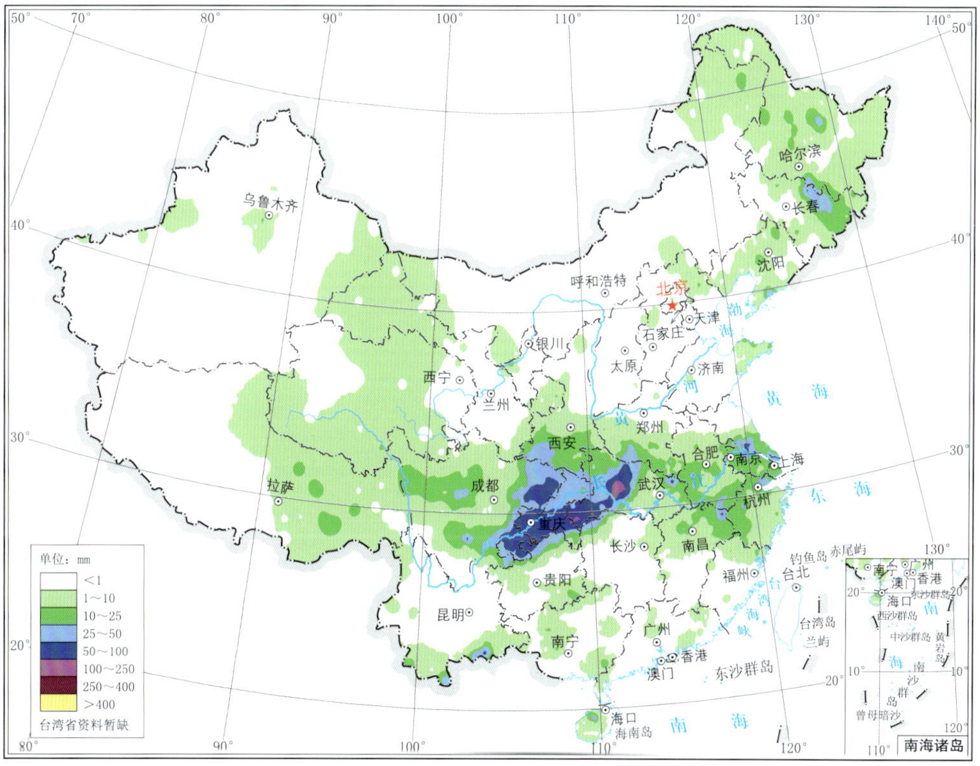

图 3.5.30　2020 年 6 月 27 日全国降水量分布

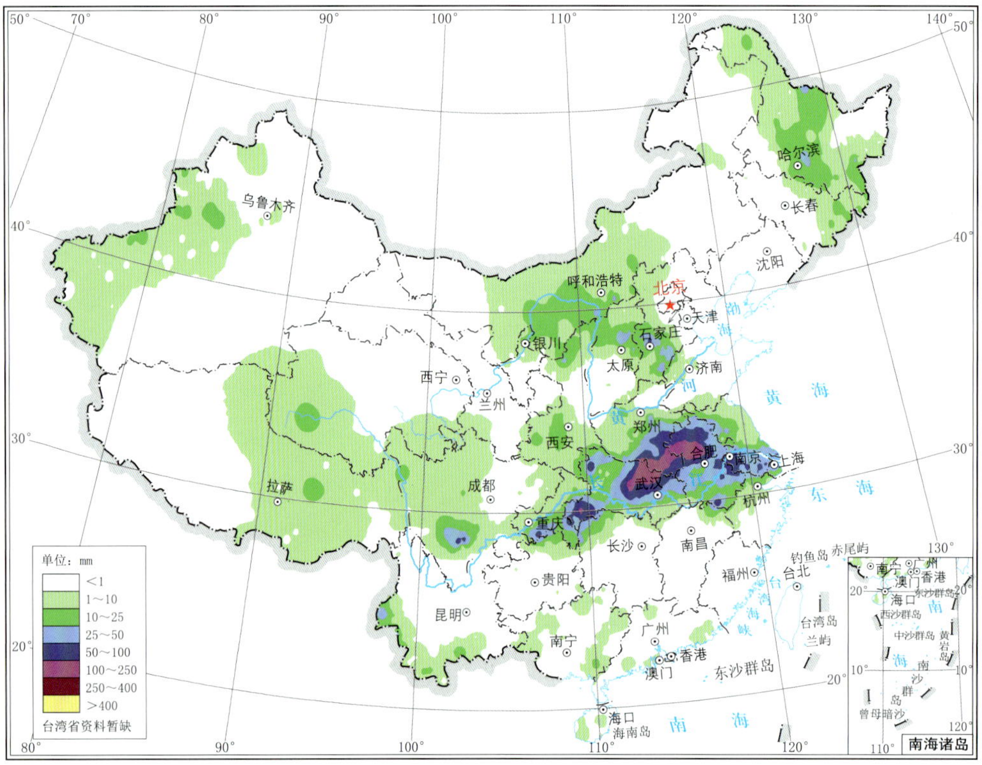

图 3.5.31　2020 年 6 月 28 日全国降水量分布

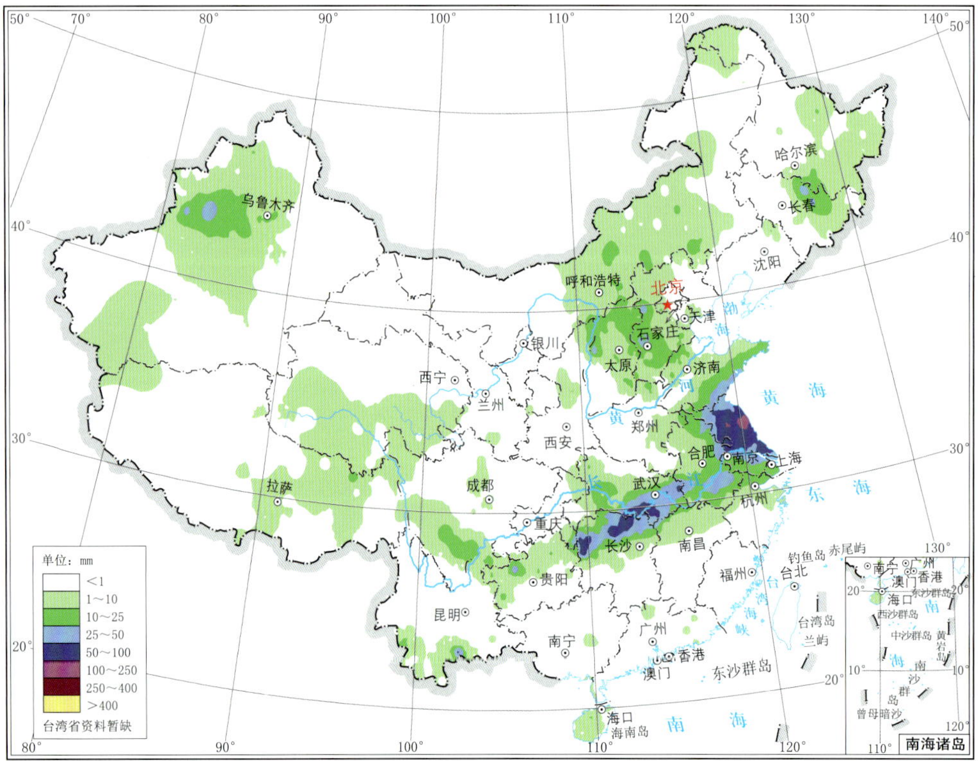

图 3.5.32　2020 年 6 月 29 日全国降水量分布

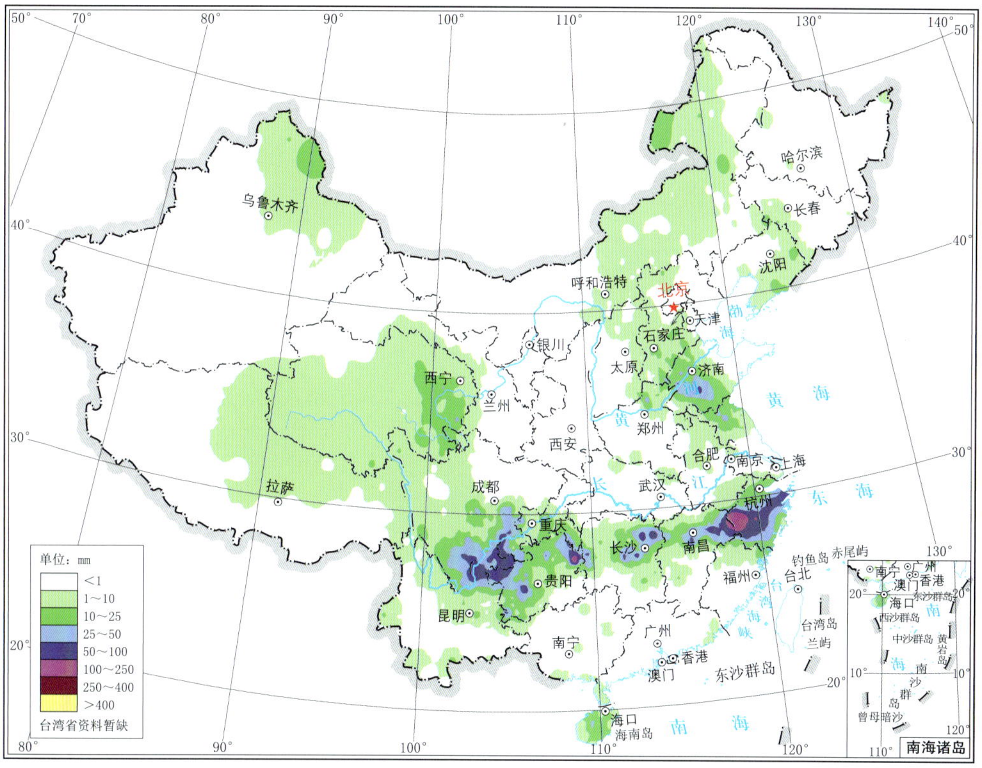

图 3.5.33　2020 年 6 月 30 日全国降水量分布

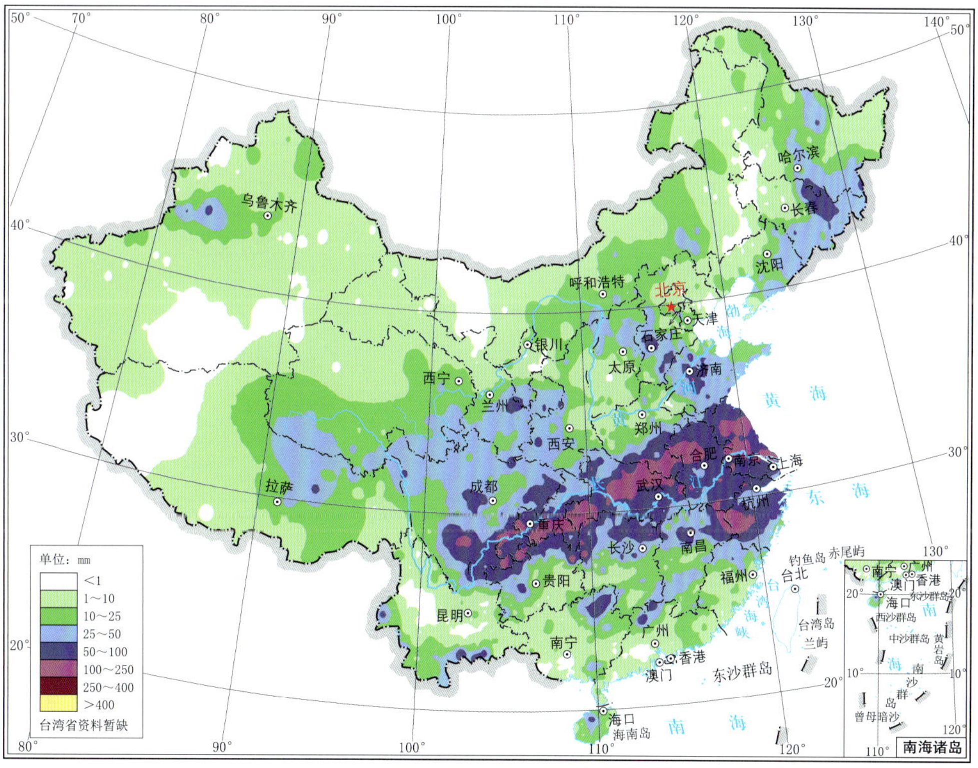

图 3.5.34　2020 年 6 月 26—30 日全国总降水量分布

第 14 次主要暴雨过程(No. 14):6 月 30 日—7 月 4 日

6 月 30 日,500 hPa 云贵川地区有低涡生成,中低层该地区有西南低涡形成,受其影响,西南地区东部出现降水,暴雨分布较为零散,贵州局部出现大暴雨(图 3.5.33);7 月 1 日,500 hPa 青藏高原东侧、云贵高原上空分别有短波槽形成,中低层西南低涡停滞少动,受其影响,降水范围有所扩大,暴雨分布较为零散,局部出现大暴雨(图 3.5.35);2 日,500 hPa 四川盆地短波槽东移发展加深,西风槽从华北西部一直伸展到贵州上空,中低层西南低涡缓慢东移至三峡地区,长江中下游地区有明显的暖切变发展,受其影响,长江流域及云贵高原出现大范围强降水,湖北南部至安徽南部、云南北部至贵州南部分别出现东西向暴雨带,多站出现大暴雨(图 3.5.36);3 日,500 hPa 西风槽东移至沿海地区,中低层西南低涡东移至黄淮地区,江淮至贵州上空有切变维持,受其影响,雨带东移南压至江南北部、华南西部,暴雨分布较为零散,局部出现大暴雨(图 3.5.37);4 日,500 hPa 西风槽东移入海后在安徽、江西上空有短波槽生成,中低层江淮、江南北部有切变形成,受其影响,江西、湖北、安徽、浙江四省相邻的区域出现暴雨,江西、湖北局部出现大暴雨(图 3.5.38)。图 3.5.39 为此次暴雨过程总降水量分布。

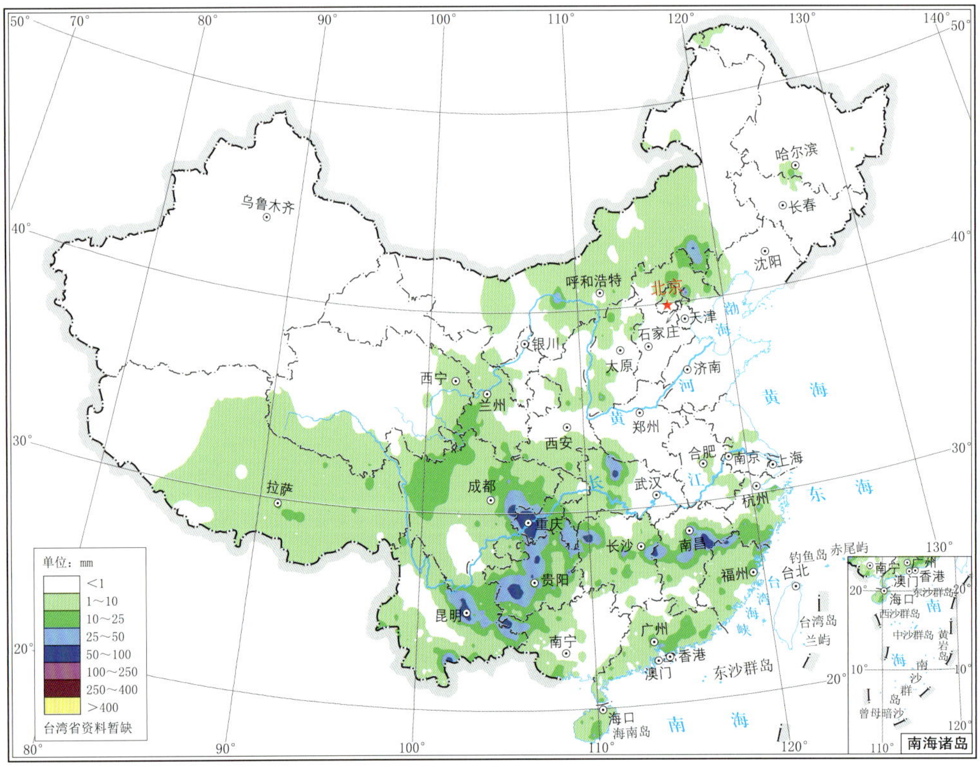

图 3.5.35　2020 年 7 月 1 日全国降水量分布

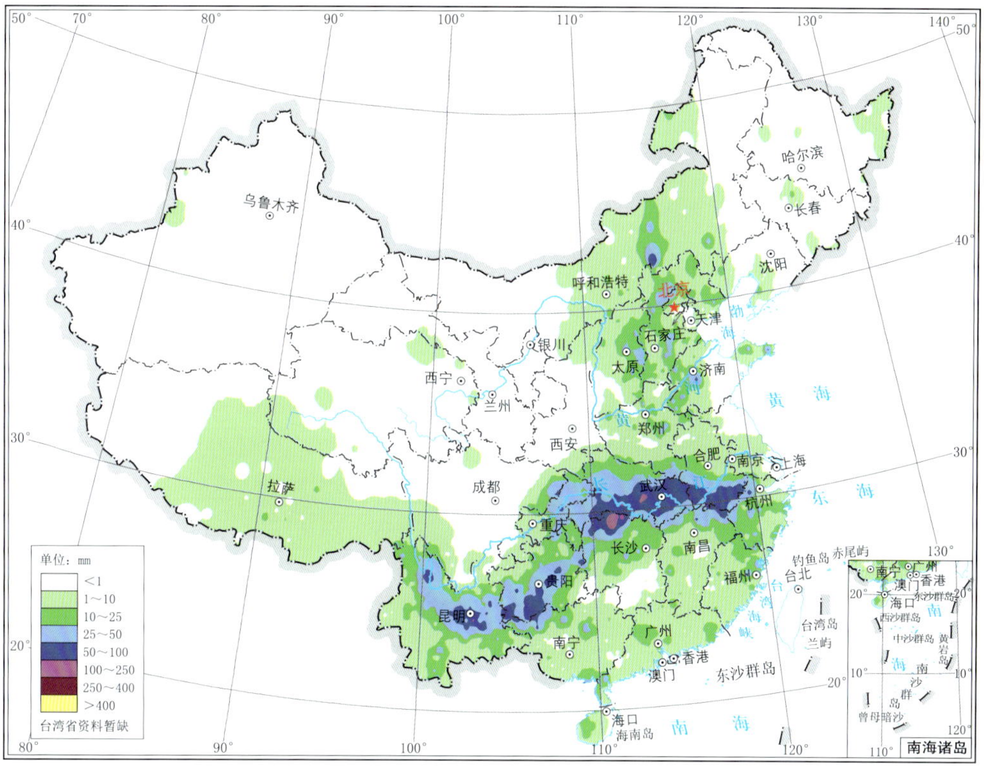

图 3.5.36　2020 年 7 月 2 日全国降水量分布

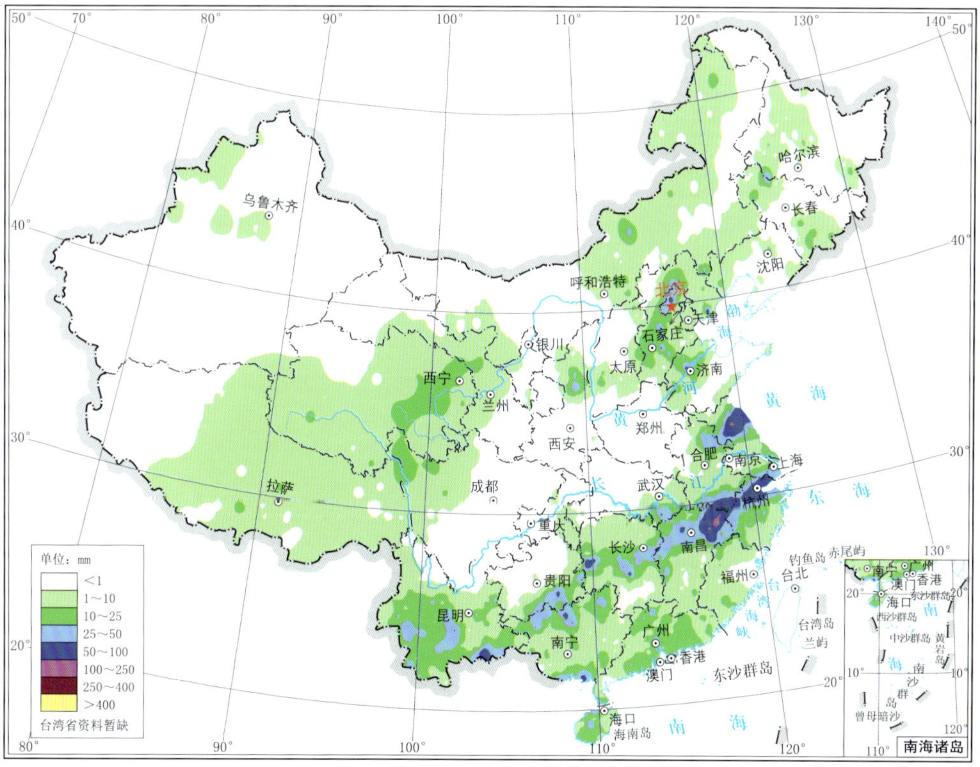

图 3.5.37　2020 年 7 月 3 日全国降水量分布

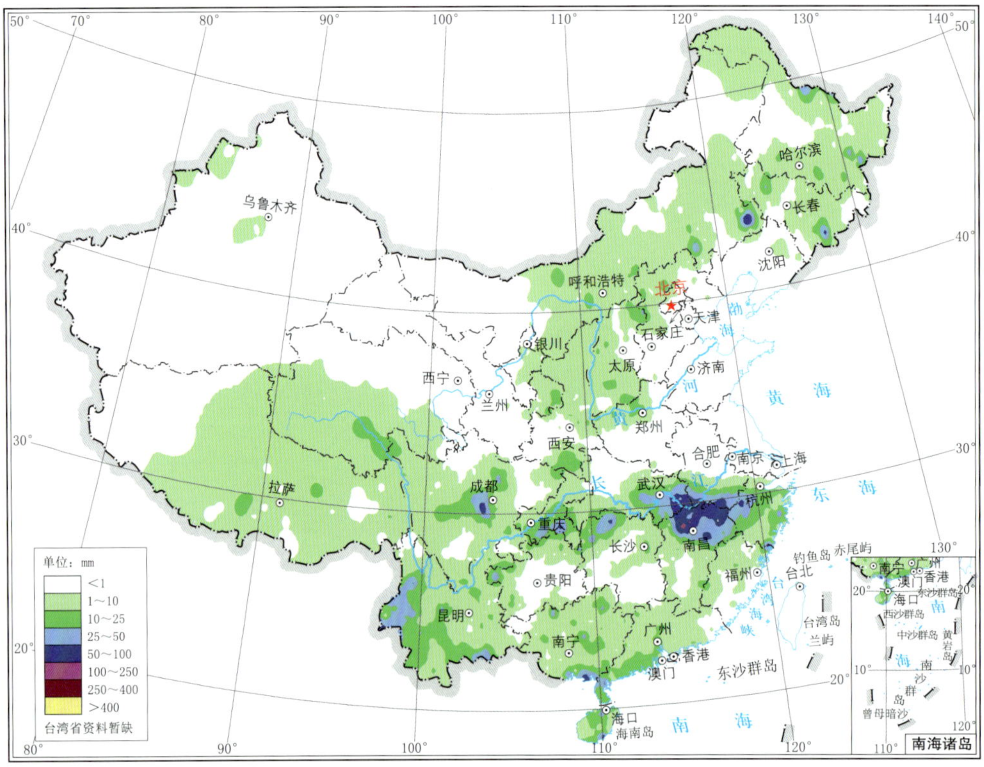

图 3.5.38　2020 年 7 月 4 日全国降水量分布

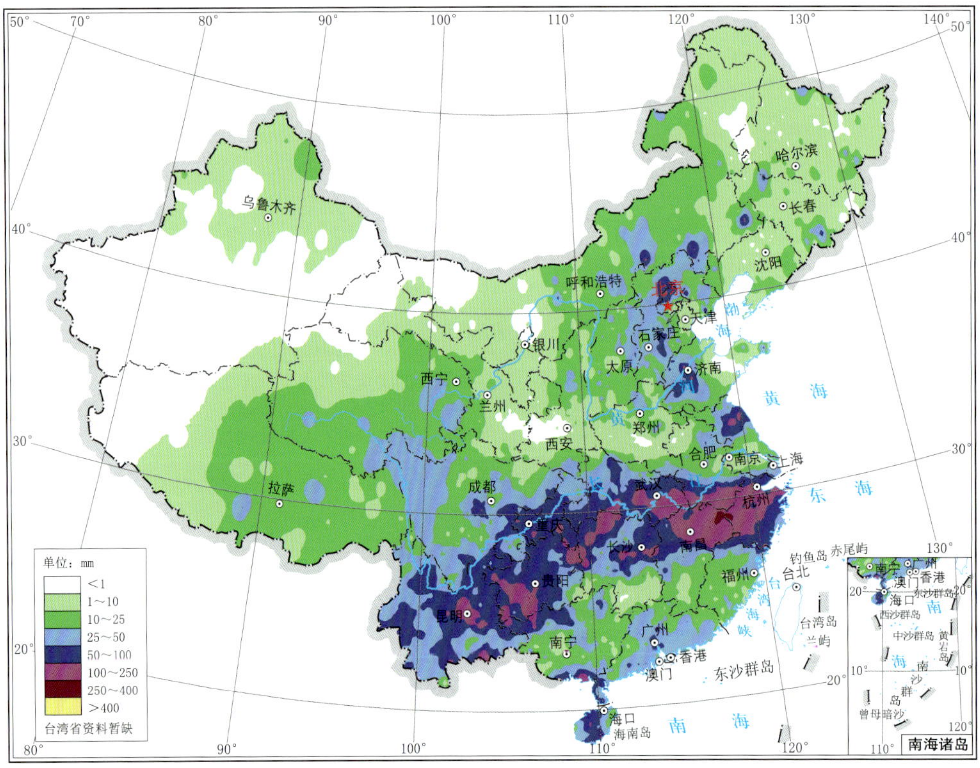

图 3.5.39　2020 年 6 月 30 日—7 月 4 日全国总降水量分布

3.6　7 月主要暴雨过程(No. 15—No. 21)

第 15 次主要暴雨过程(No. 15):7 月 5—11 日

7 月 5 日,500 hPa 黄淮至华中地区有短波槽新生发展,中低层江淮至江汉地区有切变形成,受其影响,长江中下游地区出现东西向暴雨带,湖北、安徽多站出现大暴雨(图 3.6.1);6 日,500 hPa 黄淮、江淮地区又有新的短波槽生成,中低层江淮至江汉地区切变维持加强,受其影响,长江中下游地区的东西向暴雨带维持加强,湖北中部—安徽南部—长江三角洲出现大暴雨带,其中湖北英山出现 285.2 mm 的特大暴雨(图 3.6.2);7 日,500 hPa 黄淮短波槽东移入海,同时三峡区间又有短波槽生成,中低层四川盆地有西南低涡形成,长江流域切变进一步维持加强,受其影响,从贵州经湖北至浙江中部出现东西向暴雨带,湖北东部、安徽南部多站出现大暴雨,其中安徽黟县出现 262.9 mm 的特大暴雨(图 3.6.3);8 日,500 hPa 江淮至江南北部有短波槽发展,同时贵州上空也有短波槽生成,中低层西南低涡东移至大别山上空,长江流域有明显的切变发展,受其影响,雨带整体略有南压,江西北部出现大面积大暴雨,湖南部分地区、湖北局部也出现大暴雨,其中湖北黄梅出现 258.4 mm 的特大暴雨(图 3.6.4);9 日,500 hPa 短波槽缓慢东移南压,中低层低涡切变也随之东移南压,受其影响,强降水区整体南压至江南地区和贵州,江西中部出现大面积大暴雨,湖南、贵州、浙江局部也出现大暴雨(图 3.6.5);10 日,500 hPa 贵州上空有短波槽发展加强,中低层江南北部切变维持,受其影响,江南大部及贵州、广西部分地区出现降水,江西部分地区、湖南局部、广西局部出现

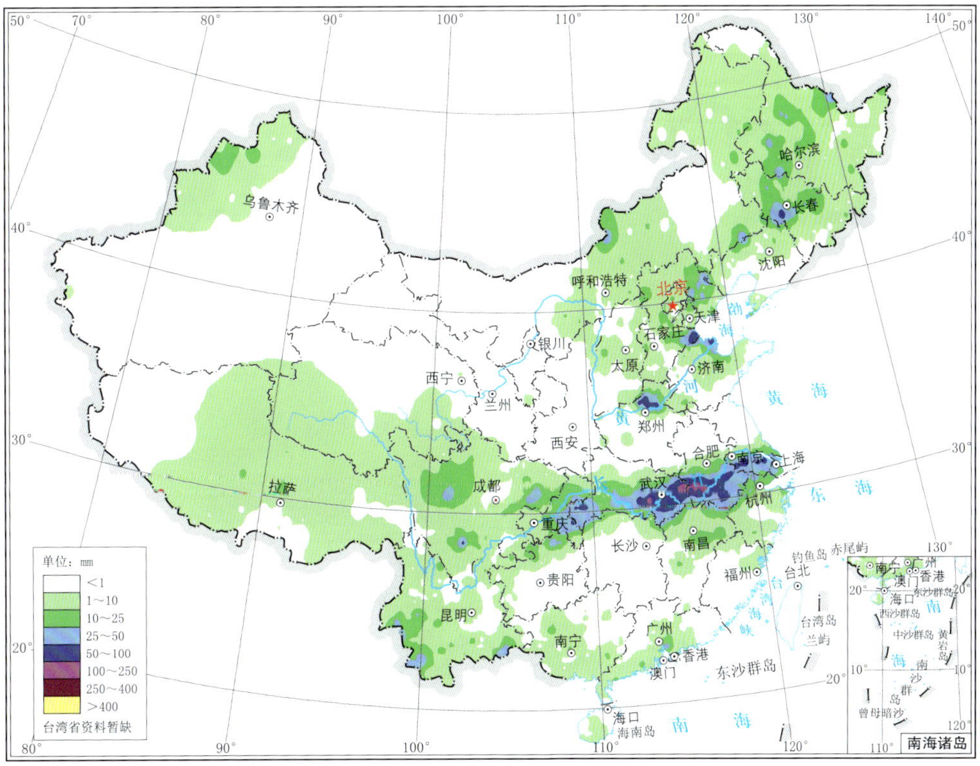

图 3.6.1　2020 年 7 月 5 日全国降水量分布

大暴雨(图 3.6.6);11 日,500 hPa 贵州上空短波槽维持少动,中低层切变逐步减弱,受其影响,广西东北部出现暴雨、局部大暴雨(图 3.6.7)。图 3.6.8 为此次暴雨过程总降水量分布。

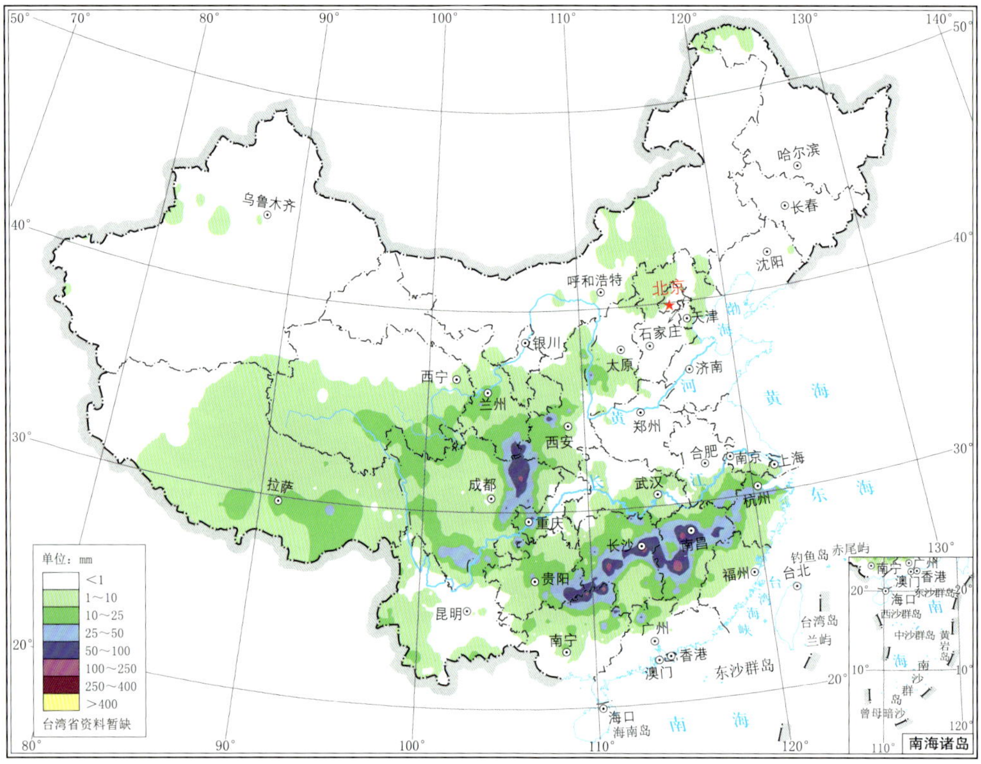

图 3.6.6　2020 年 7 月 10 日全国降水量分布

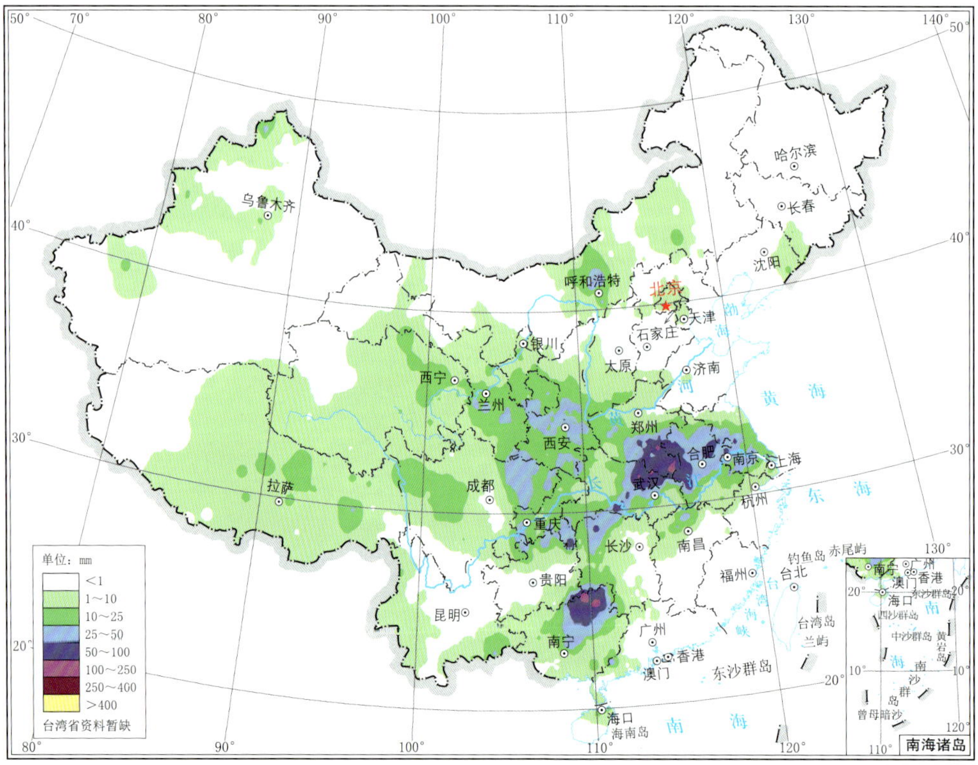

图 3.6.7　2020 年 7 月 11 日全国降水量分布

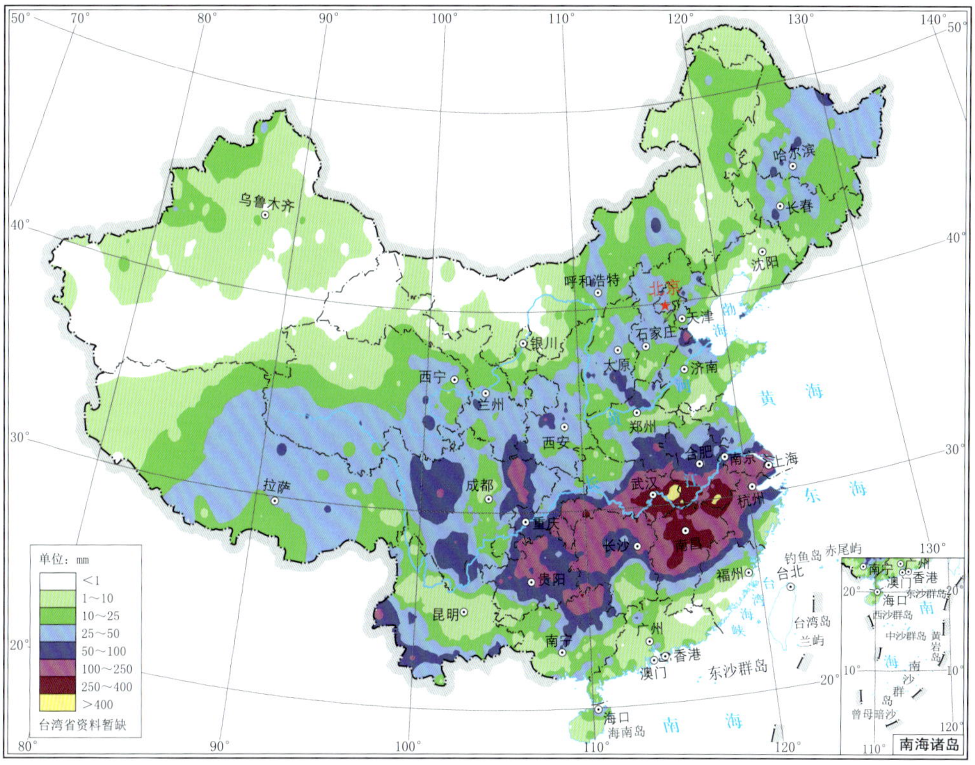

图 3.6.8　2020 年 7 月 5—11 日全国总降水量分布

第 16 次主要暴雨过程(No.16):7 月 10—13 日

7 月 10 日,500 hPa 高原东侧有短波槽发展东移至四川盆地,中低层四川盆地有西南低涡生成,受其影响,四川盆地至陕甘交界处出现降水,部分地区出现暴雨、局部出现大暴雨(图 3.6.6);11 日,500 hPa 四川盆地短波槽停滞少动,中低层西南低涡发展,低涡东侧有暖切变向东伸展至淮河流域,受其影响,西南东部、西北东部、黄淮西部、江淮地区、江汉地区及江南北部部分地区出现大范围降水,暴雨主要出现在黄淮西部和江淮地区,局部出现大暴雨(图 3.6.7);12 日,500 hPa 河套地区至四川盆地有短波槽发展,中低层西南低涡向东北方向移动至黄河下游地区,黄淮地区有明显切变发展,受其影响,华北地区、黄淮地区出现降水,暴雨主要出现在黄淮东部,苏北部分地区出现大暴雨(图 3.6.9);13 日,500 hPa 短波槽快速东移至黄淮东部、江淮地区,中低层黄淮气旋东移入海,切变线南压至淮河流域,受其影响,长江下游部分地区出现暴雨(图 3.6.10)。图 3.6.11 为此次暴雨过程总降水量分布。

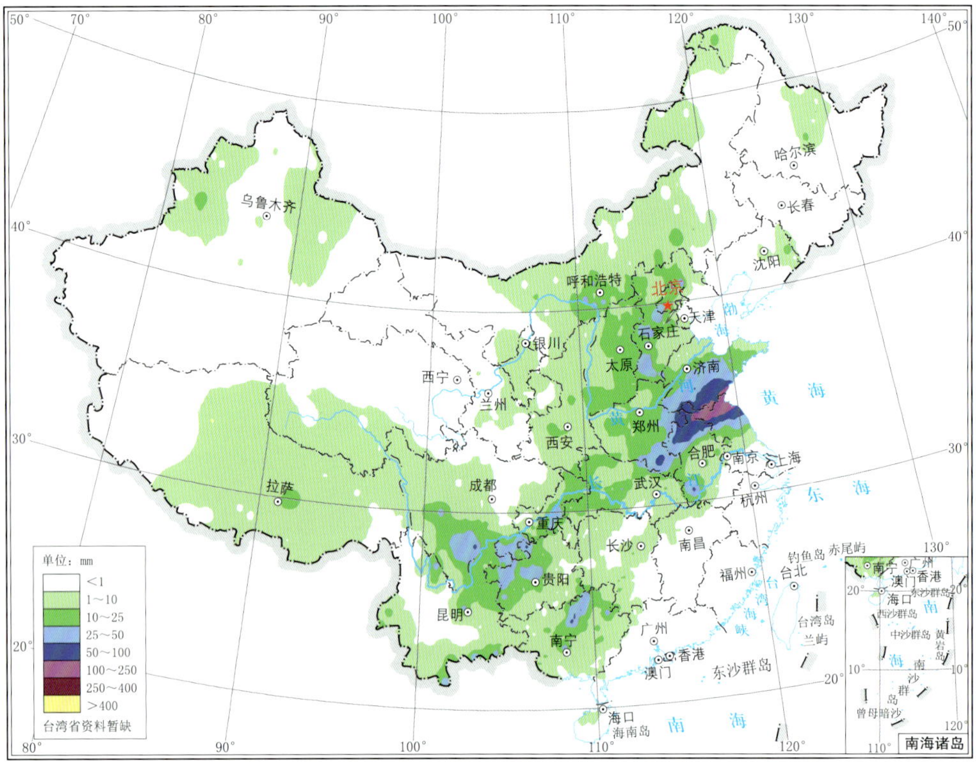

图 3.6.9　2020 年 7 月 12 日全国降水量分布

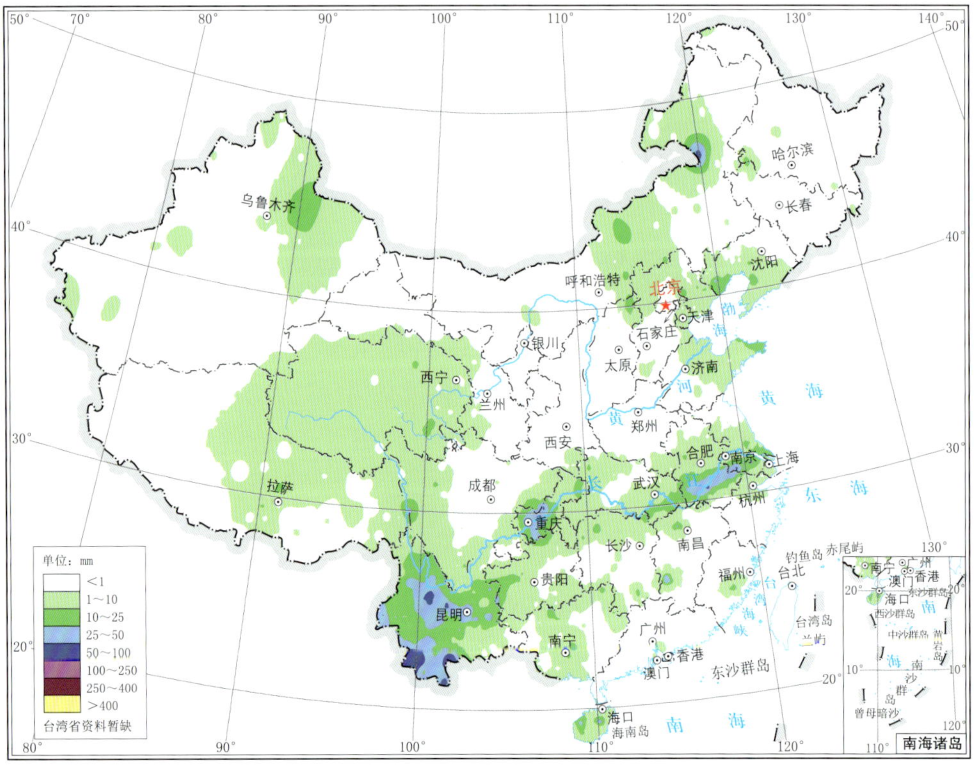

图 3.6.10　2020 年 7 月 13 日全国降水量分布

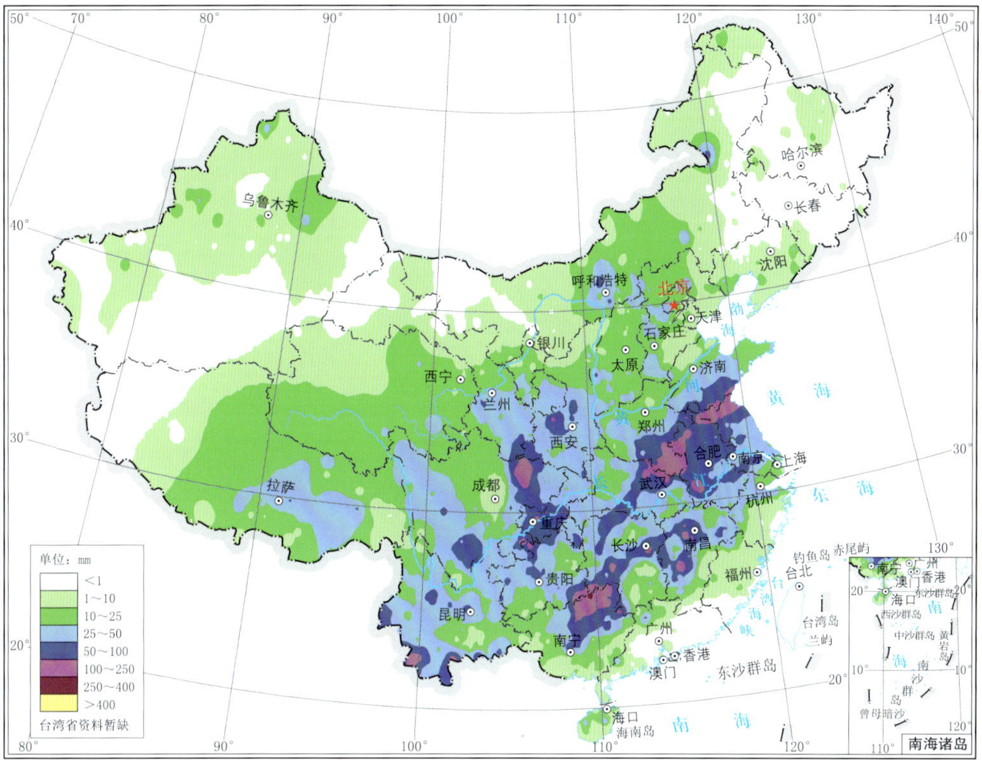

图 3.6.11 2020 年 7 月 10—13 日全国总降水量分布

第 17 次主要暴雨过程(No. 17):7 月 15—20 日

7 月 15 日,500 hPa 高原东侧有短波槽发展,长江下游地区也有短波槽形成,中低层四川盆地有西南低涡生成,长江中下游地区有切变线活动,受其影响,四川盆地至长江下游有雨带形成,两个暴雨中心分别出现在四川盆地和长江下游地区,四川盆地局部出现大暴雨(图 3.6.12);16 日,500 hPa 高原东侧短波槽停滞少动,长江下游地区有新的短波槽形成,中低层四川盆地西南低涡和长江中下游地区切变线维持少动,受其影响,雨带维持在四川盆地至长江中下游地区,两个暴雨中心维持在四川盆地和长江中下游地区,四川盆地和鄂东北部分地区出现大暴雨(图 3.6.13);17 日,500 hPa 四川盆地短波槽发展加深,华北西部有新的短波槽形成,中低层四川盆地西南低涡发展加强,黄淮至江淮流域有切变形成,受其影响,四川盆地—黄淮西部—长江下游出现降雨带,两个暴雨中心分别出现在长江上游及黄淮西部—长江下游地区,四川盆地南部至鄂西山地出现大暴雨,安徽、江苏局部出现大暴雨(图 3.6.14);18 日,500 hPa 四川盆地短波槽维持少动,长江下游地区有短波槽形成,中低层四川盆地西南低涡缓慢东移,黄淮地区有低涡新生发展,受其影响,贵州至江淮地区出现降雨带,江淮西部出现强降水区,河南东南部至安徽中部多站出现大暴雨,其中安徽金寨、六安分别出现 309.5 mm、290.0 mm 的特大暴雨(图 3.6.15);19 日,500 hPa 四川盆地短波槽东移至华中地区并发展加深,同时华北地区也有短波槽发展,中低层西南低涡东移至华中地区,黄淮低涡向东北方向移动至山东半岛上空,受其影响,从东北地区南部至贵州南部出现东北—西南向的大范围暴雨带,湖北中部至安徽中部出现大暴雨带,其他多处零散出现大暴雨(图 3.6.16);20 日,500 hPa 华中地区短波槽东移南压,中低层江淮地区、江南北部有切变形成,受其影响,江南北部至华南西

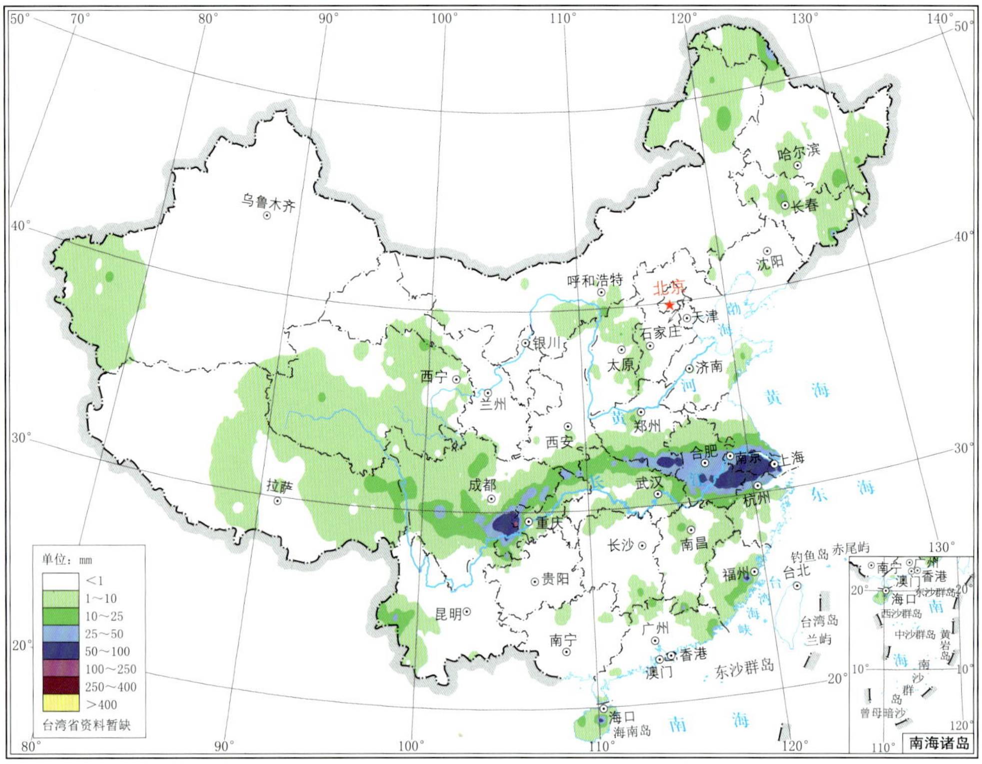

图 3.6.12　2020 年 7 月 15 日全国降水量分布

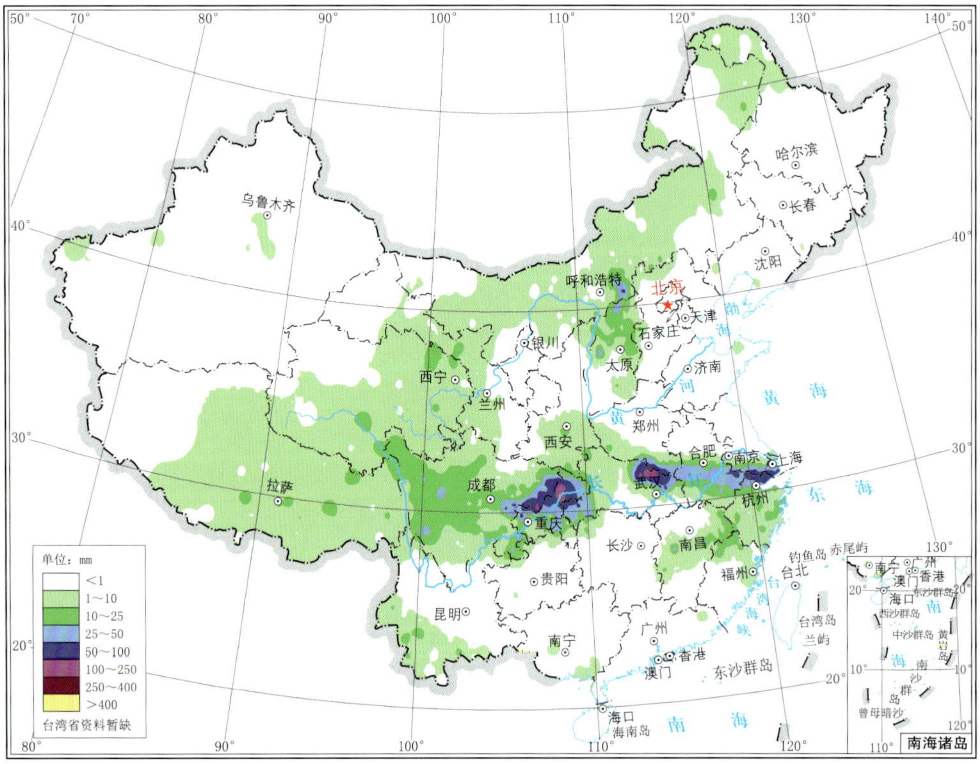

图 3.6.13　2020 年 7 月 16 日全国降水量分布

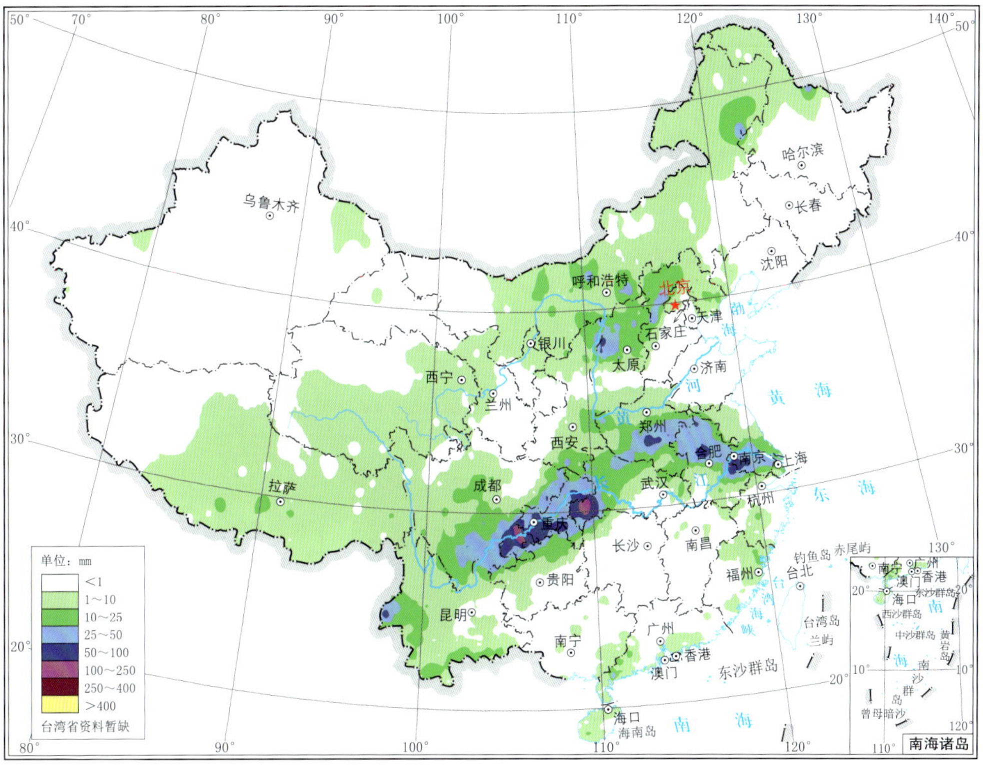

图 3.6.14　2020 年 7 月 17 日全国降水量分布

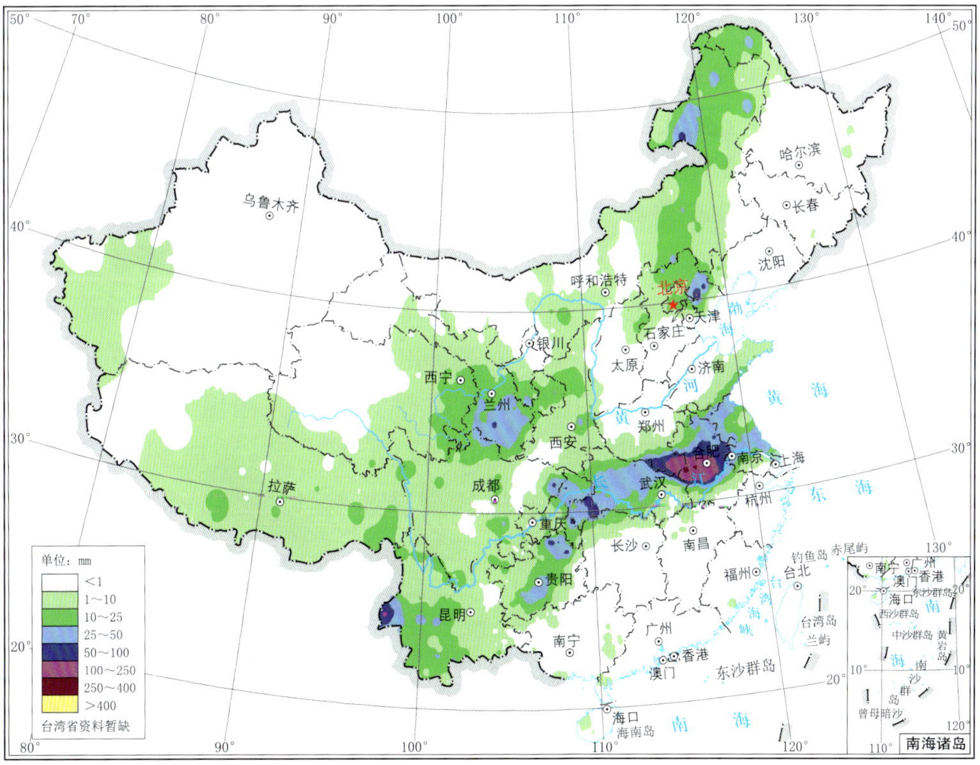

图 3.6.15　2020 年 7 月 18 日全国降水量分布

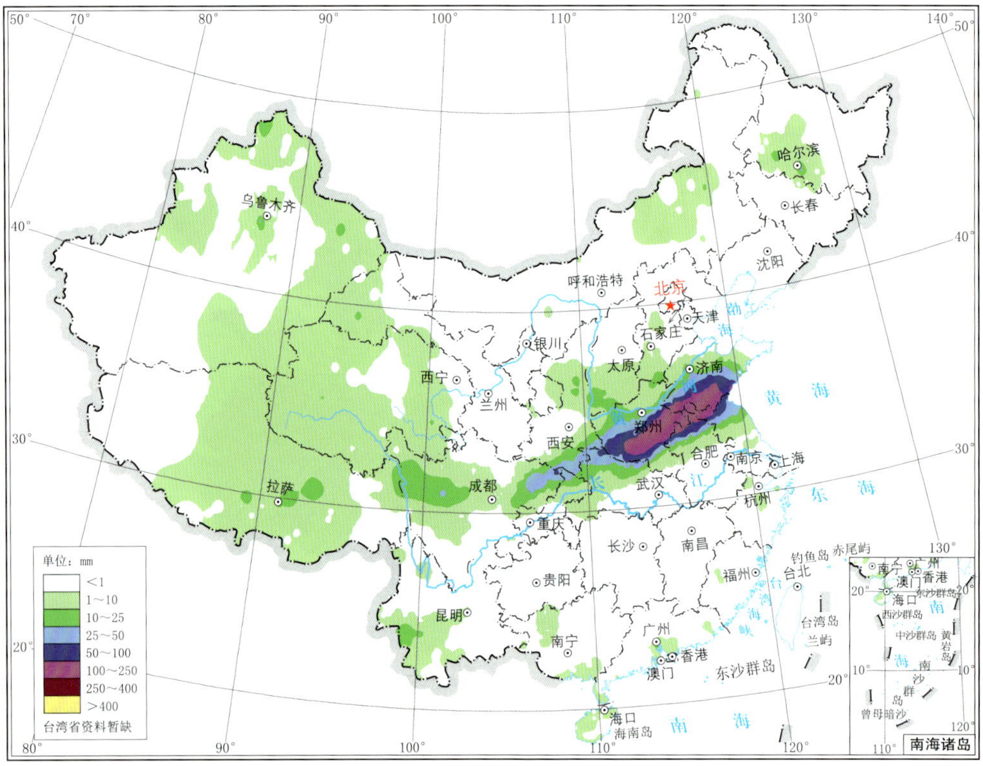

图 3.6.19　2020 年 7 月 22 日全国降水量分布

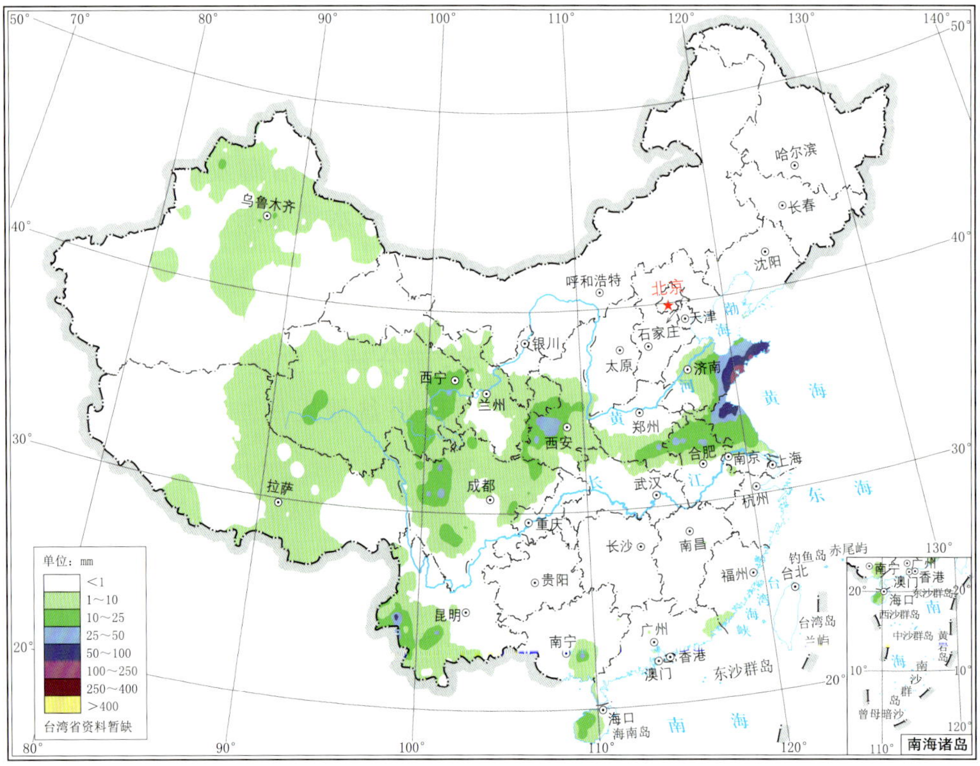

图 3.6.20　2020 年 7 月 23 日全国降水量分布

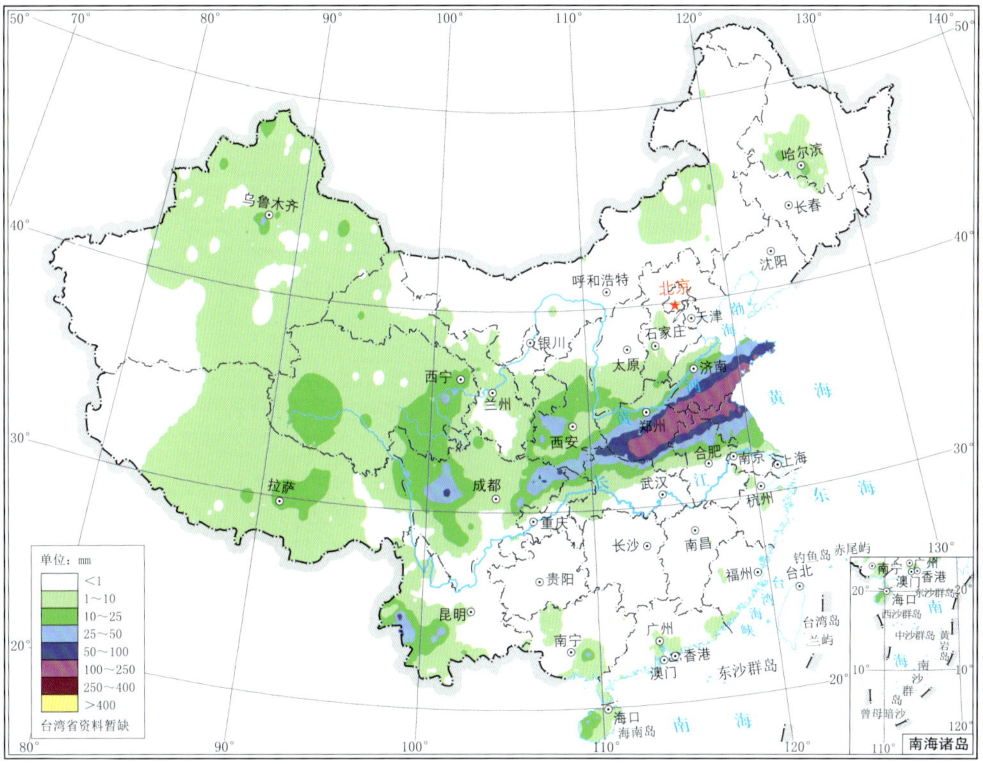

图 3.6.21　2020 年 7 月 22—23 日全国总降水量分布

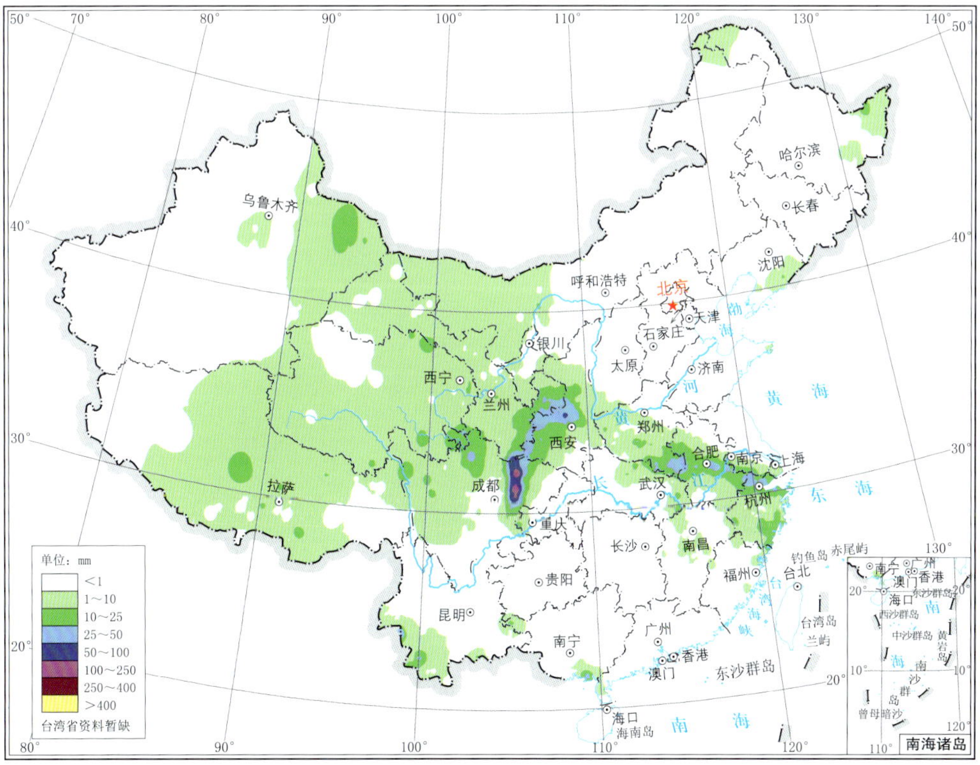

图 3.6.22　2020 年 7 月 24 日全国降水量分布

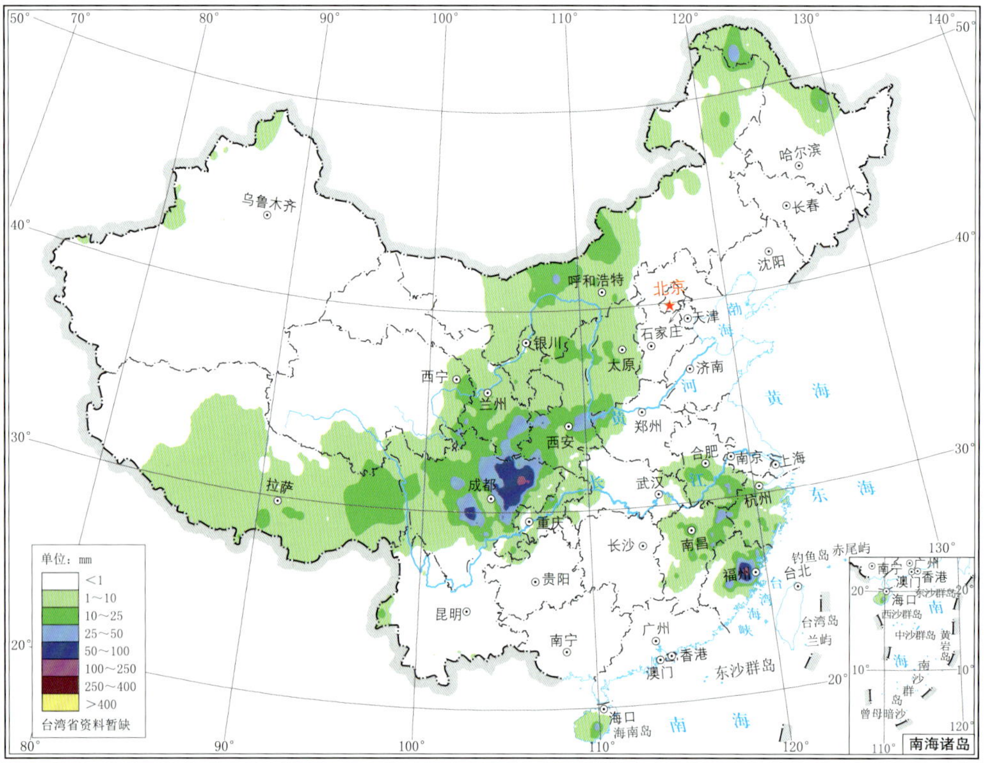

图 3.6.23　2020 年 7 月 25 日全国降水量分布

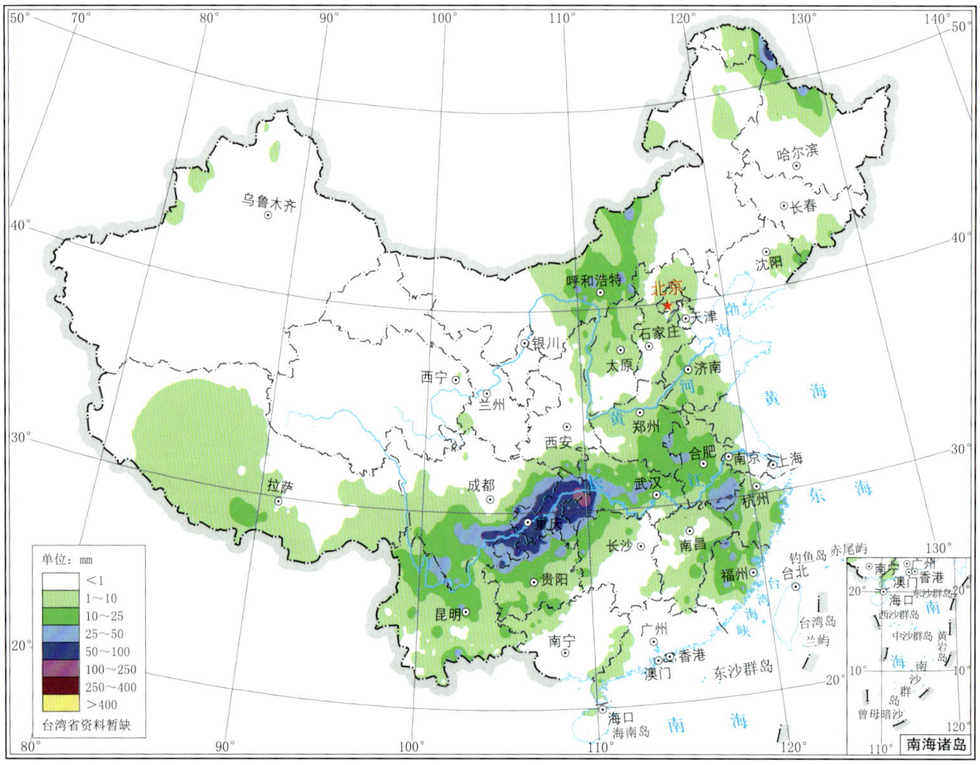

图 3.6.24　2020 年 7 月 26 日全国降水量分布

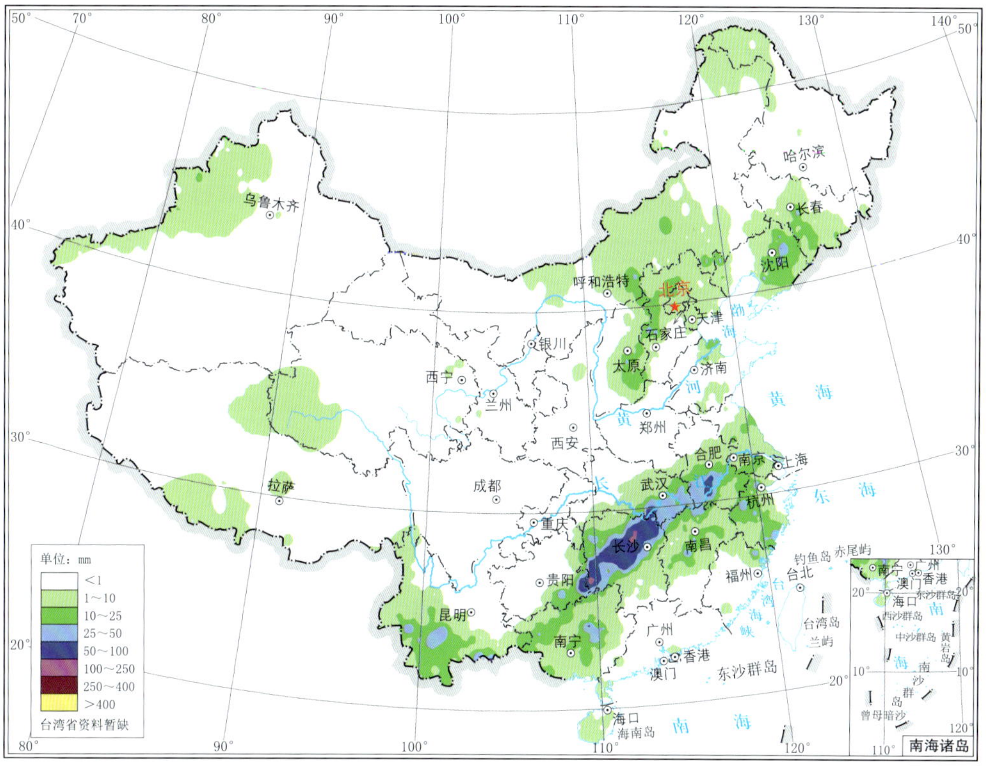

图 3.6.25　2020 年 7 月 27 日全国降水量分布

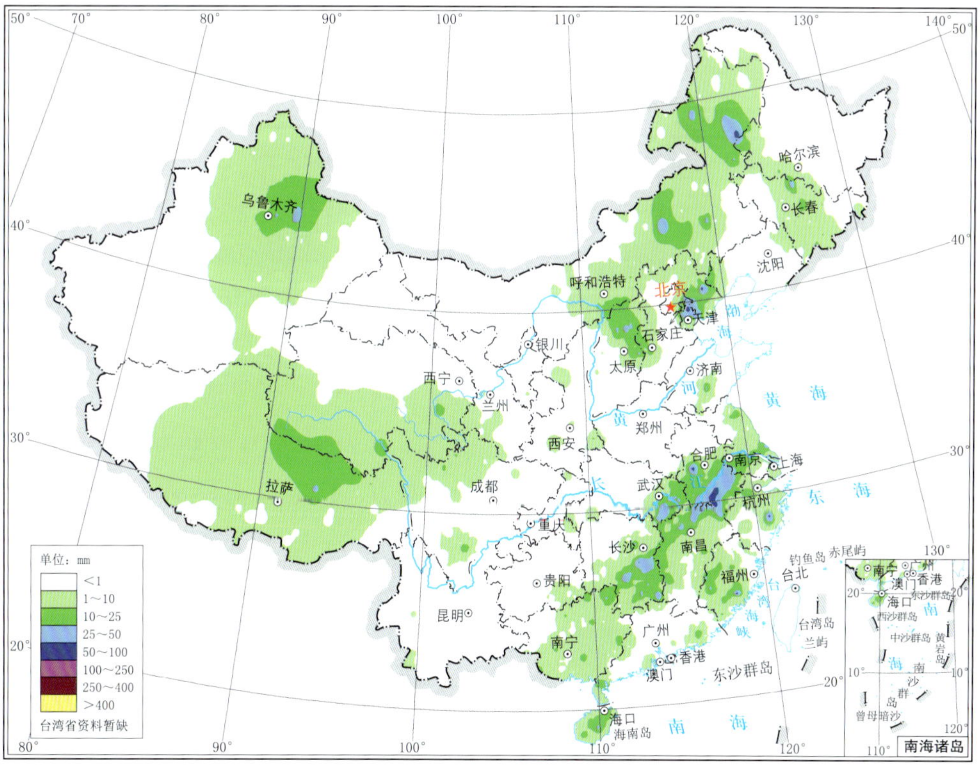

图 3.6.26　2020 年 7 月 28 日全国降水量分布

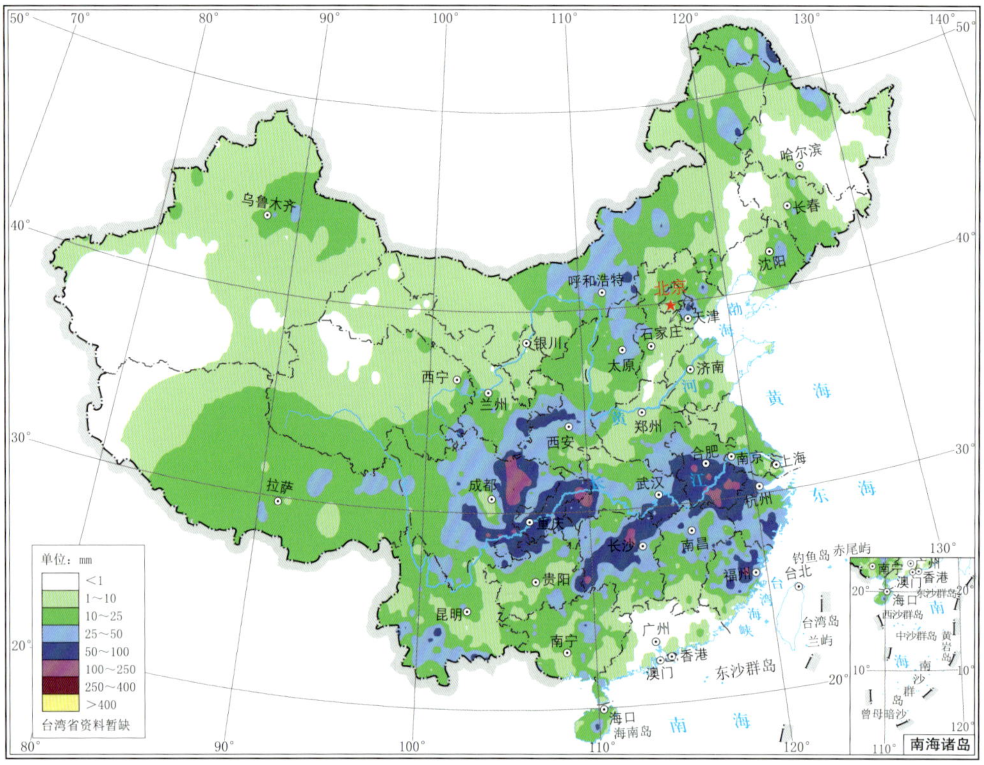

图 3.6.27　2020 年 7 月 24—28 日全国总降水量分布

第 20 次主要暴雨过程(No. 20):7 月 31 日—8 月 4 日

7 月 31 日,500 hPa 内蒙古西部有短波槽东移至华北北部,中低层内蒙古中部有切变形成,受其影响,华北北部及东部出现降水,部分地区出现暴雨、局部大暴雨(图 3.6.28);8 月 1 日,500 hPa 华北短波槽东移至渤海湾地区,中低层切变也随之东移至该地区,受其影响,东北南部及山东半岛局部出现暴雨(图 3.6.29);2 日,500 hPa 渤海湾至黄河下游地区有新的短波槽形成,中低层该地区有切变出现,受其影响,黄淮北部、华北中南部及东北南部出现降水,暴雨主要出现在山东中南部,局部出现大暴雨(图 3.6.30);3—4 日,500 hPa 蒙古冷涡东移至内蒙古中东部地区,中低层蒙古冷涡也东移至内蒙古中东部地区,受其影响,东北地区出现降水,部分地区出现暴雨、局部大暴雨(图 3.6.31 和图 3.6.32)。图 3.6.33 为此次暴雨过程总降水量分布。

第 21 次主要暴雨过程(No. 21):7 月 31 日—8 月 5 日

7 月 31 日,第 2003 号热带风暴“森拉克”(Sinlaku)在西沙群岛附近的南海海面上由一个热带低压发展形成,受其影响,华南地区出现降水,广东部分地区、海南万宁及三沙市珊瑚岛出现暴雨(图 3.6.28);8 月 1 日,低压中心向西北方向移动并在海南万宁登陆,受其影响,广东沿海部分地区、海南北部局部出现暴雨到大暴雨(图 3.6.29);2 日,“森拉克”转向偏西方向移动,横穿海南岛,进入北部湾后增强为热带风暴,并继续向偏西方向移动登陆越南北部沿海,受其影响,广东沿海局部、广西东兴出现暴雨(图 3.6.30);3 日,“森拉克”登陆越南后强度减弱,并在老挝境内逐渐消散,受其影响,华南大部出现降水,局部出现暴雨,广西防城港出现大暴雨(图 3.6.31);4—5 日,500 hPa 广西、越南交界处有低涡发展,中低层华南有暖切变维持,受其影响,华南降水维持,部分地区出现暴雨(图 3.6.32 和图 3.6.34)。

图 3.6.35 为此次暴雨过程总降水量分布。

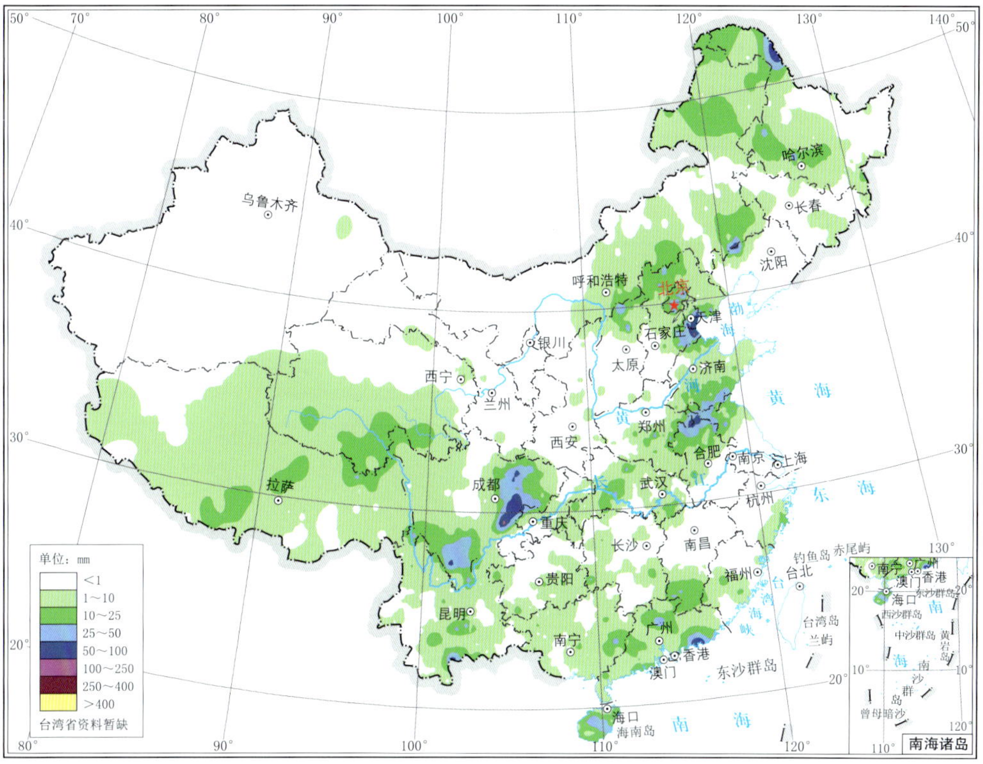

图 3.6.28　2020 年 7 月 31 日全国降水量分布

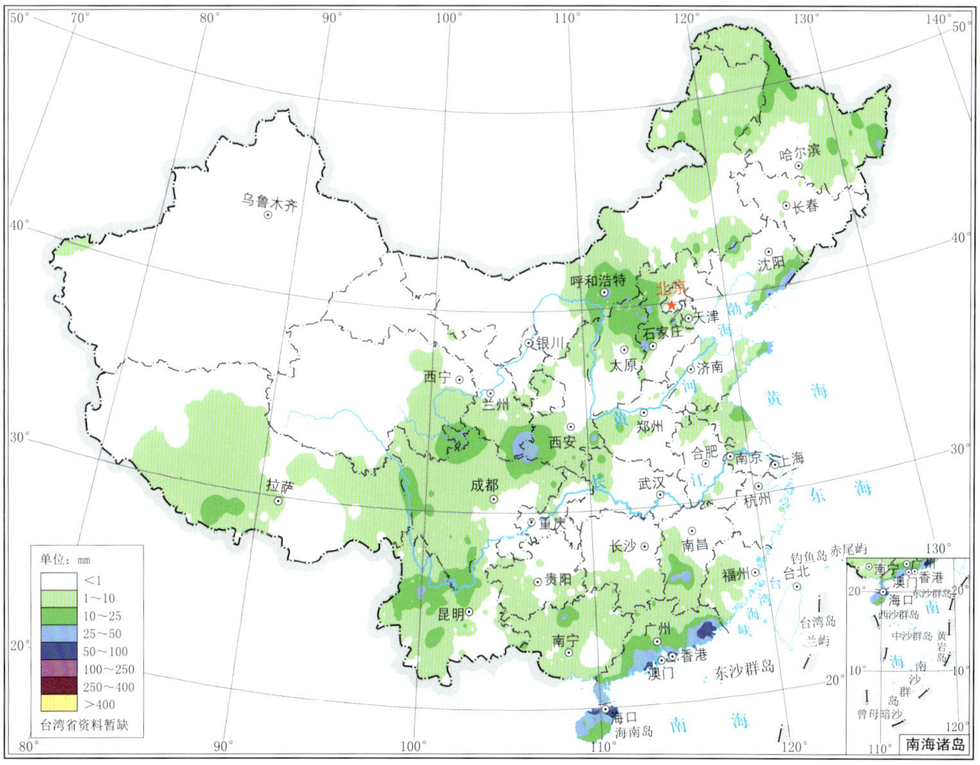

图 3.6.29　2020 年 8 月 1 日全国降水量分布

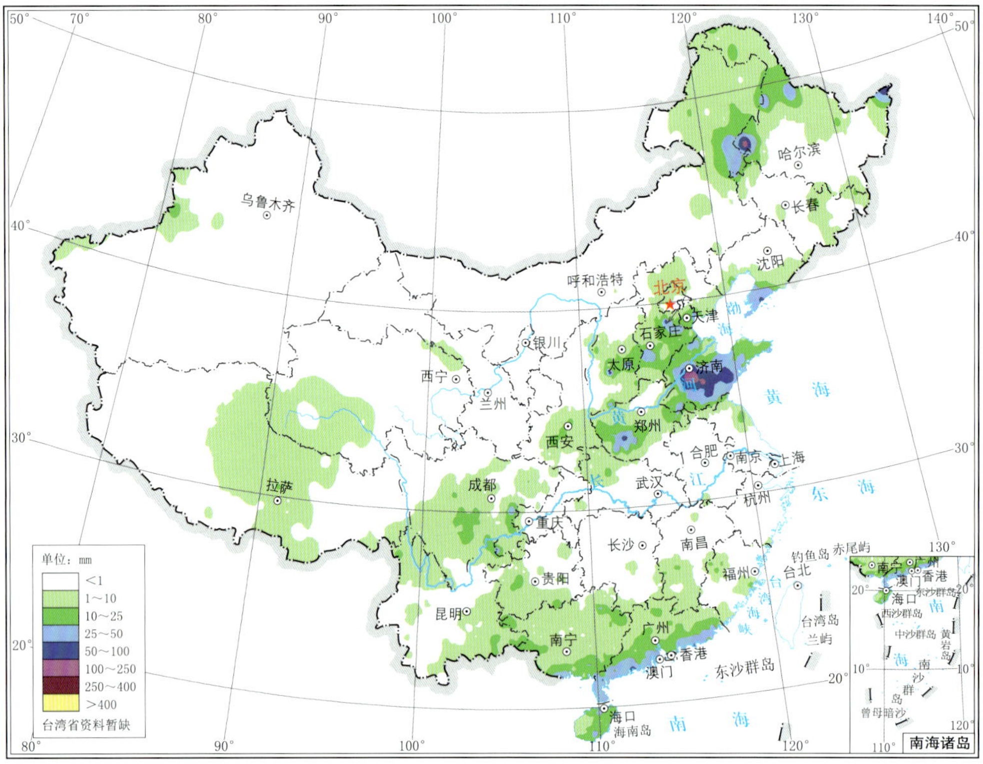

图 3.6.30　2020 年 8 月 2 日全国降水量分布

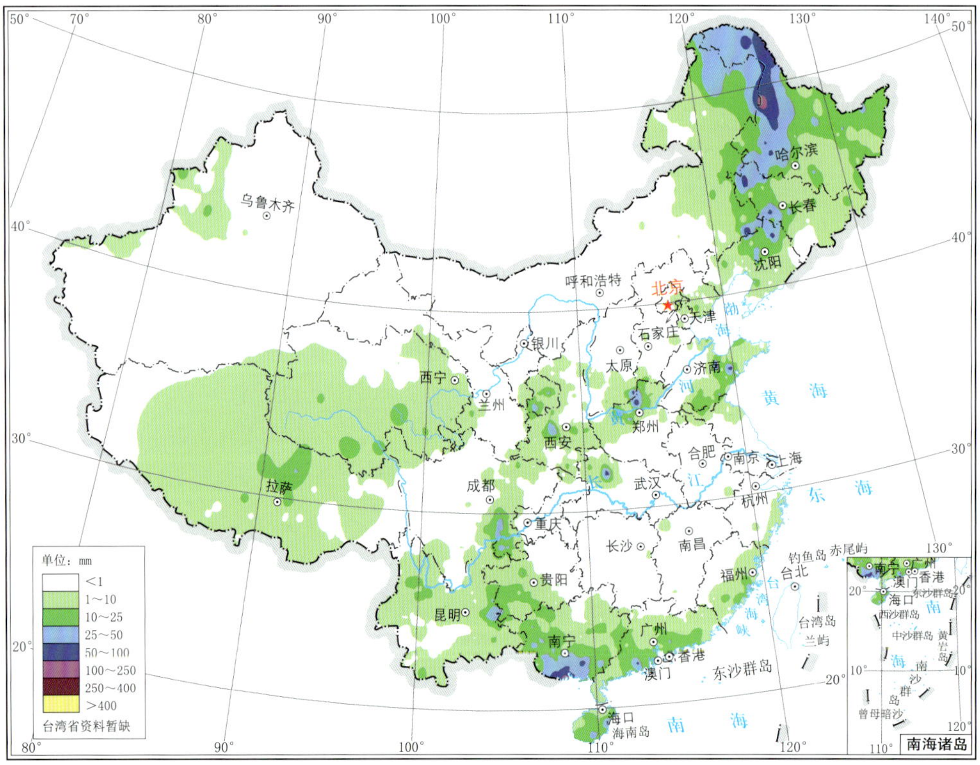

图 3.6.31　2020 年 8 月 3 日全国降水量分布

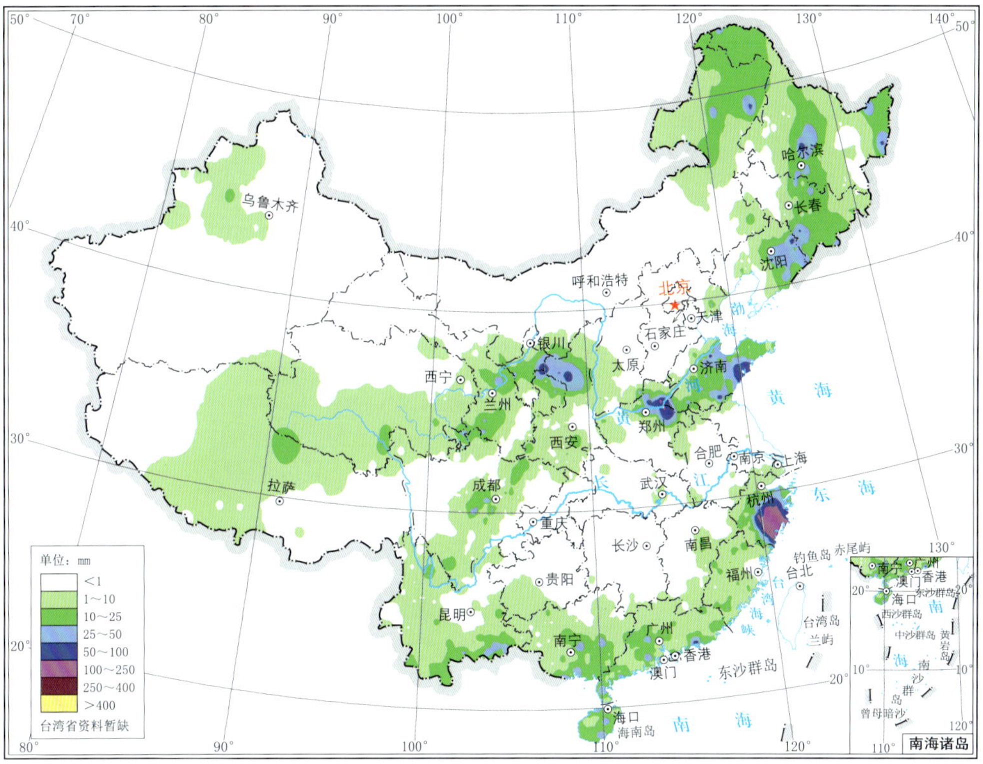

图 3.6.32　2020 年 8 月 4 日全国降水量分布

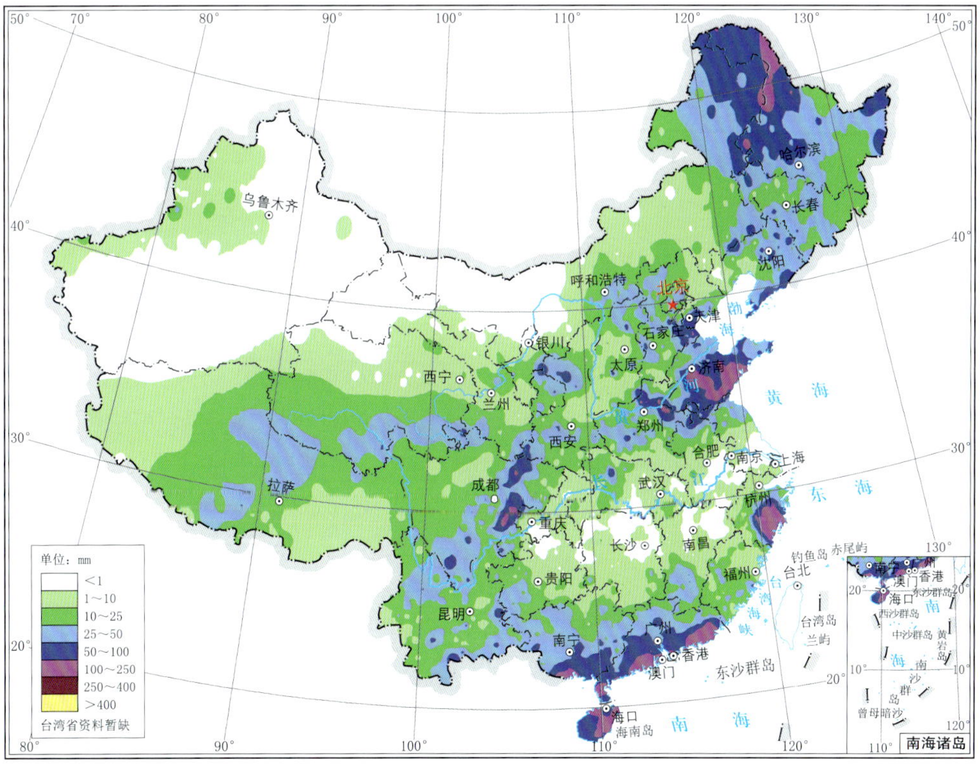

图 3.6.33　2020 年 7 月 31 日—8 月 4 日全国总降水量分布

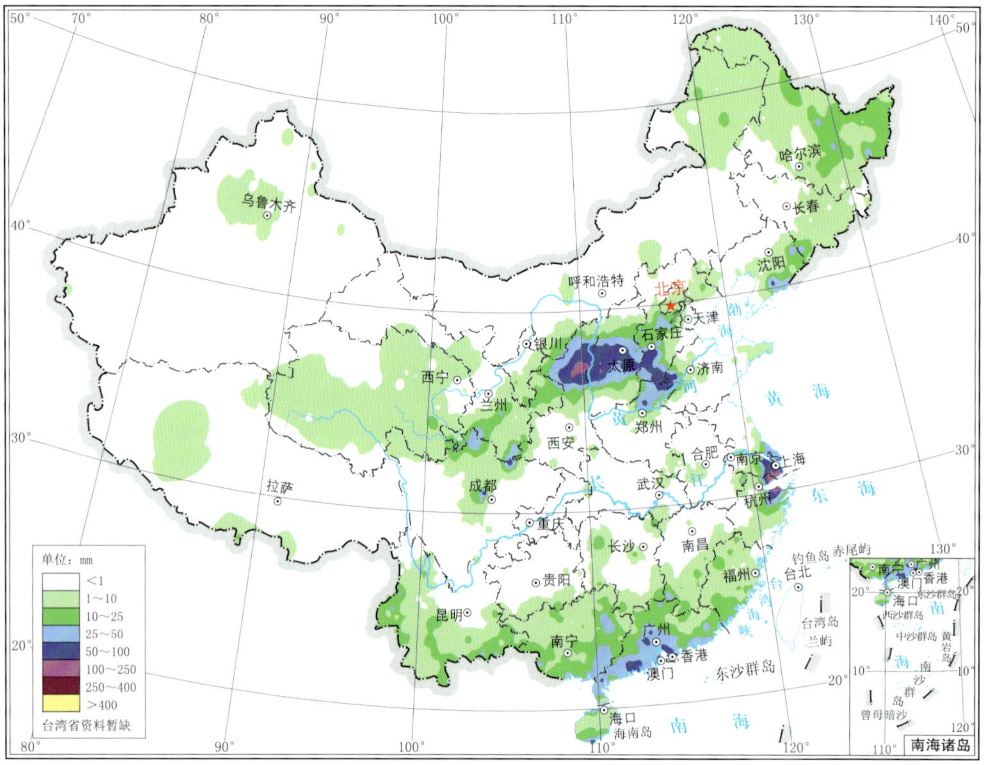

图 3.6.34　2020 年 8 月 5 日全国降水量分布

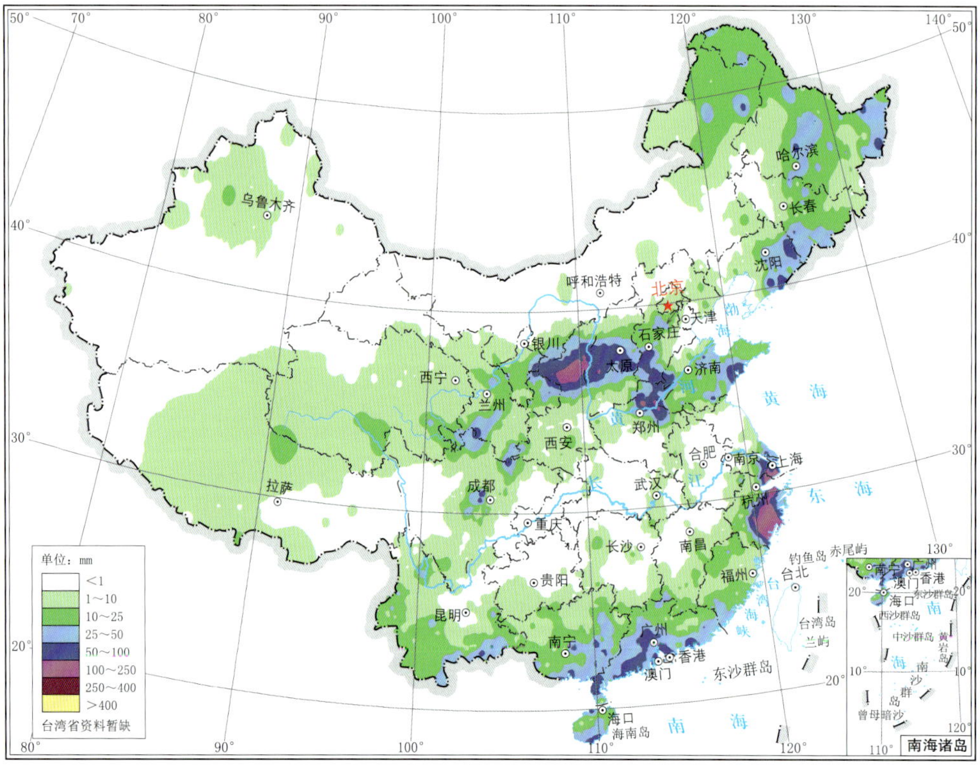

图 3.6.35　2020 年 7 月 31 日—8 月 5 日全国总降水量分布

3.7　8 月主要暴雨过程(No. 22—No. 30)

第 22 次主要暴雨过程(No. 22):8 月 4 日

8 月 4 日,500 hPa 黄淮地区有短波槽新生发展,中低层黄河下游地区有切变形成,受其影响,华北南部部分地区及黄淮北部大部出现降水,河南北部、山东东部部分地区出现暴雨(图 3.6.32)。

第 23 次主要暴雨过程(No. 23):8 月 4—5 日

8 月 4 日,第 2004 号强台风“黑格比”(Hagupit)在浙江乐清沿海登陆,其后强度快速减弱为强热带风暴并转向偏北方向移动,下午继续减弱为热带风暴,随后减弱进入江苏省境内,受其影响,浙江省大部出现降水,暴雨主要集中在中部至沿海地区,共有 14 站出现大暴雨,其中永嘉出现 263.4 mm 的特大暴雨(图 3.6.32);5 日,“黑格比”在江苏境内向北移动进入黄海,并转向东北方向移动,受其影响,雨区北移至长三角地区,暴雨主要集中在上海市及浙江东北部,多站出现大暴雨,其中浙江平湖、上海金山分别出现 314.4 mm、263.5 mm 的特大暴雨(图 3.6.34)。图 3.7.1 为此次暴雨过程总降水量分布。

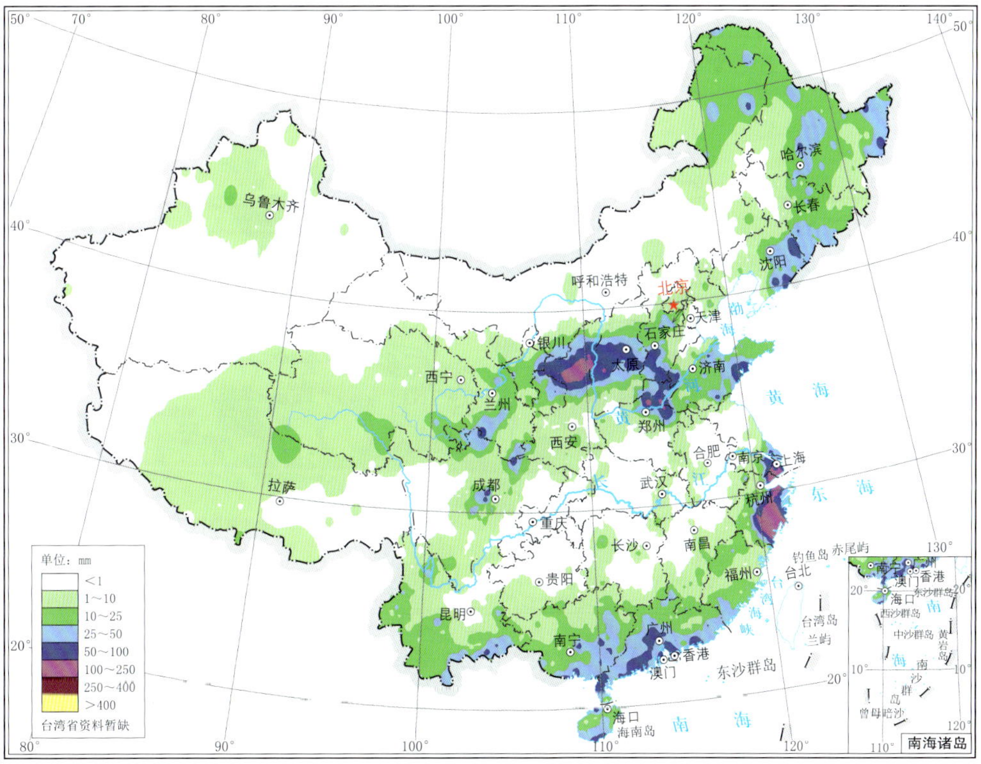

图 3.7.1　2020 年 8 月 4—5 日全国总降水量分布

第 24 次主要暴雨过程(No. 24):8 月 5—10 日

8 月 5 日,500 hPa 河套地区有短波槽形成,中低层该地区有低涡发展加强,受其影响,西北地区东部、华北地区出现降水,暴雨主要出现在华北中南部及陕北高原,局部地区出现大暴雨(图 3.6.34);6 日,500 hPa 河套短波槽缓慢东移,中低层河套低涡缓慢东移至华北

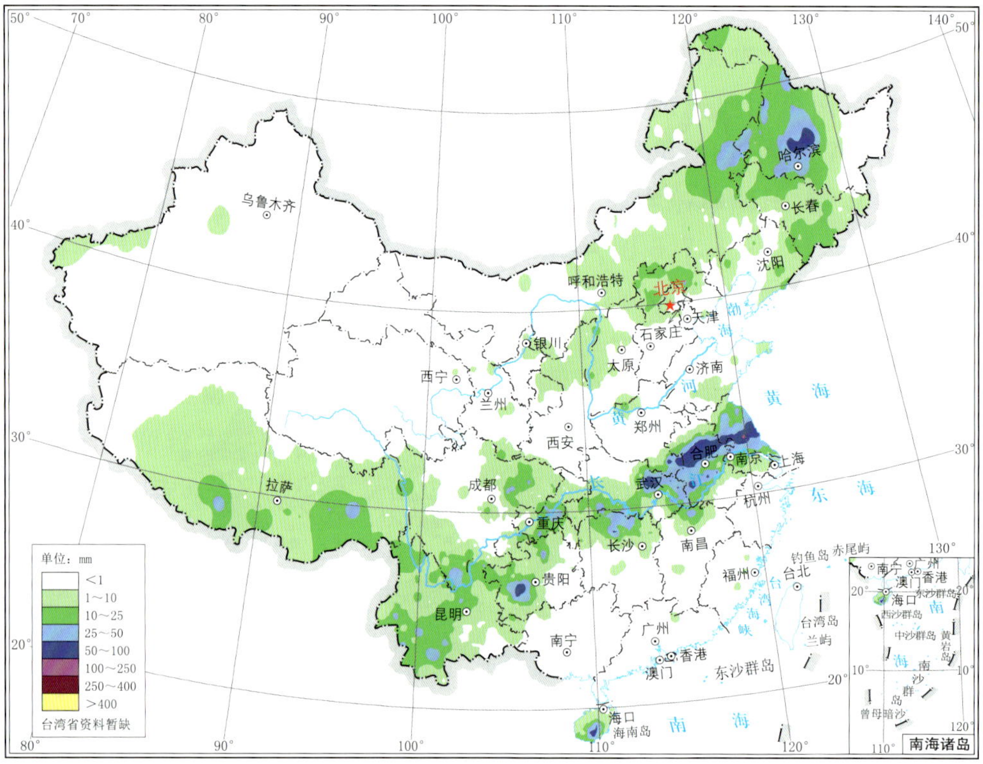

图 3.7.5　2020 年 8 月 9 日全国降水量分布

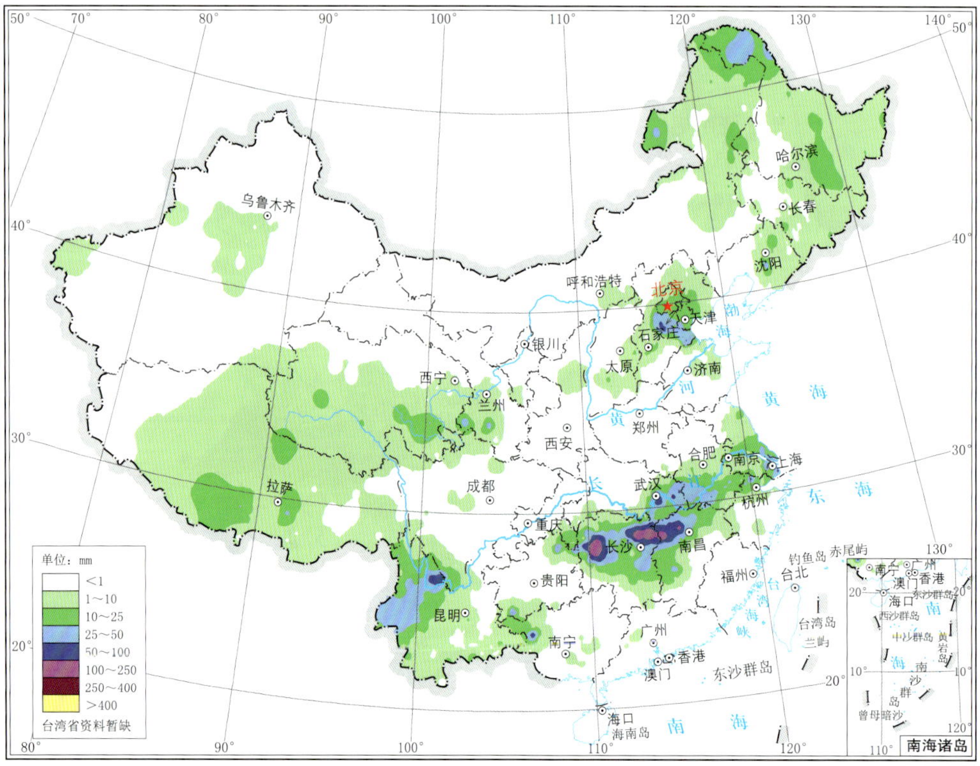

图 3.7.6　2020 年 8 月 10 日全国降水量分布

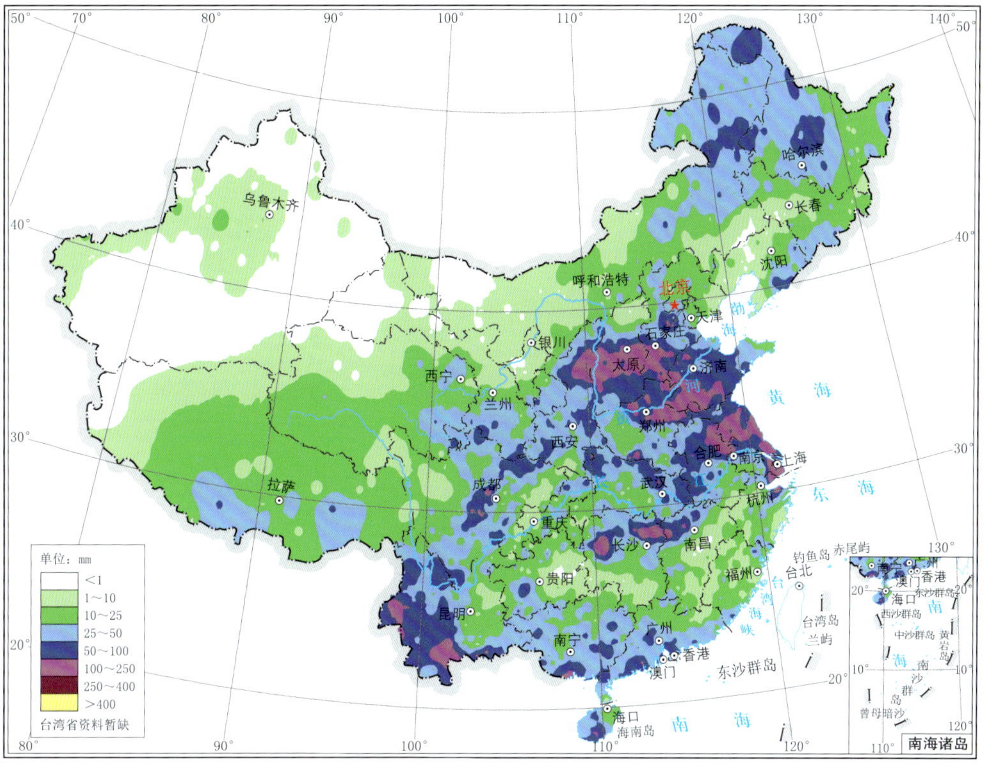

图 3.7.7　2020 年 8 月 5—10 日全国总降水量分布

第 25 次主要暴雨过程(No. 25):8 月 11—14 日

8 月 11 日，500 hPa 青藏高原东北部有低涡形成，中低层高原东侧有低涡切变形成，受其影响，青藏高原东部出现降水，四川盆地西部出现暴雨到大暴雨，其中芦山出现 425.2 mm 的特大暴雨(图 3.7.8)；12 日，500 hPa 内蒙古西部至青藏高原东部有西风短波槽形成，中低层内蒙古西部、四川盆地同时有低涡形成，华北东部有暖切变生成，受其影响，四川盆地、西北地区东部、华北东部、黄淮部分地区出现大范围降水，四川盆地和华北东部出现两个暴雨中心，四川盆地西部多站出现大暴雨，同时华北局部也出现大暴雨(图 3.7.9)；13 日，500 hPa 短波槽东移到内蒙古中部至四川盆地西部，中低层四川盆地低涡缓慢东移，华北至黄淮西部有切变形成，受其影响，东北地区至四川盆地出现东北—西南向的降水带，三个暴雨区分别位于京津冀至辽宁南部、黄河下游两侧及四川盆地，三个暴雨区局部均出现大暴雨(图 3.7.10)；14 日，500 hPa 短波槽东移北收，中低层东北地区及黄河下游地区仍有切变维持，受其影响，东北部分地区出现暴雨，鲁南出现暴雨到大暴雨，其中沂南、蒙阴、临沂分别出现 399.4 mm、250.6 mm、250.4 mm 的特大暴雨(图 3.7.11)。图 3.7.12 为此次暴雨过程总降水量分布。

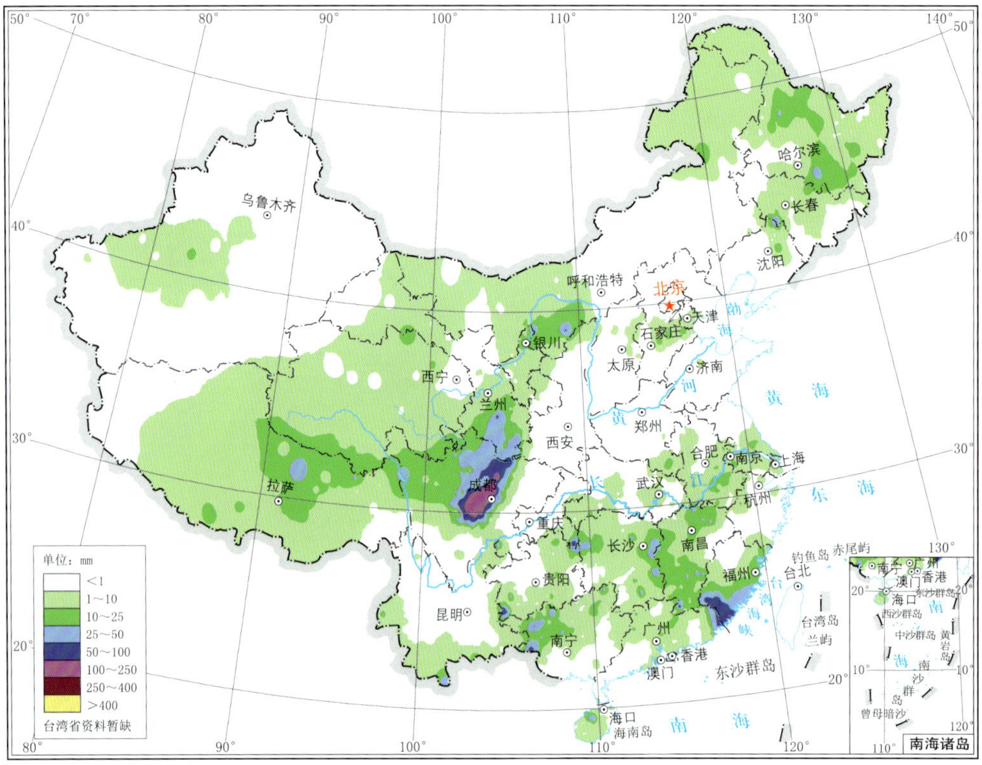

图 3.7.8　2020 年 8 月 11 日全国降水量分布

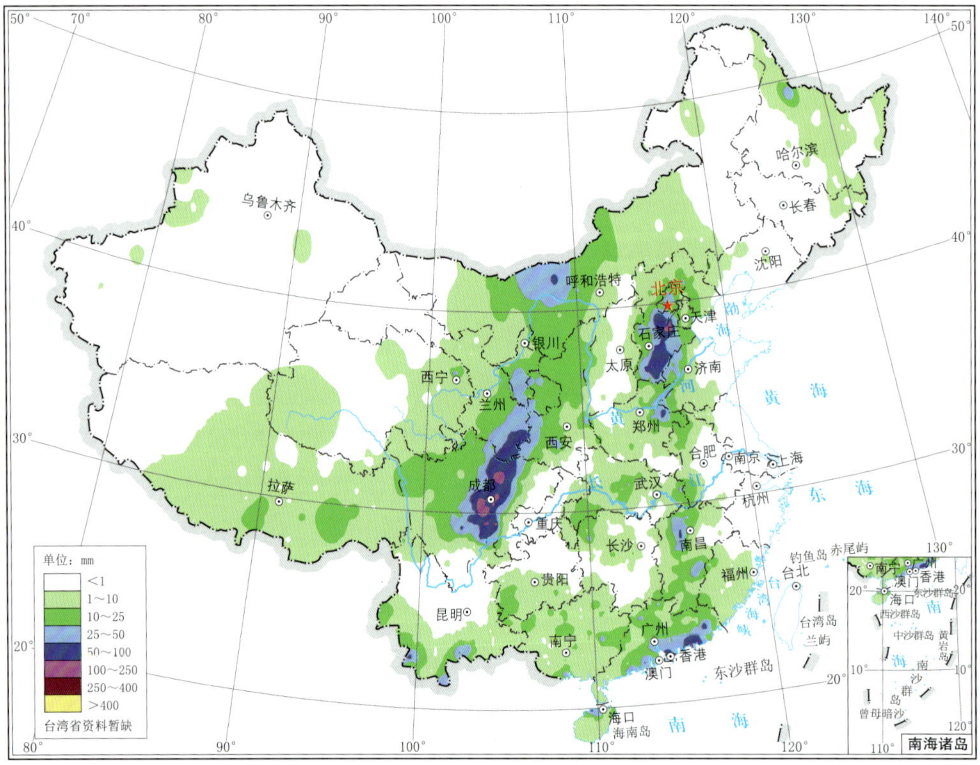

图 3.7.9　2020 年 8 月 12 日全国降水量分布

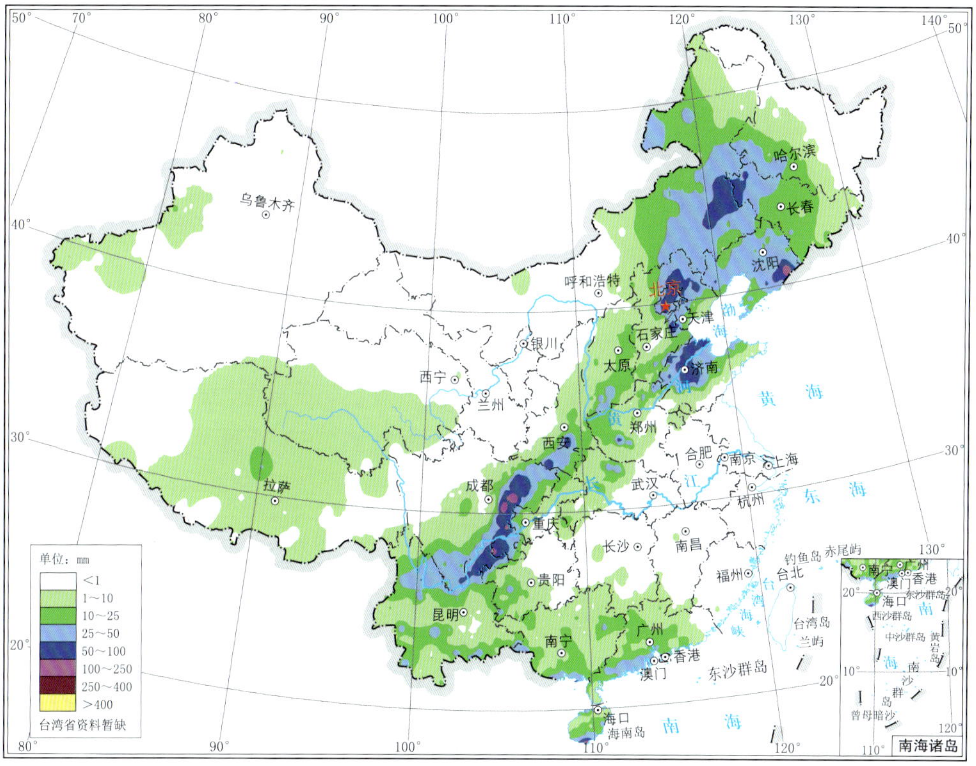

图 3.7.10　2020 年 8 月 13 日全国降水量分布

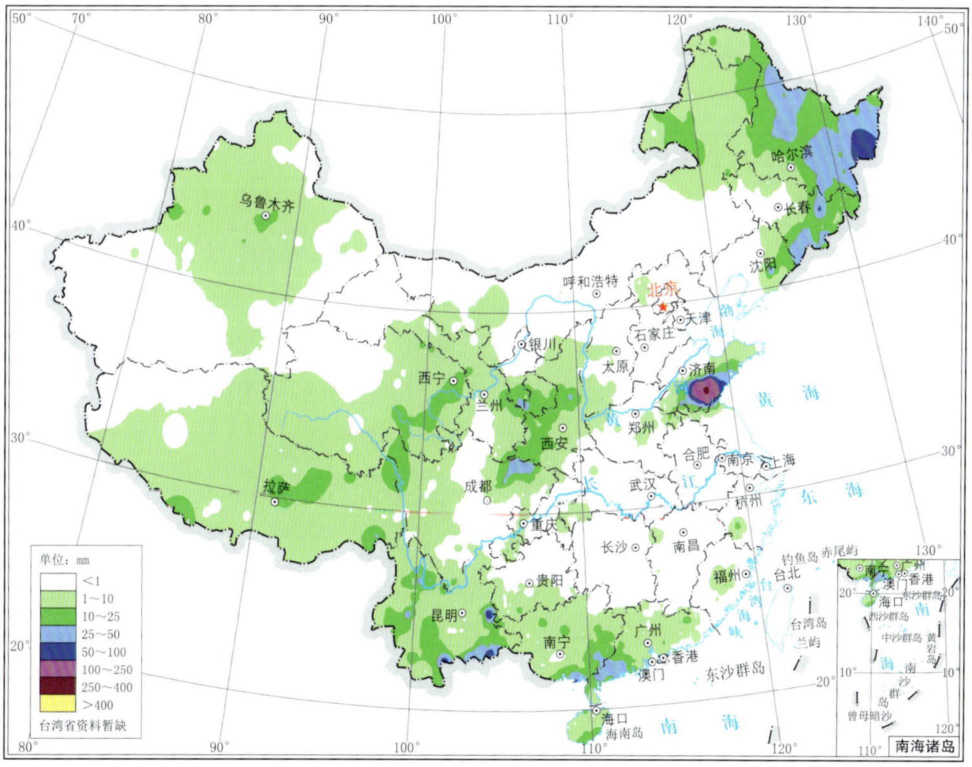

图 3.7.11　2020 年 8 月 14 日全国降水量分布

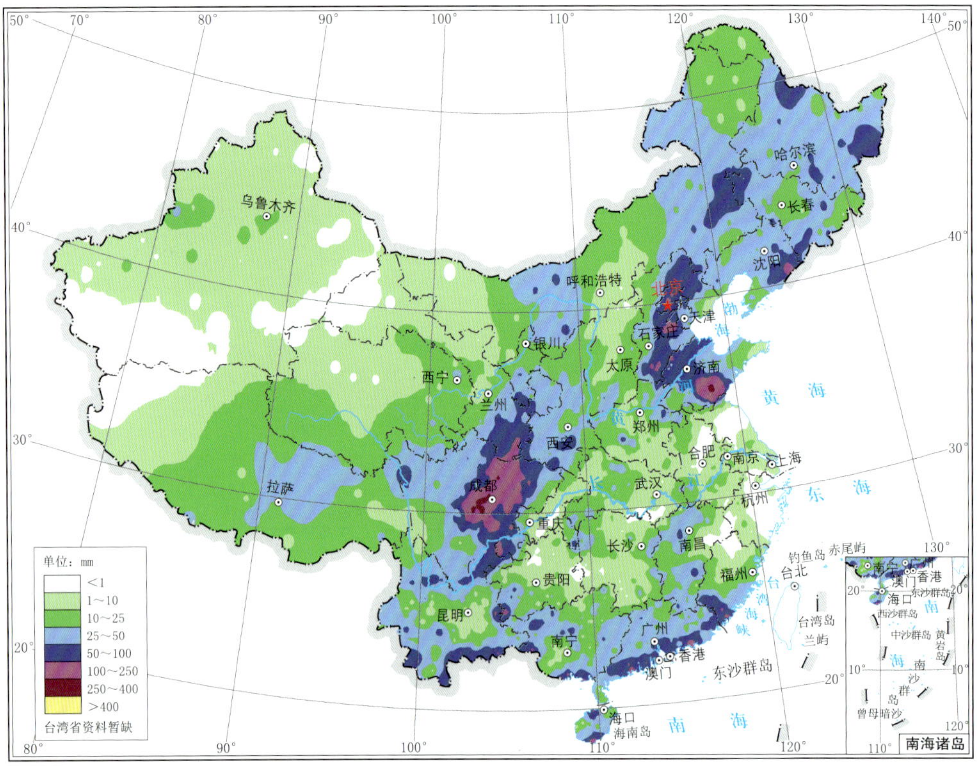

图 3.7.12　2020 年 8 月 11—14 日全国总降水量分布

第 26 次主要暴雨过程(No. 26):8 月 15—21 日

8 月 15 日,500 hPa 河套地区及华北北部有短波槽出现,中低层四川盆地有低涡形成,低涡东北侧至华北南部有暖切变形成,受其影响,华北南部至四川盆地出现东北西南向雨带,两个暴雨区分别位于华北南部、四川盆地,部分地区出现大暴雨(图 3.7.13);16 日,500 hPa 华北短波槽东移北收,青藏高原东部至云贵高原有短波槽新生发展,中低层四川盆地西南低涡发展加强,河套地区有低涡切变发展,受其影响,华北西部至四川盆地出现东北—西南向暴雨带,四川盆地西部出现大暴雨带,其中绵竹、北川、龙泉驿分别出现 302.6 mm、266.6 mm、264.3 mm 的特大暴雨(图 3.7.14);17 日,500 hPa 青藏高原东部至云贵高原的短波槽维持少动、发展加深,中低层西南低涡向南移动,河套地区至四川盆地有切变维持,受其影响,西北东部—四川盆地—云南东部出现近南北向的暴雨带,四川盆地西部出现大暴雨(图 3.7.15);18 日,500 hPa 河套地区有短波槽发展东移,云南西部有低涡发展,中低层华北北部、西北地区东部、四川盆地、云南西部多切变活动,受其影响,东北南部—华北地区—四川盆地—云南西部出现东北—西南向的狭长雨带,暴雨主要出现在四川盆地和云南西部,四川盆地西部多站出现大暴雨(图 3.7.16);19 日,500 hPa 河套地区短波槽缓慢东移,中低层东北南部至华北地区有切变活动,受其影响,东北南部至黄淮地区出现降水,暴雨分布较为零散(图 3.7.17);20—21 日,500 hPa 河套地区短波槽缓慢东移至华北—陕西南部,中低层切变南压至黄淮北部地区,受其影响,黄淮地区、江淮地区、江汉地区出现降水,山东、河南、湖北部分地区出现暴雨、局部大暴雨(图 3.7.18 和图 3.7.19)。图 3.7.20 为此次暴雨过程总降水量分布。

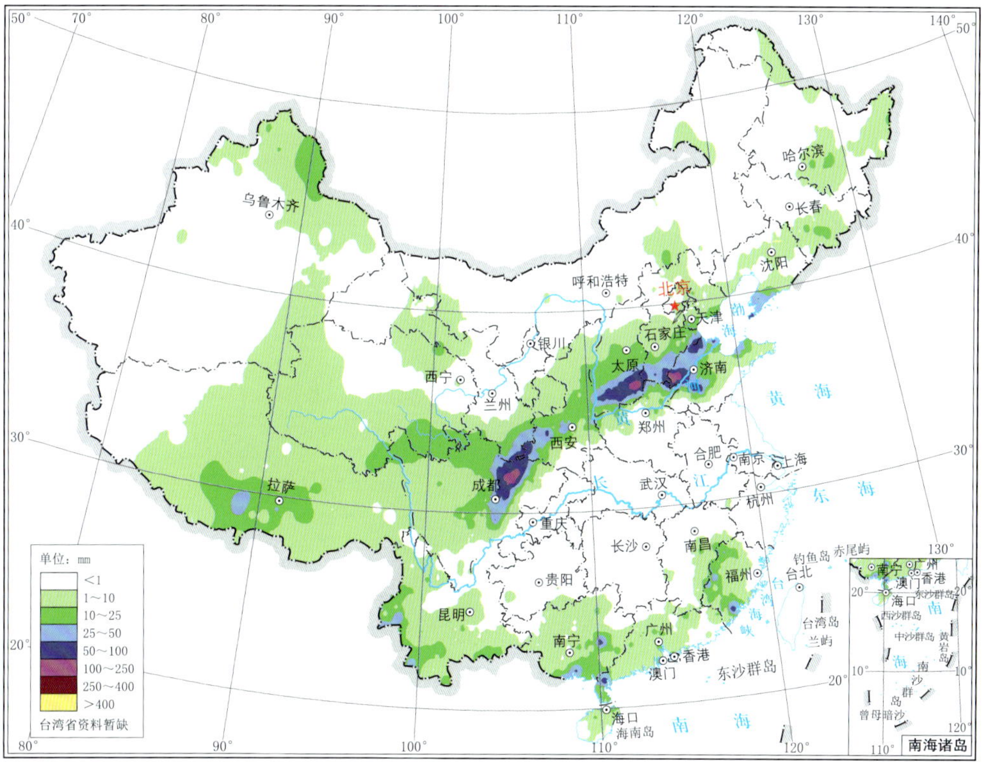

图 3.7.13　2020 年 8 月 15 日全国降水量分布

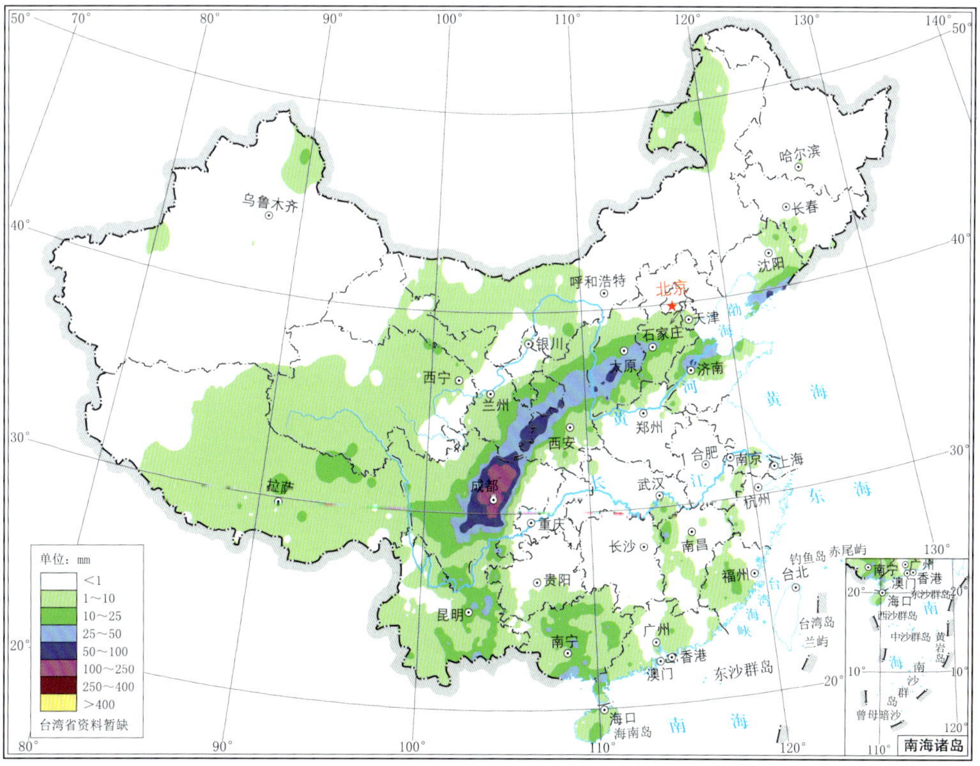

图 3.7.14　2020 年 8 月 16 日全国降水量分布

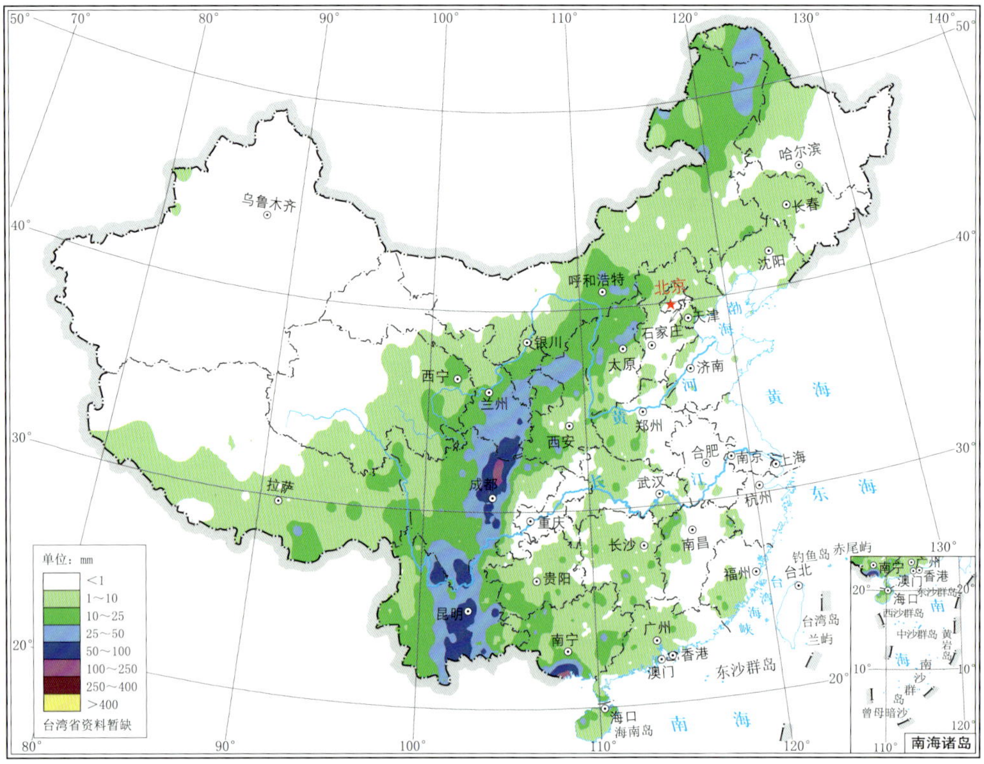

图 3.7.15　2020 年 8 月 17 日全国降水量分布

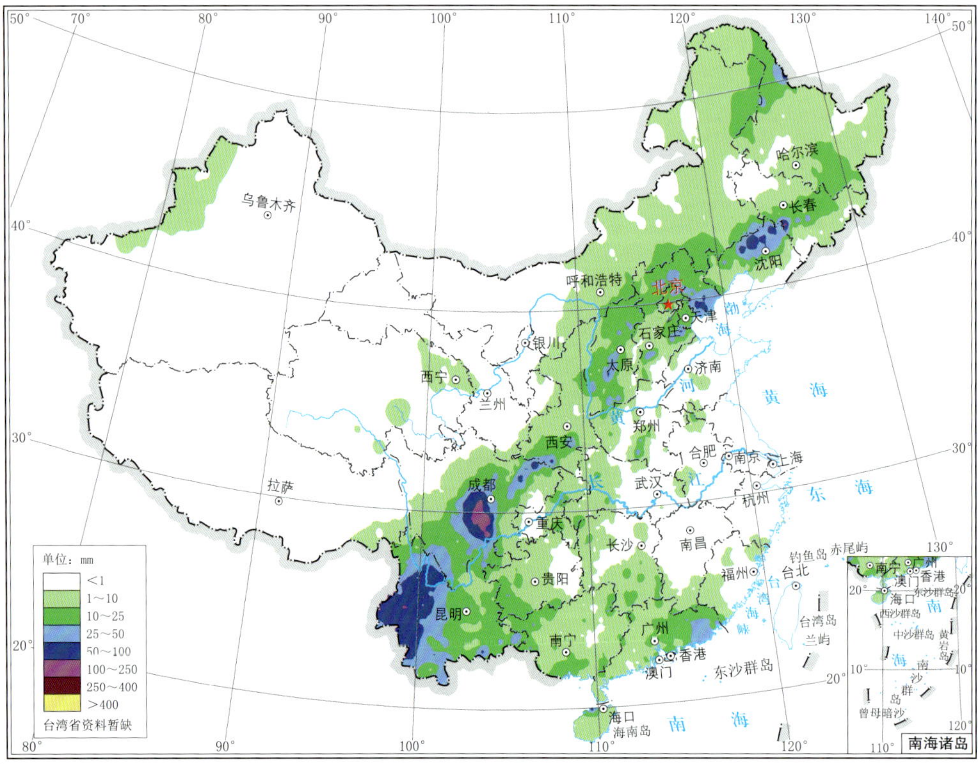

图 3.7.16　2020 年 8 月 18 日全国降水量分布

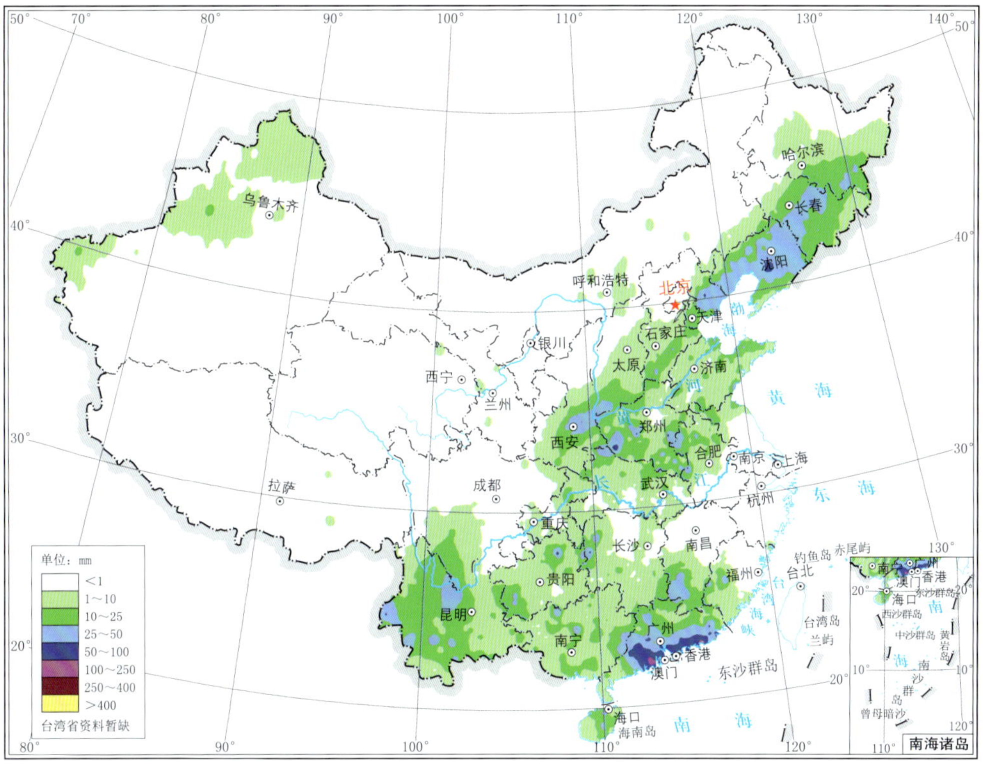

图 3.7.17　2020 年 8 月 19 日全国降水量分布

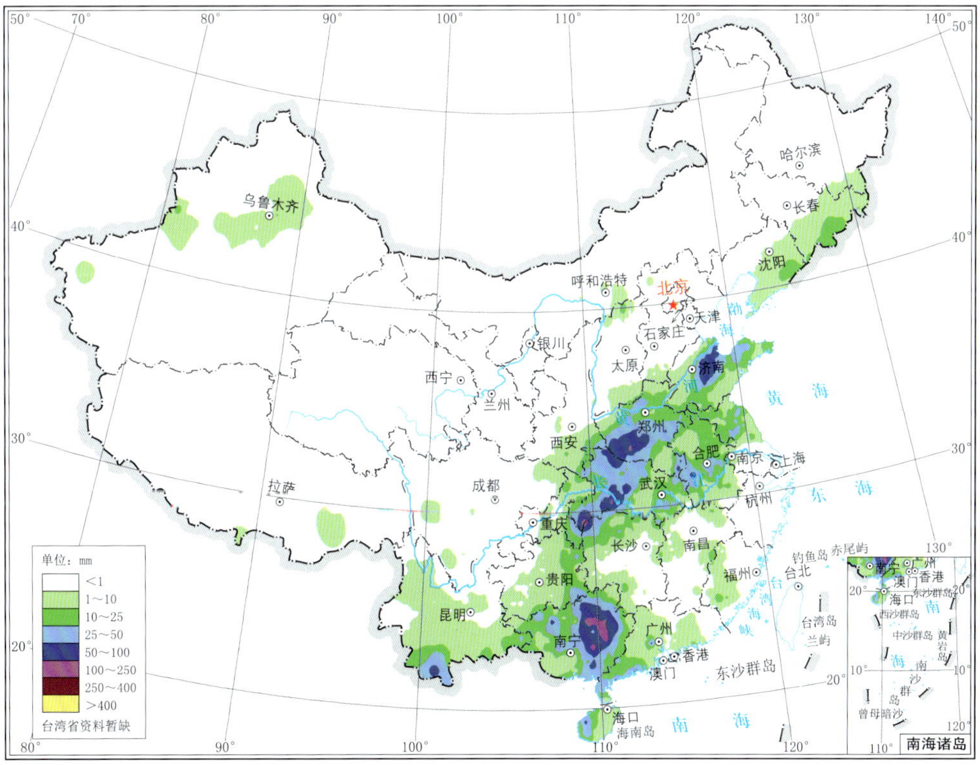

图 3.7.18　2020 年 8 月 20 日全国降水量分布

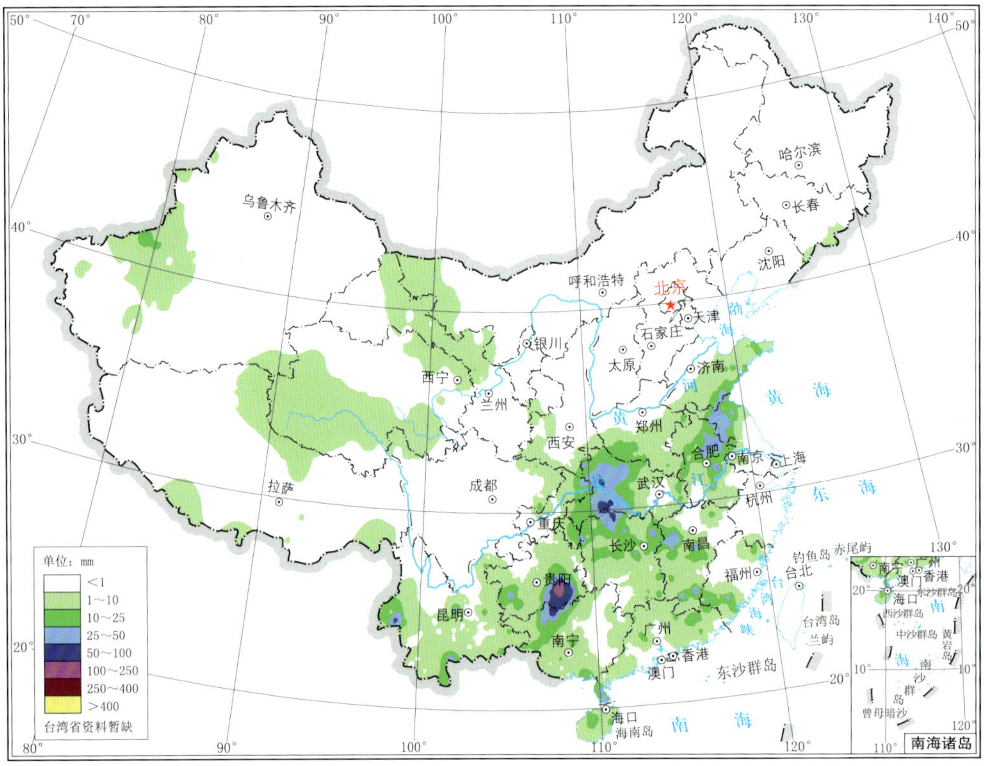

图 3.7.19　2020 年 8 月 21 日全国降水量分布

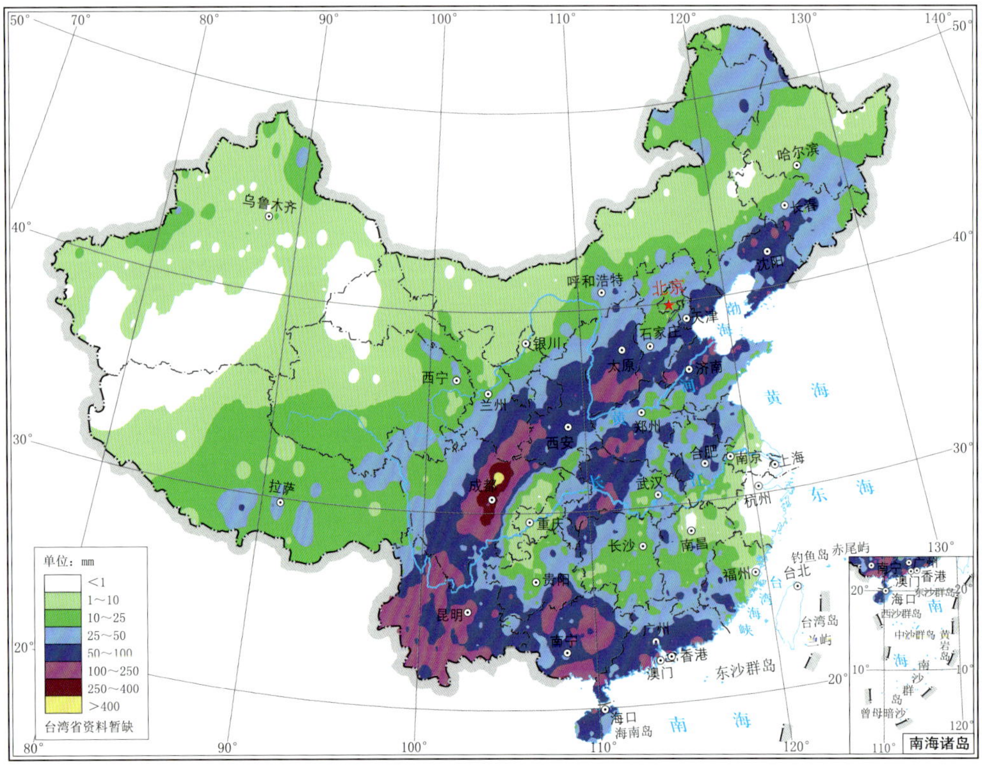

图 3.7.20　2020 年 8 月 15—21 日全国总降水量分布

第27次主要暴雨过程(No. 27):8月19—21日

8月19日,第2007号台风"海高斯"(Higos)在广东珠海登陆,登陆后继续向西北方向移动,中午减弱为热带风暴,夜间进入广西境内,强度继续减弱为热带低压,随后快速在广西境内消散,受其影响,华南地区及江南南部出现降水,暴雨主要出现在广东沿海地区,局部出现大暴雨(图3.7.17);20日,受"海高斯"减弱气旋环流影响,广西出现降水,暴雨主要出现在广西中东部,东部部分地区出现大暴雨(图3.7.18);21日,受高空残留气旋环流影响,黔东南局部出现暴雨到大暴雨(图3.7.19)。图3.7.21为此次暴雨过程总降水量分布。

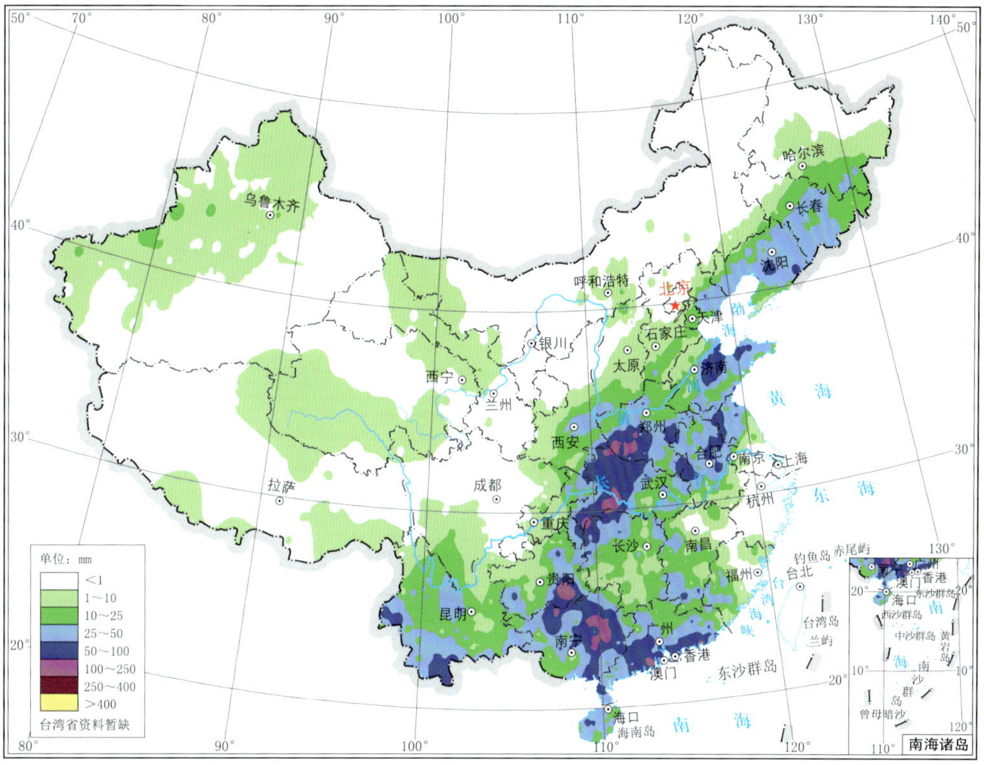

图3.7.21　2020年8月19—21日全国总降水量分布

第28次主要暴雨过程(No. 28):8月23—29日

8月23日,500 hPa内蒙古西部及青海东部有短波槽东移,中低层西北地区东部有切变形成,受其影响,西北地区东部出现降水,局部地区出现暴雨(图3.7.22);24日,500 hPa内蒙古西部短波槽快速东移至华北西部,同时四川盆地也有短波槽新生,中低层内蒙古东部、华北地区、四川盆地多切变活动,850 hPa京津冀地区、四川盆地还有低涡形成,受其影响,从东北地区—华北地区—四川盆地出现了东北—西南向的降水带,四川盆地出现暴雨、局部大暴雨,京津冀地区至东北南部出现集中暴雨区,部分地区出现大暴雨(图3.7.23);25日,500 hPa四川盆地短波槽快速东移发展,中低层鄂西至云贵高原有切变形成,受其影响,湖南至云南出现降水带,暴雨分布较为零散,湘西北局部出现大暴雨(图3.7.24);26日,500 hPa短波槽继续东移至湖南、广西上空,中低层切变线也东移南压至湖南东部—广西东部,受其影响,江南南部、华南大部出现降水,暴雨分布较为零散,福建局部出现大暴雨(图3.7.25);27日,500 hPa短波槽继续缓慢东移,中低层切变线也随之东移,受其影响,福

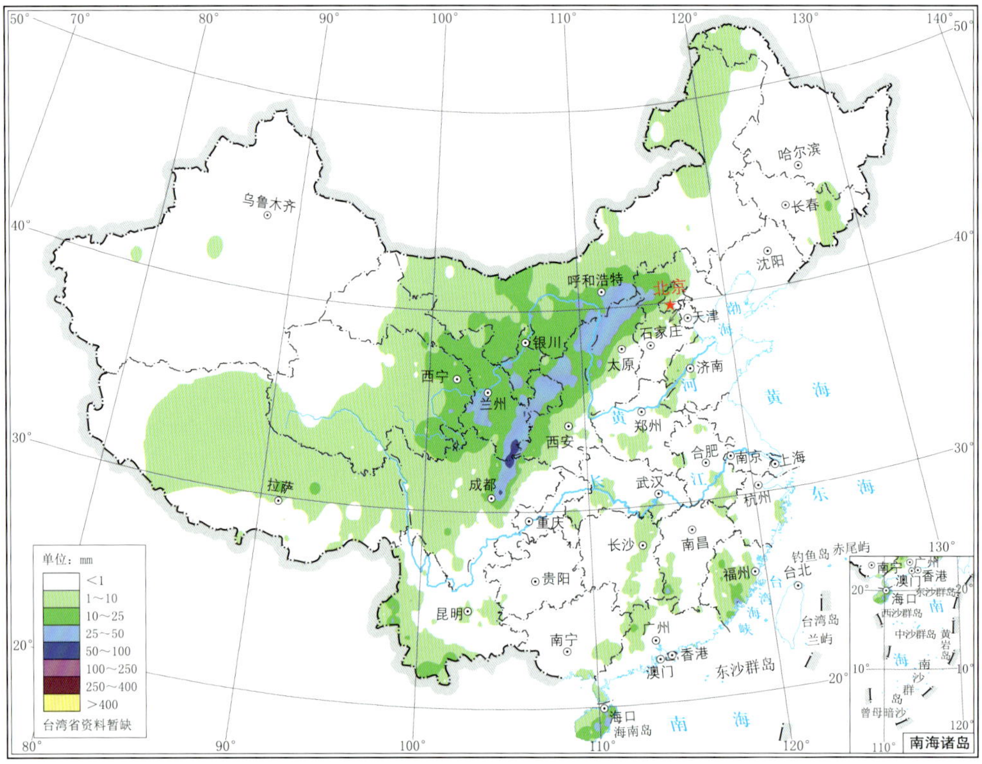

图 3.7.22　2020 年 8 月 23 日全国降水量分布

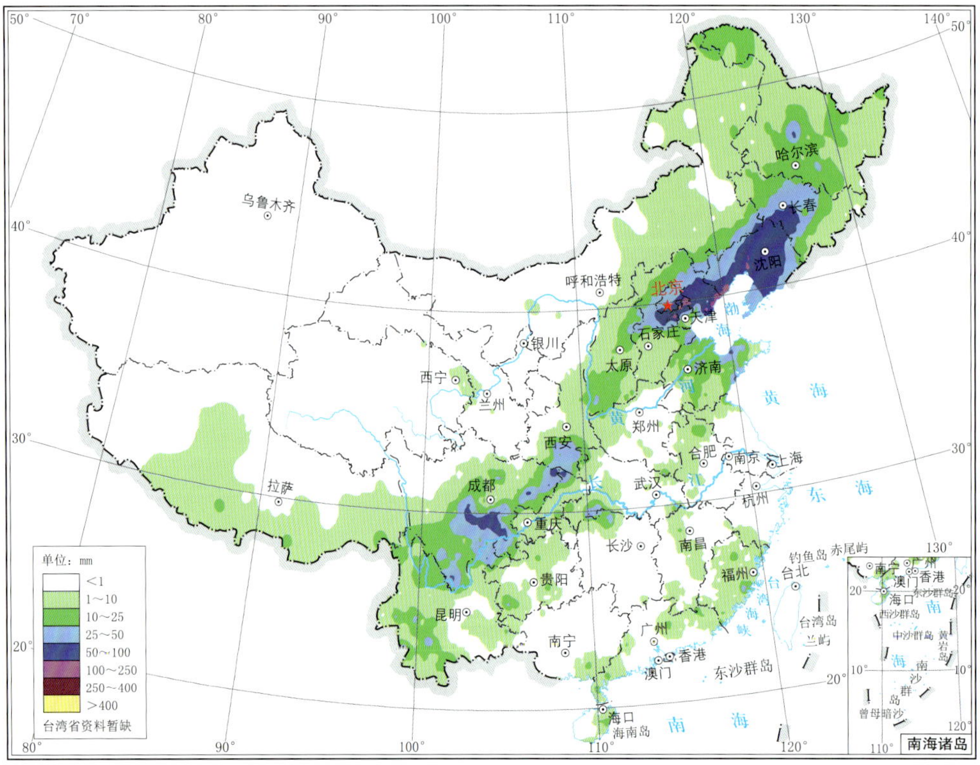

图 3.7.23　2020 年 8 月 24 日全国降水量分布

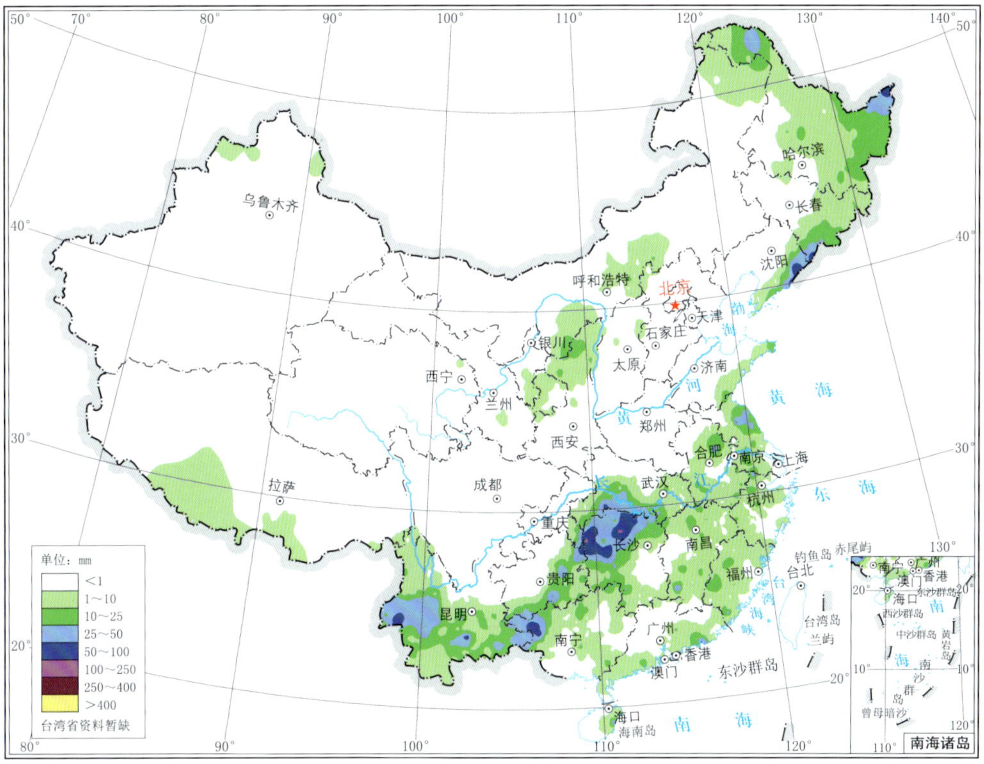

图 3.7.24　2020 年 8 月 25 日全国降水量分布

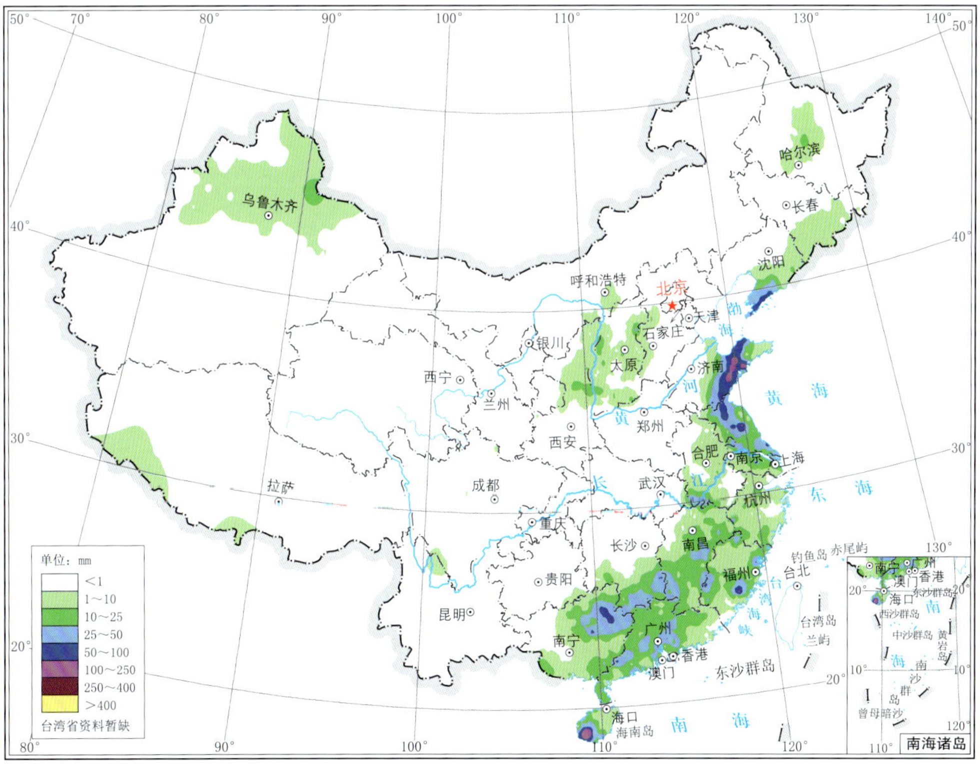

图 3.7.25　2020 年 8 月 26 日全国降水量分布

建大部、广东东部、浙江东部出现降水,暴雨分布较为零散(图 3.7.26);28 日,500 hPa 短波槽停滞少动,中低层江南中东部有低涡发展,受其影响,长江三角洲、浙江大部、福建北部出现降水,暴雨分布较为零散,上海崇明岛出现大暴雨(图 3.7.27);29 日,500 hPa 短波槽停滞少动,中低层江南低涡向东北方向移动至长江三角洲附近,受其影响,长江三角洲局部出现暴雨到大暴雨,其中江苏南通出现 295.3 mm 的特大暴雨(图 3.7.28)。图 3.7.29 为此次暴雨过程总降水量分布。

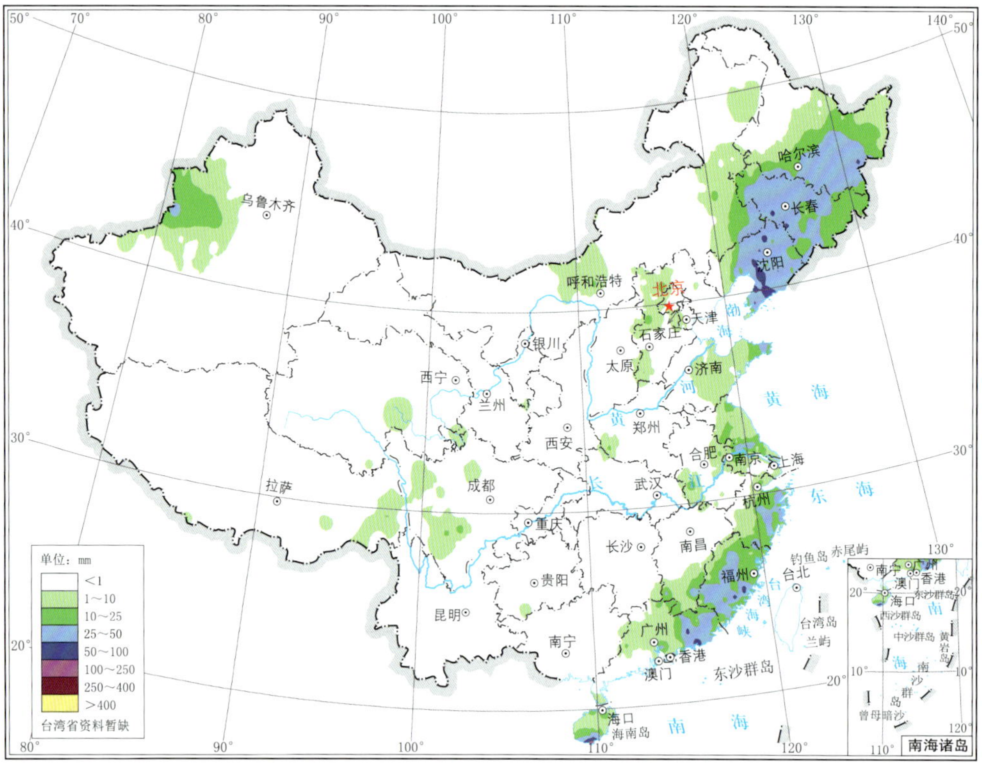

图 3.7.26　2020 年 8 月 27 日全国降水量分布

第 29 次主要暴雨过程(No. 29):8 月 26—29 日

8 月 26 日,第 2008 号强台风“巴威”(Bavi)从东海北部海域进入黄海海域后继续北上,受其影响,江苏大部、山东东部、辽宁南部出现降水,暴雨分布较为零散,山东东部局部出现大暴雨(图 3.7.25);27 日,“巴威”强度快速减弱为台风、强热带风暴,并在中朝交界附近的朝鲜平安北道沿海登陆,其后加快北上,进入中国,强度逐渐减弱为热带低压,途经辽宁、吉林进入黑龙江,受其影响,东北大部出现降水,暴雨分布较为零散(图 3.7.26);28 日,“巴威”变性后在黑龙江省内减弱消散,受其影响,雨区北移,黑龙江、吉林、内蒙古东部局部出现暴雨(图 3.7.27);29 日,受“巴威”减弱后高空残留气旋环流的影响,黑龙江部分地区、内蒙古东部局部出现暴雨(图 3.7.28)。图 3.7.30 为此次暴雨过程总降水量分布。

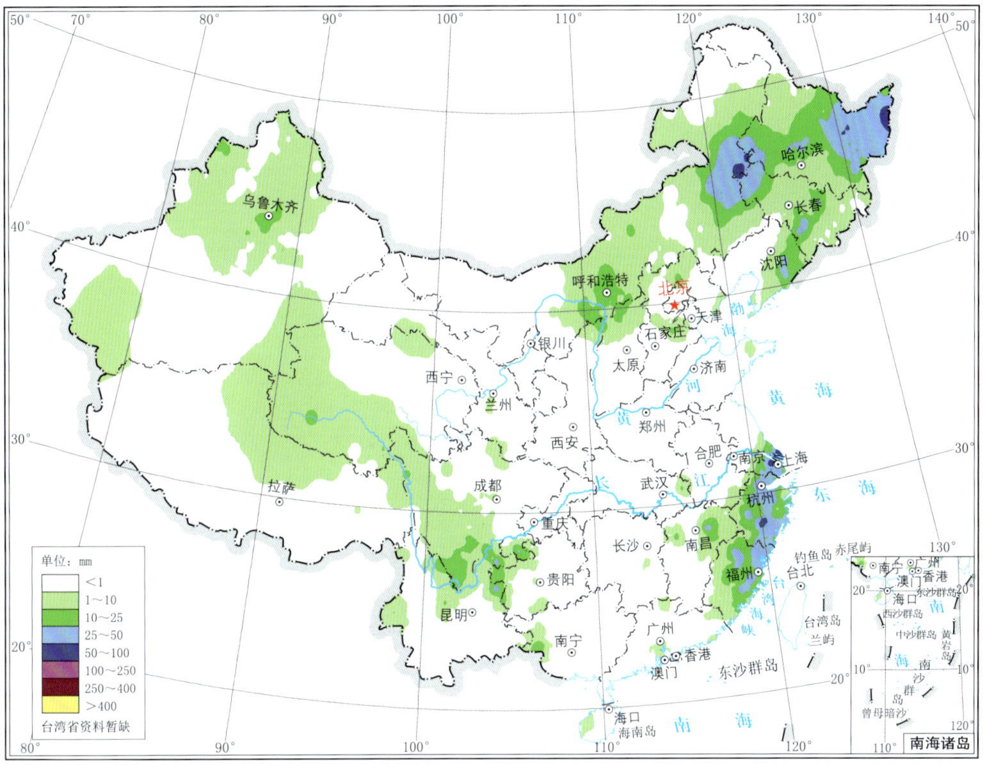

图 3.7.27　2020 年 8 月 28 日全国降水量分布

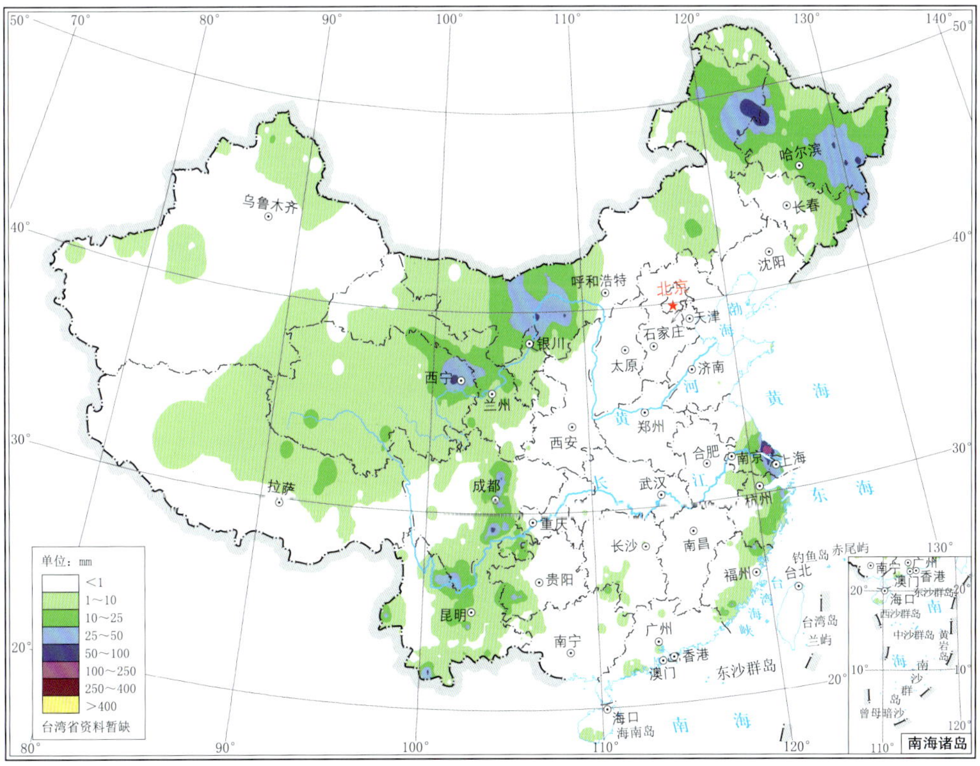

图 3.7.28　2020 年 8 月 29 日全国降水量分布

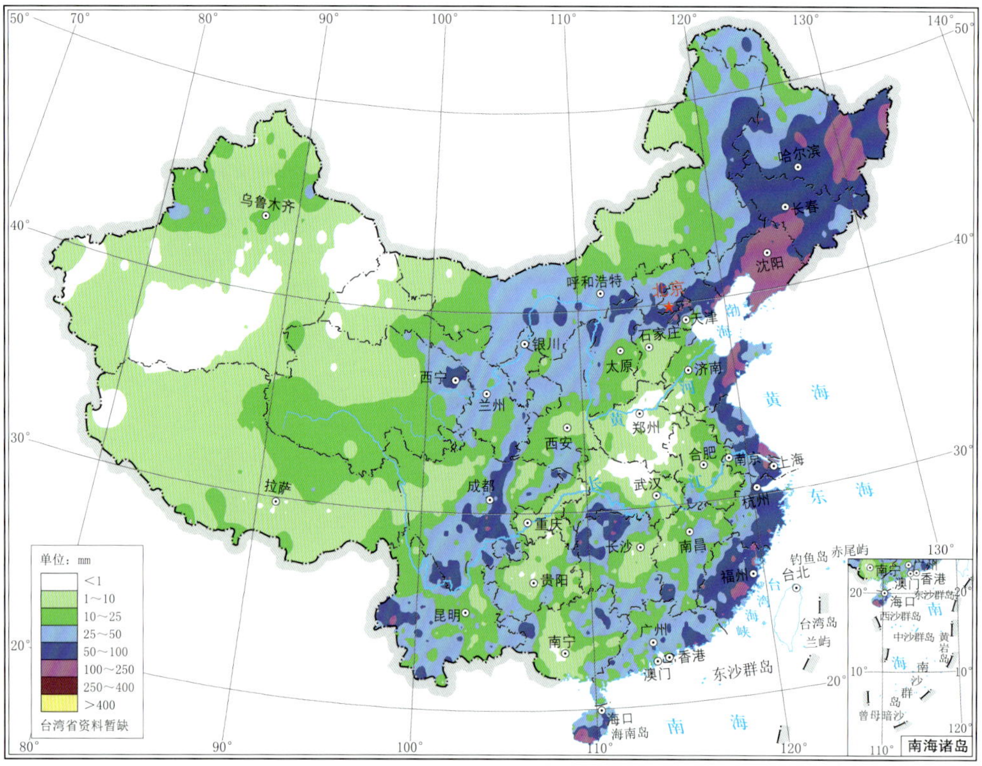

图 3.7.29　2020 年 8 月 23—29 日全国总降水量分布

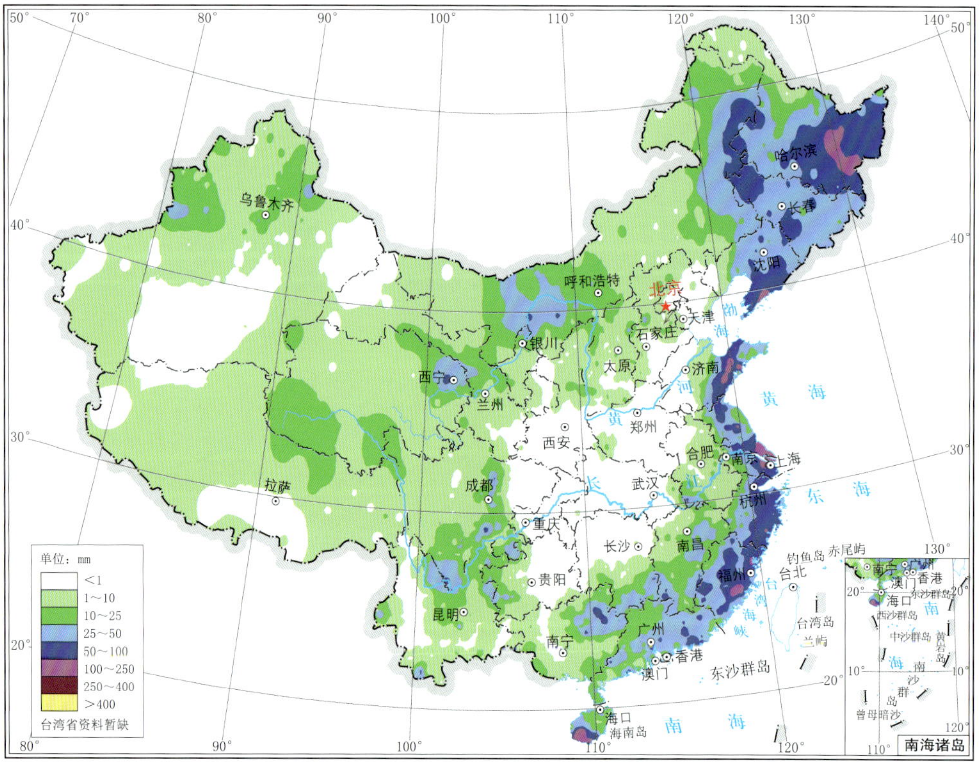

图 3.7.30　2020 年 8 月 26—29 日全国总降水量分布

第 30 次主要暴雨过程(No. 30):8 月 29—31 日

8 月 29 日，500 hPa 川西高原及云南东部上空有短波槽出现，中低层川西高原有低涡形成，受其影响，云贵川地区出现降水，局部出现暴雨(图 3.7.28)；30 日，500 hPa 川西高原上空短波槽停滞少动，中低层川西高原低涡缓慢东移、发展加强，受其影响，四川盆地西部降水加强，雅安、乐山出现较为集中的暴雨到大暴雨(图 3.7.31)；31 日，500 hPa 短波槽缓慢东移，中低层低涡东移至四川盆地，同时云南西部也有低涡加强，受其影响，四川盆地及云南大部出现降水，暴雨主要出现在四川盆地及云南西部，局部出现大暴雨(图 3.7.32)。图 3.7.33 为此次暴雨过程总降水量分布。

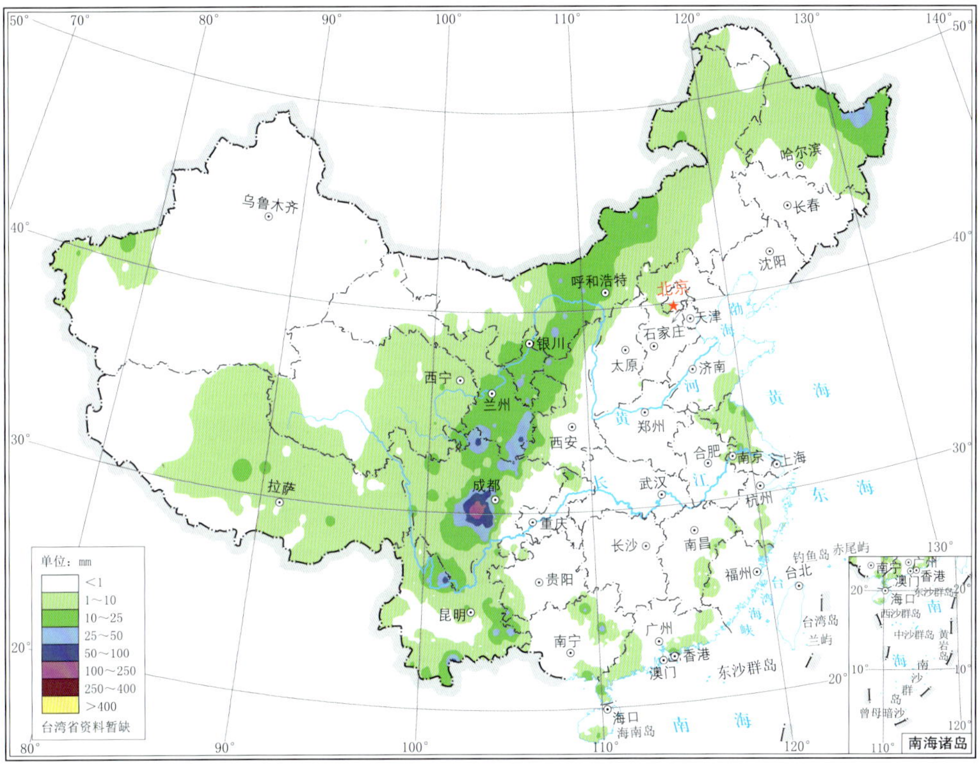

图 3.7.31 2020 年 8 月 30 日全国降水量分布

3.8 9 月主要暴雨过程(No. 31—No. 36)

第 31 次主要暴雨过程(No. 31):9 月 3—4 日

9 月 3 日，第 2009 号超强台风"美莎克"(Maysak)进入日本海后从朝鲜东北部沿海登陆，随即向西北方向移动进入我国吉林省境内，强度逐步减弱为热带风暴，受其影响，东北地区出现降水，吉林大部、黑龙江南部出现大面积暴雨、局部大暴雨(图 3.8.1)；4 日，"美莎克"继续向西北方向移动，途经黑龙江进入内蒙古然后转向东北方向移动并发生变性，受其影响，雨区北移，暴雨主要出现在吉林、黑龙江、内蒙古交界的区域，吉林局部出现大暴雨(图 3.8.2)。图 3.8.3 为此次暴雨过程总降水量分布。

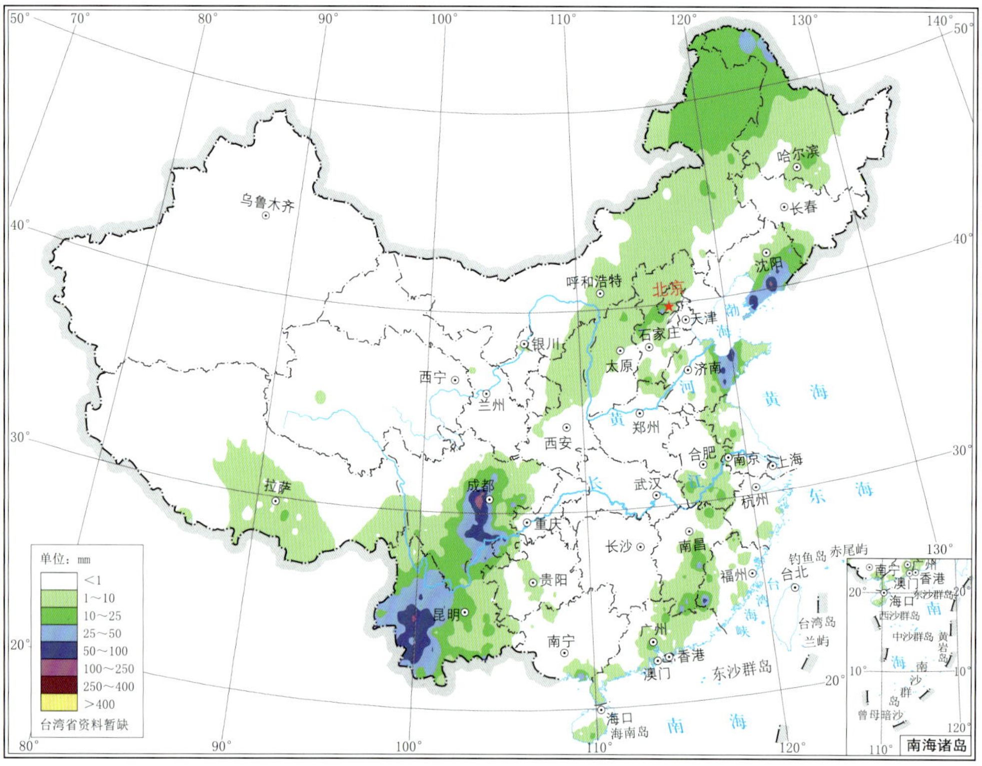

图 3.7.32　2020 年 8 月 31 日全国降水量分布

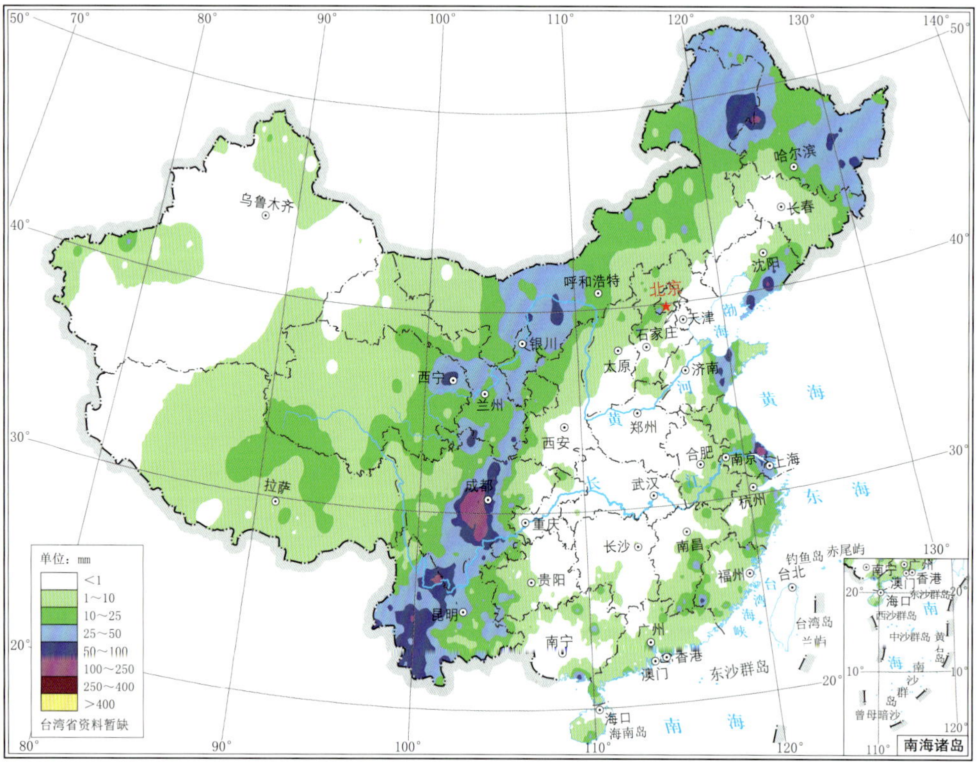

图 3.7.33　2020 年 8 月 29—31 日全国总降水量分布

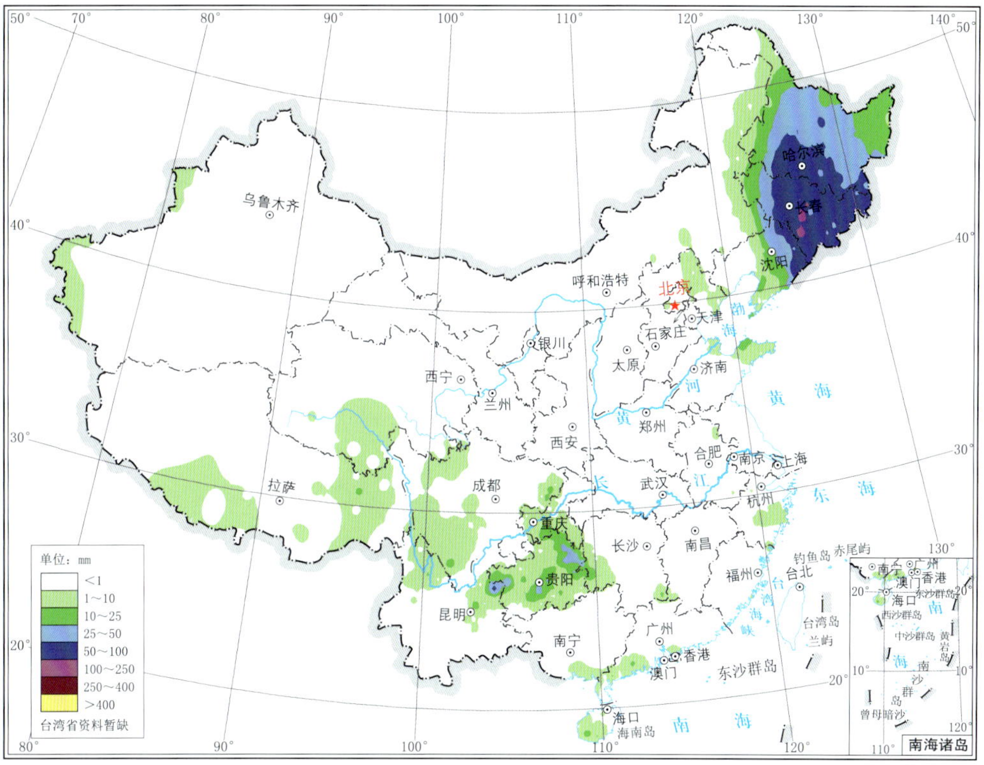

图 3.8.1　2020 年 9 月 3 日全国降水量分布

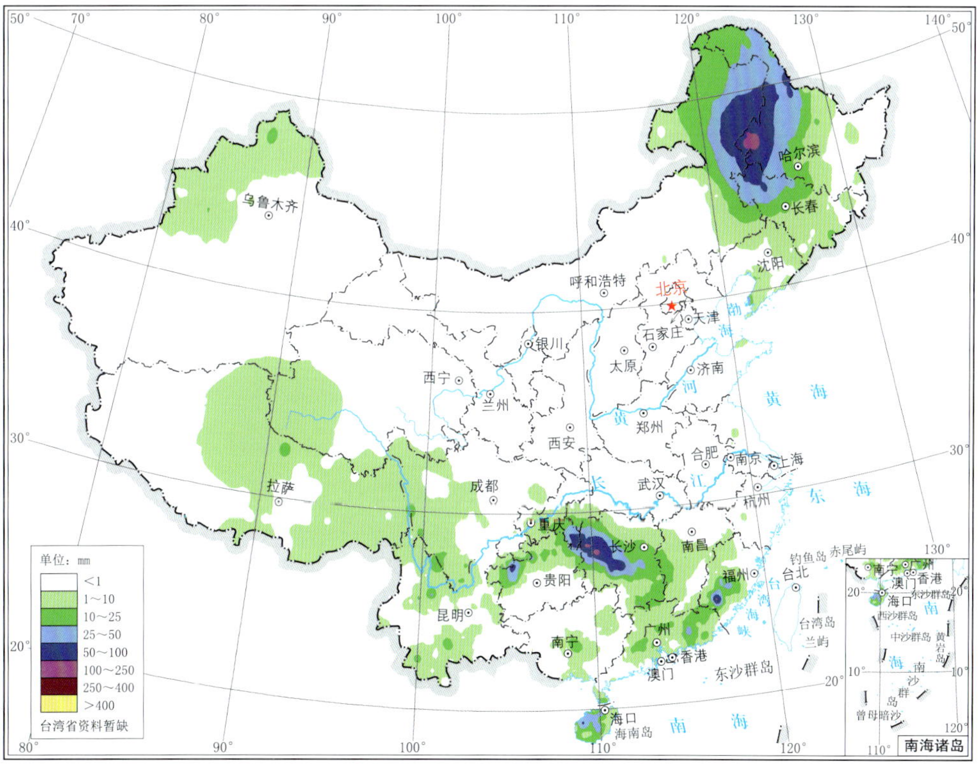

图 3.8.2　2020 年 9 月 4 日全国降水量分布

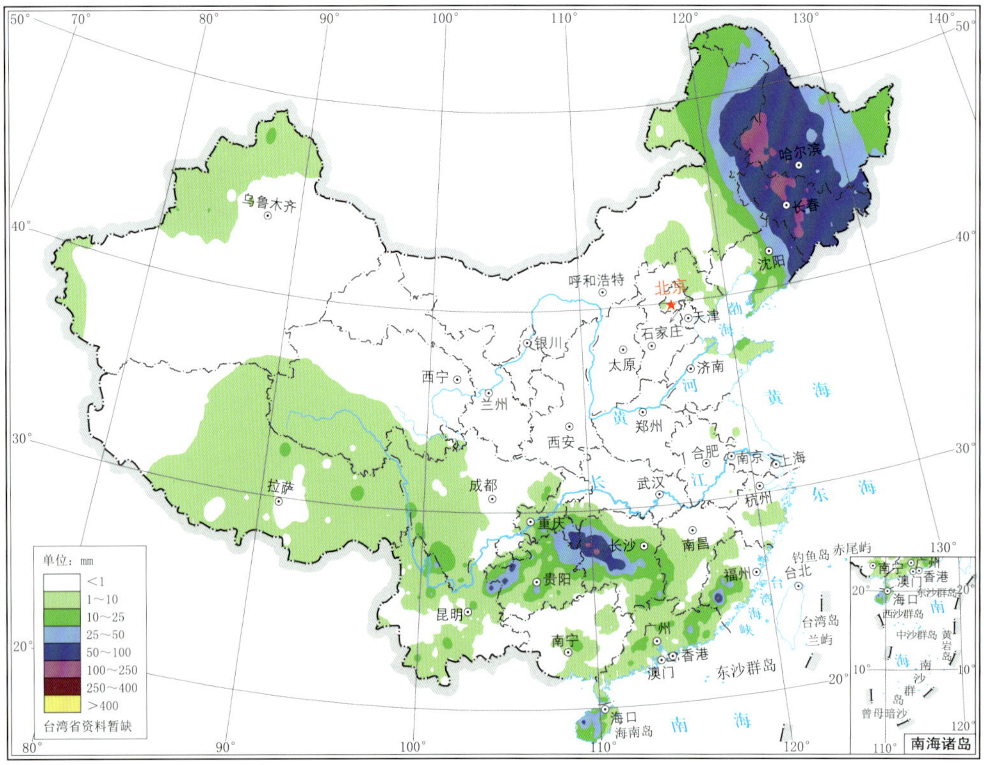

图 3.8.3　2020 年 9 月 3—4 日全国总降水量分布

第 32 次主要暴雨过程(No. 32):9 月 6—9 日

9 月 6 日,500 hPa 西南地区东部有短波槽发展加强,中低层川渝黔交界的区域范围内有西南低涡发展,受其影响,西南地区东部及江南西部出现降水,暴雨主要出现在贵州及四川盆地南部,贵州中部部分地区出现大暴雨(图 3.8.4);7 日,500 hPa 短波槽东移南压至广西北部,中低层西南低涡也向东南方向移动至广西西部,受其影响,华南地区出现降水,局部地区出现暴雨(图 3.8.5);8—9 日,500 hPa 短波槽继续缓慢东移南压,中低层华南地区有切变形成,受其影响,华南地区出现降水,暴雨分布较为零散,局部出现大暴雨(图 3.8.6 和图 3.8.7)。图 3.8.8 为此次暴雨过程总降水量分布。

第 33 次主要暴雨过程(No. 33):9 月 7—8 日

9 月 7 日,第 2010 号超强台风“海神”(Haihen)进入日本海后从朝鲜东北部沿海登陆,受其影响,吉林西部出现暴雨,局部大暴雨(图 3.8.5);8 日,“海神”向北移入我国吉林省境内,强度减弱,并逐渐转变为温带气旋,移速减缓,夜间在黑龙江省内减弱消散,受其影响,雨带北移,吉林中部、黑龙江中南部出现暴雨(图 3.8.6)。图 3.8.9 为此次暴雨过程总降水量分布。

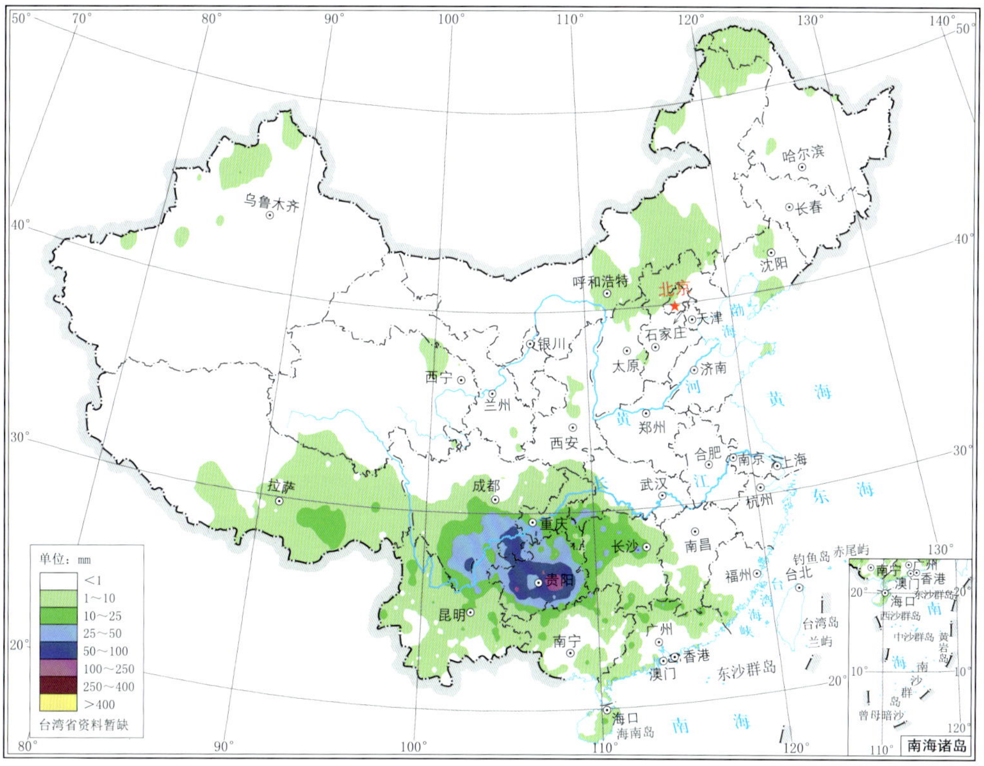

图 3.8.4　2020 年 9 月 6 日全国降水量分布

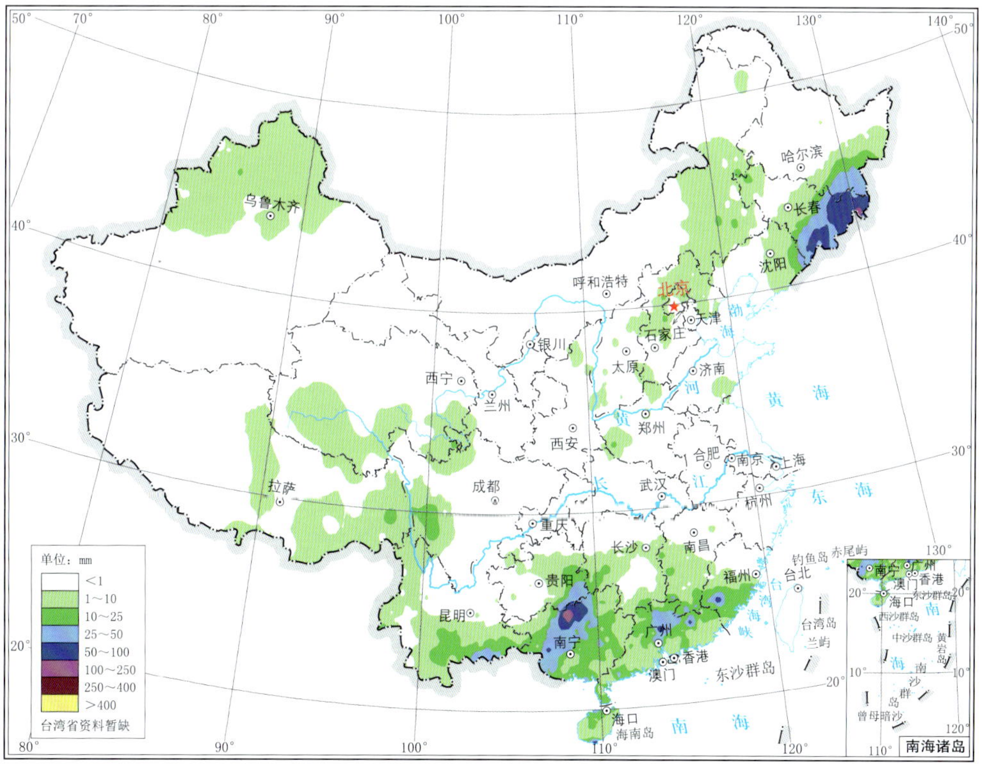

图 3.8.5　2020 年 9 月 7 日全国降水量分布

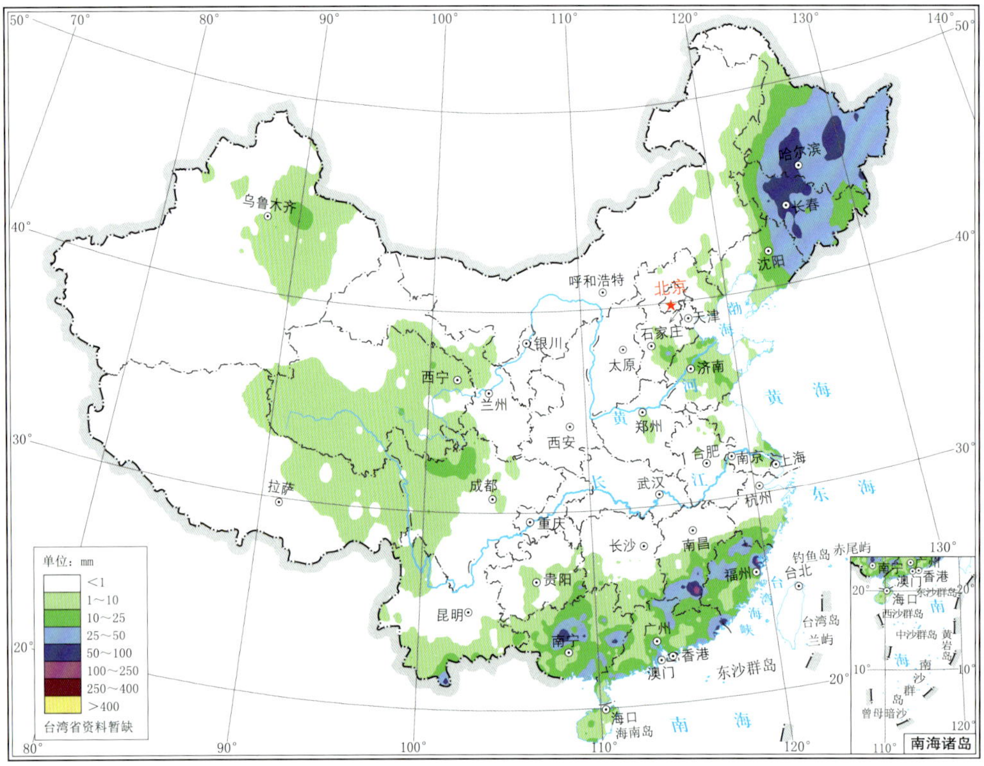

图 3.8.6　2020 年 9 月 8 日全国降水量分布

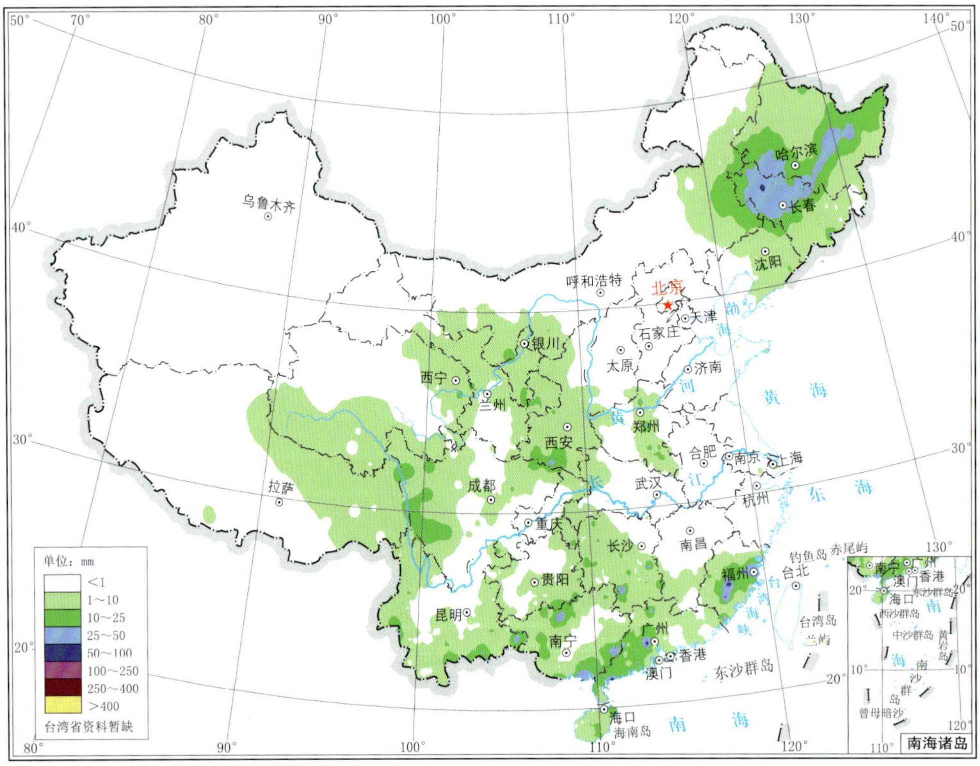

图 3.8.7　2020 年 9 月 9 日全国降水量分布

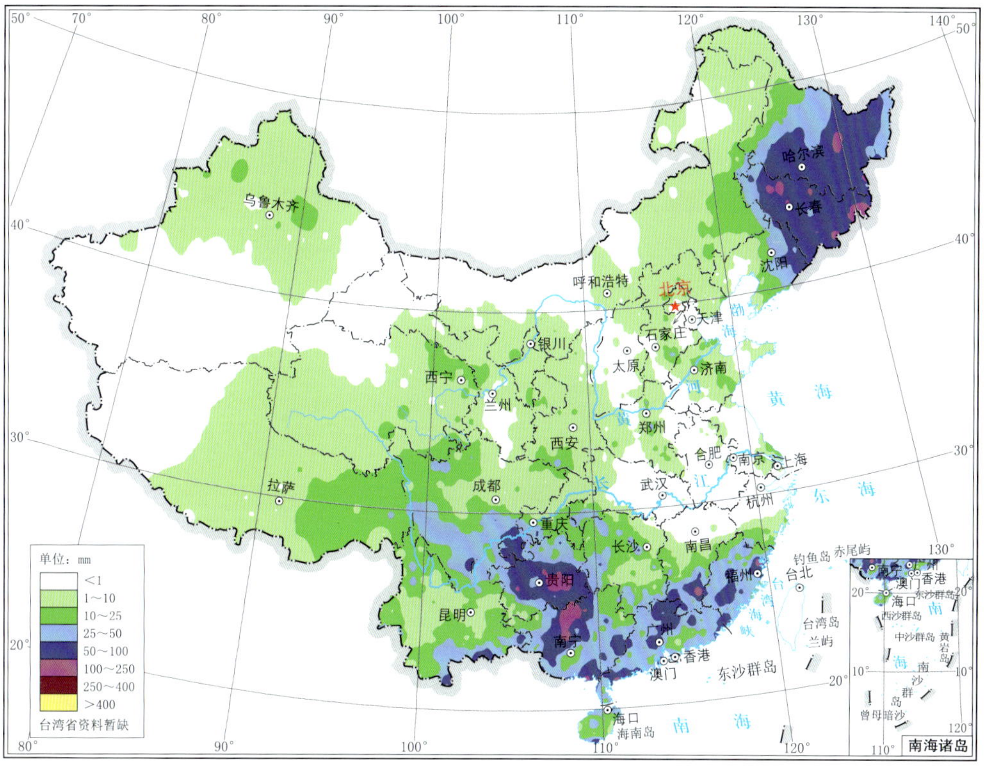

图 3.8.8　2020 年 9 月 6—9 日全国总降水量分布

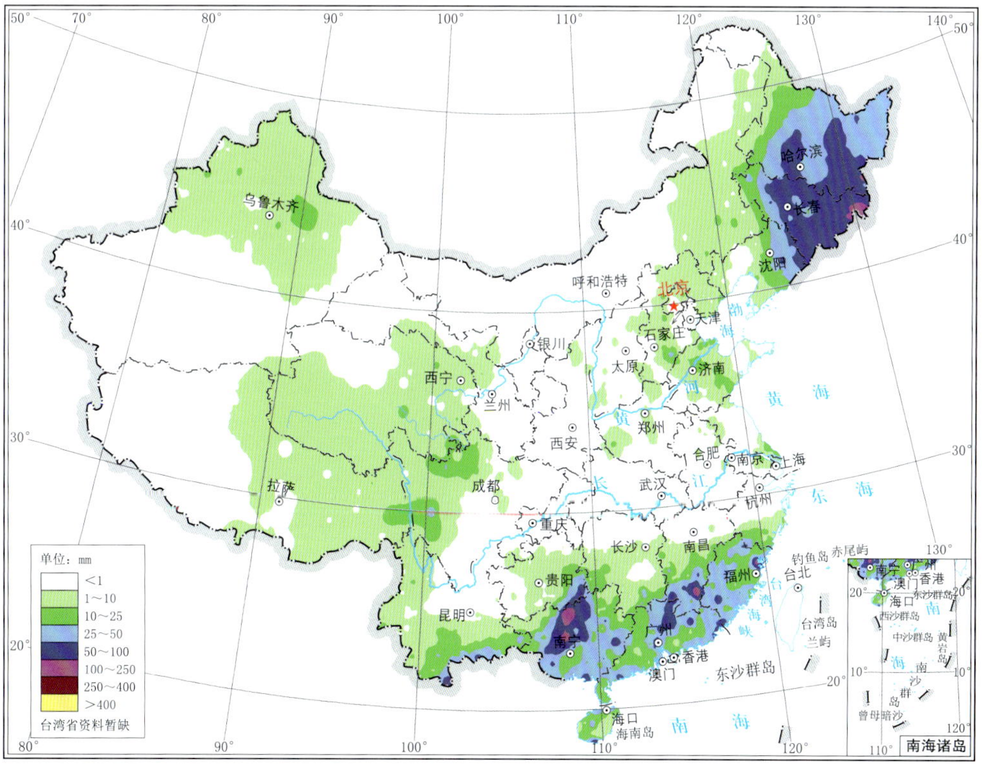

图 3.8.9　2020 年 9 月 7—8 日全国总降水量分布

第 34 次主要暴雨过程(No. 34):9 月 10—13 日

9 月 10 日,500 hPa 华中地区及云贵高原分别有短波槽形成发展,中低层江南北部及云贵高原分别有低涡切变形成,受其影响,江淮地区、江汉地区、江南地区、西南东部及西南南部出现大范围降水,暴雨分布较为零散,其中四川盆地南部出现较为集中的暴雨区,局部出现大暴雨(图 3.8.10);11 日,500 hPa 两支短波槽分别东移,中低层低涡切变东移南压,受其影响,雨区整体东移南压,江南大部、华南北部及云贵高原出现降水,暴雨分布较为零散,局部出现大暴雨(图 3.8.11);12—13 日,500 hPa 江南地区短波槽东移入海,西南东部及华南地区多短波槽活动,中低层云贵高原及华南地区有切变活动,受其影响,西南地区东部及华南地区出现降水,暴雨分布较为零散,局部出现大暴雨(图 3.8.12 和图 3.8.13)。图 3.8.14 为此次暴雨过程总降水量分布。

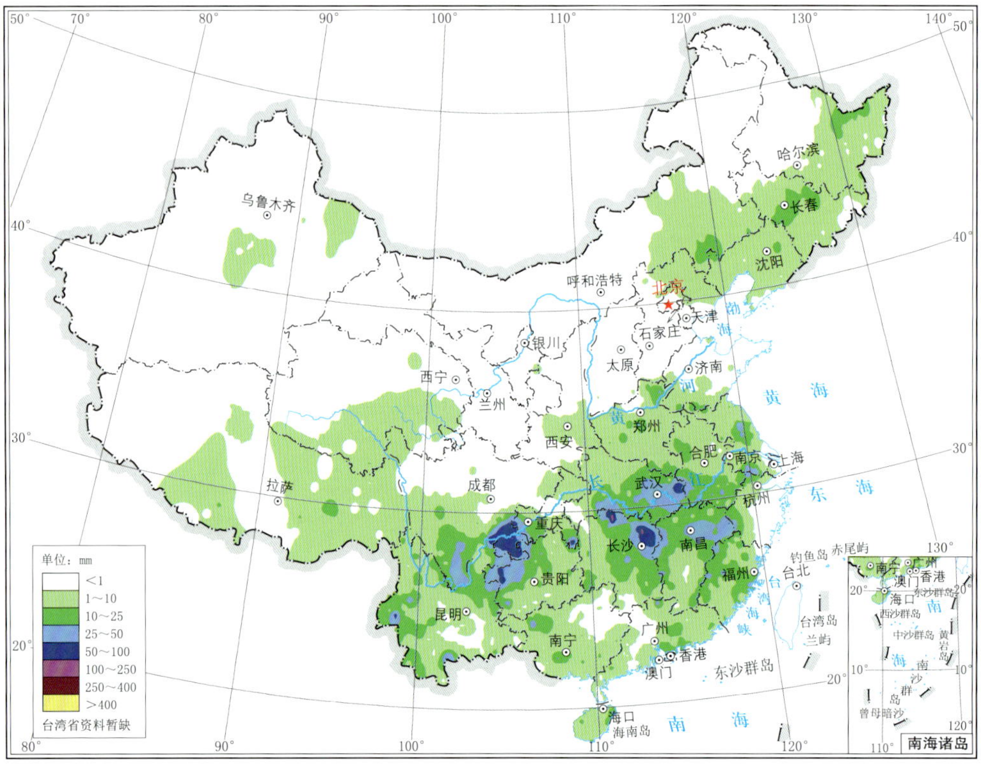

图 3.8.10　2020 年 9 月 10 日全国降水量分布

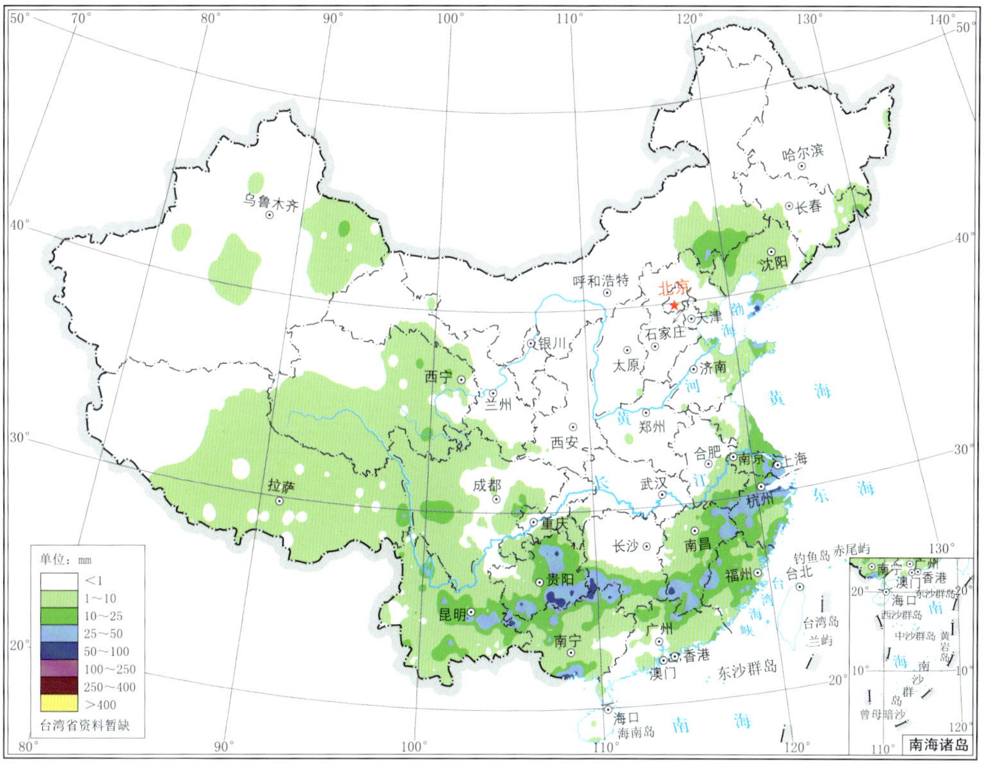

图 3.8.11　2020 年 9 月 11 日全国降水量分布

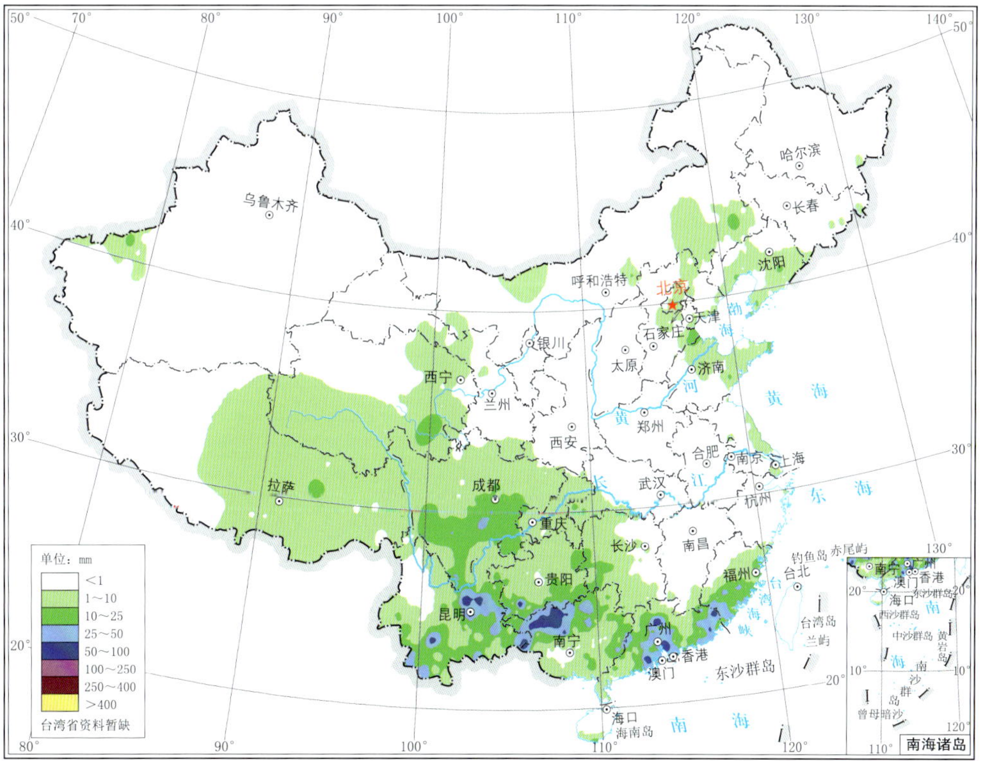

图 3.8.12　2020 年 9 月 12 日全国降水量分布

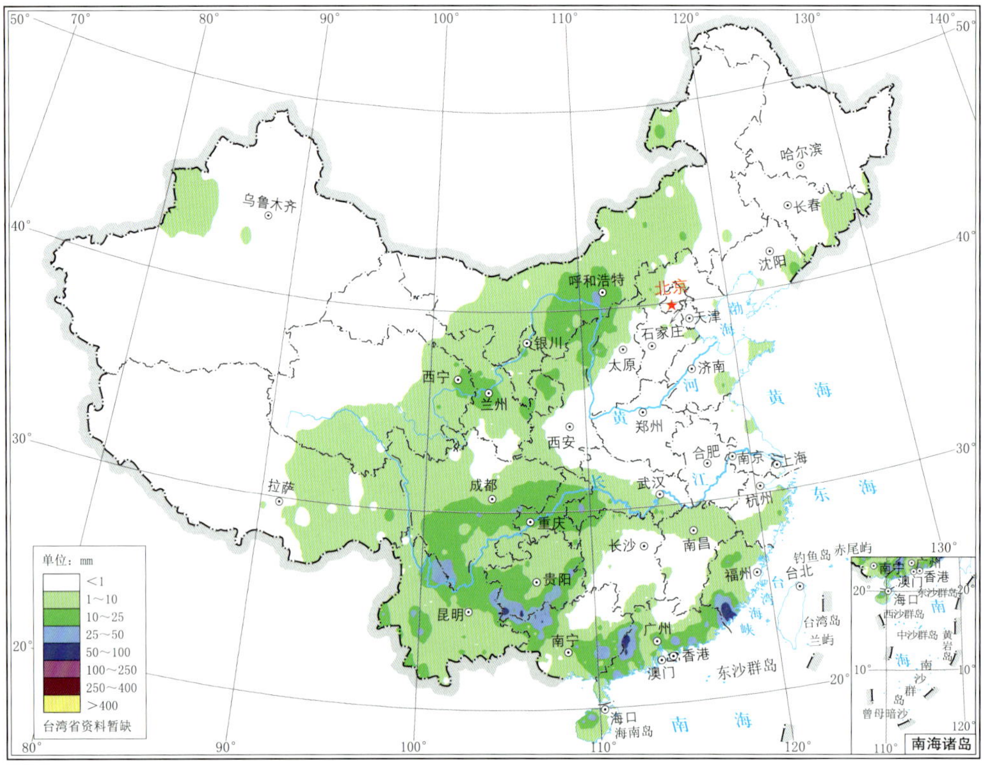

图 3.8.13　2020 年 9 月 13 日全国降水量分布

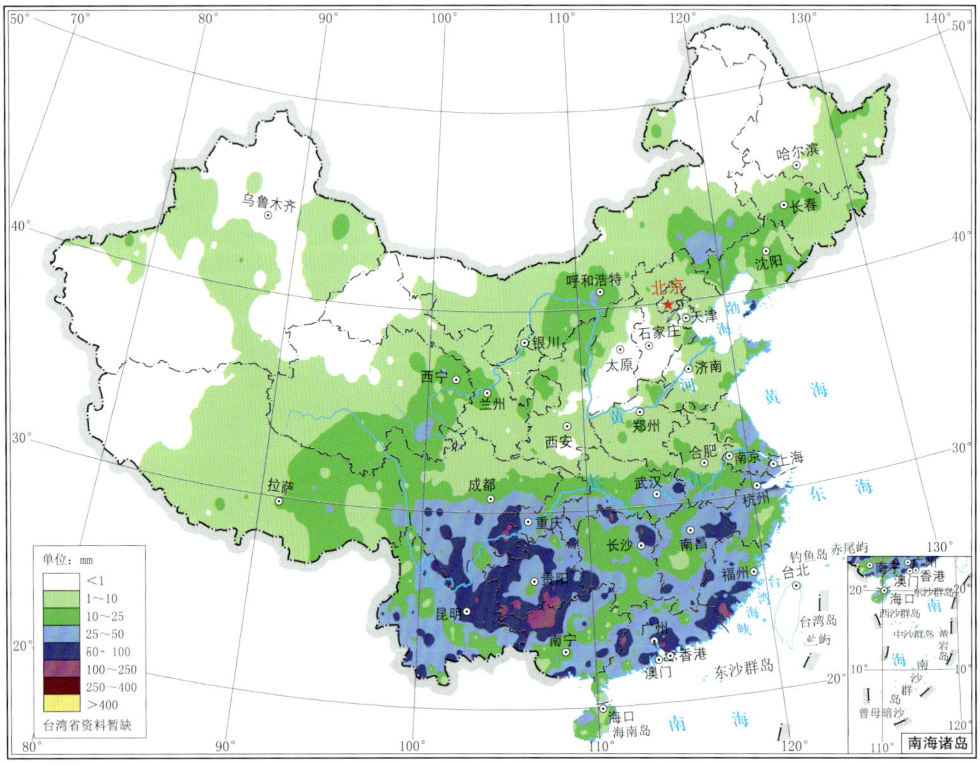

图 3.8.14　2020 年 9 月 10—13 日全国总降水量分布

第 35 次主要暴雨过程(No. 35):9 月 14—20 日

9 月 14 日,500 hPa 云贵高原上空有短波槽形成发展,中低层云贵高原至长江中游地区有切变形成,受其影响,西南东部、西南南部及长江中游地区出现降水,贵州中部部分地区出现暴雨到大暴雨(图 3.8.15);15 日,500 hPa 云贵高原及华中地区分别有短波槽形成,中低层长江流域多切变活动,受其影响,长江中下游地区至贵州出现降水带,部分地区出现暴雨(图 3.8.16);16 日,500 hPa 短波槽缓慢东移南压,中低层切变也南压至江南北部,受其影响,雨带整体略有南压,江南北部至贵州南部出现暴雨带(图 3.8.17);17 日,500 hPa 华北地区至西南东部有西风槽东移发展,中低层江南北部切变发展加强,同时贵州南部也有切变形成,受其影响,雨带发展加强,江淮地区、江南北部、贵州南部出现暴雨带,局部地区出现大暴雨(图 3.8.18);18 日,500 hPa 西风槽东移北收,中低层切变线东移减弱,受其影响,降水减弱,江南中东部局部出现暴雨(图 3.8.19);19 日,500 hPa 长江下游地区又有短波槽发展,中低层江南北部切变线有所加强,受其影响,浙江南部、福建北部、江西东北部出现暴雨到大暴雨(图 3.8.20);20 日,500 hPa 短波槽东移入海,中低层切变线减弱,受其影响,降水减弱,浙江、福建、江西局部出现暴雨(图 3.8.21)。图 3.8.22 为此次暴雨过程总降水量分布。

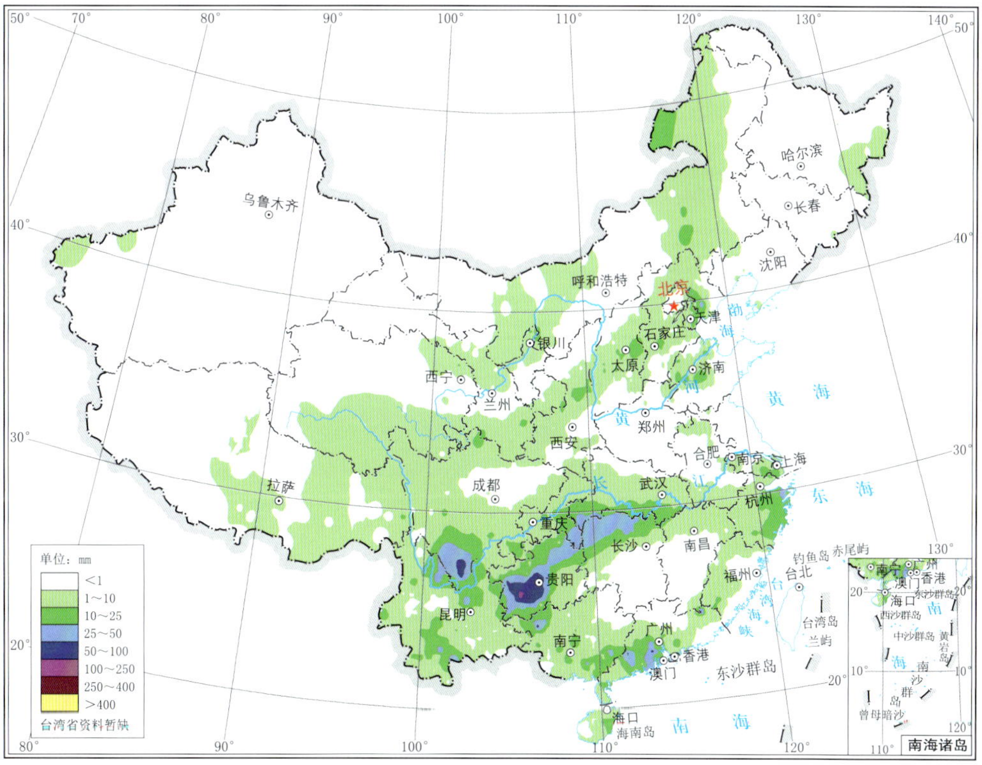

图 3.8.15　2020 年 9 月 14 日全国降水量分布

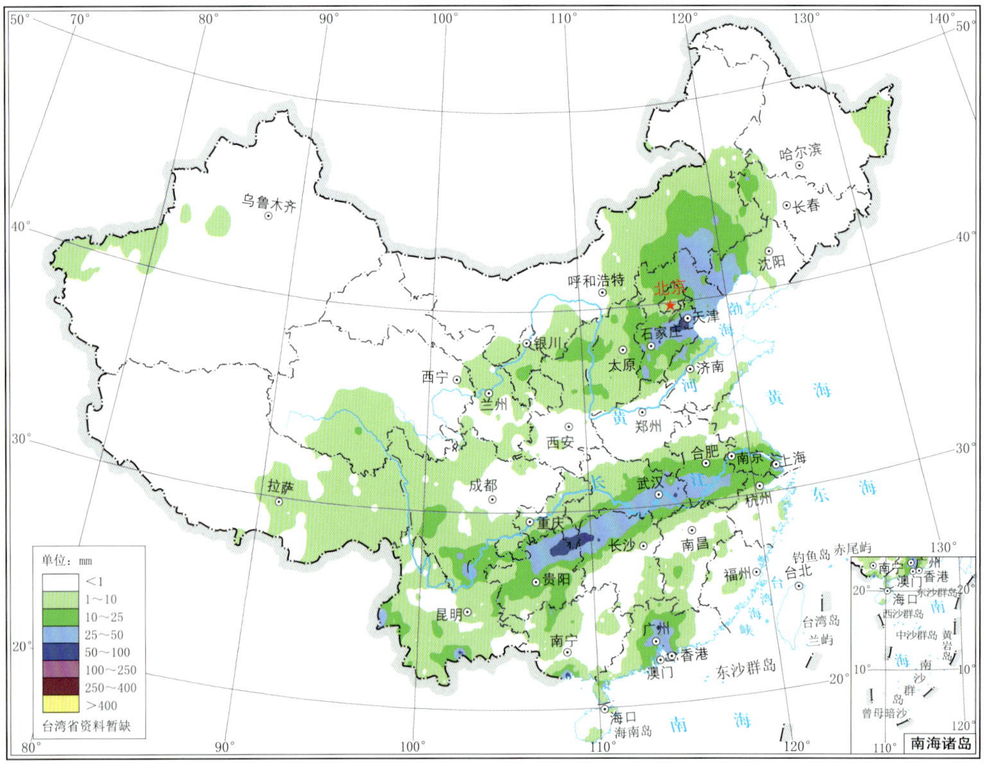

图 3.8.16　2020 年 9 月 15 日全国降水量分布

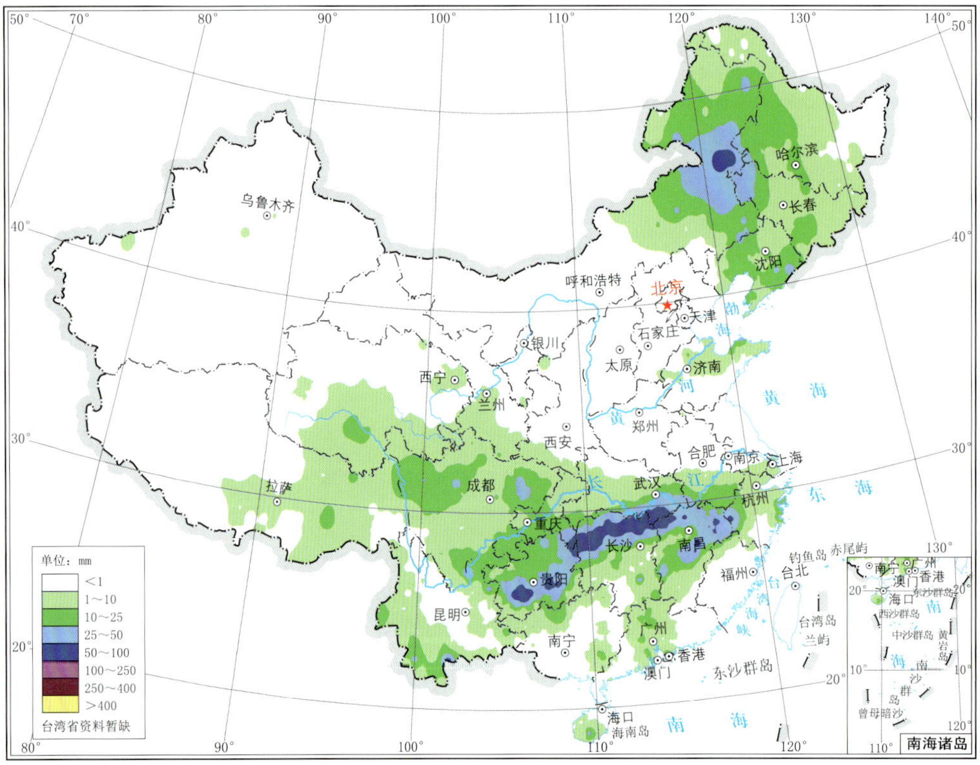

图 3.8.17　2020 年 9 月 16 日全国降水量分布

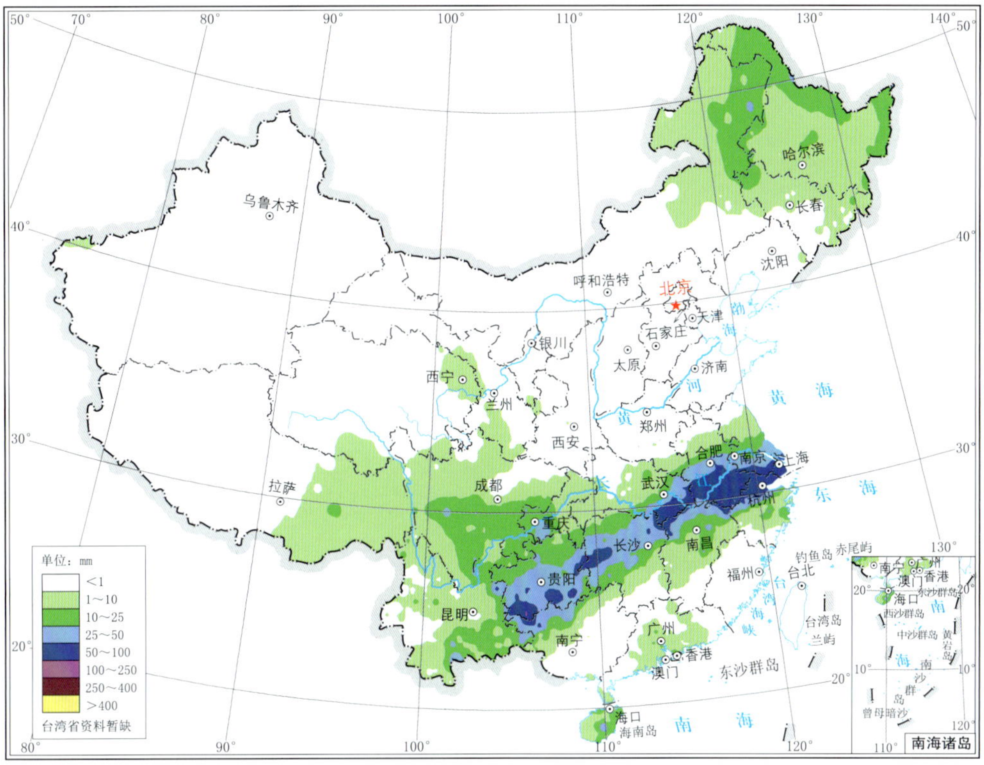

图 3.8.18　2020 年 9 月 17 日全国降水量分布

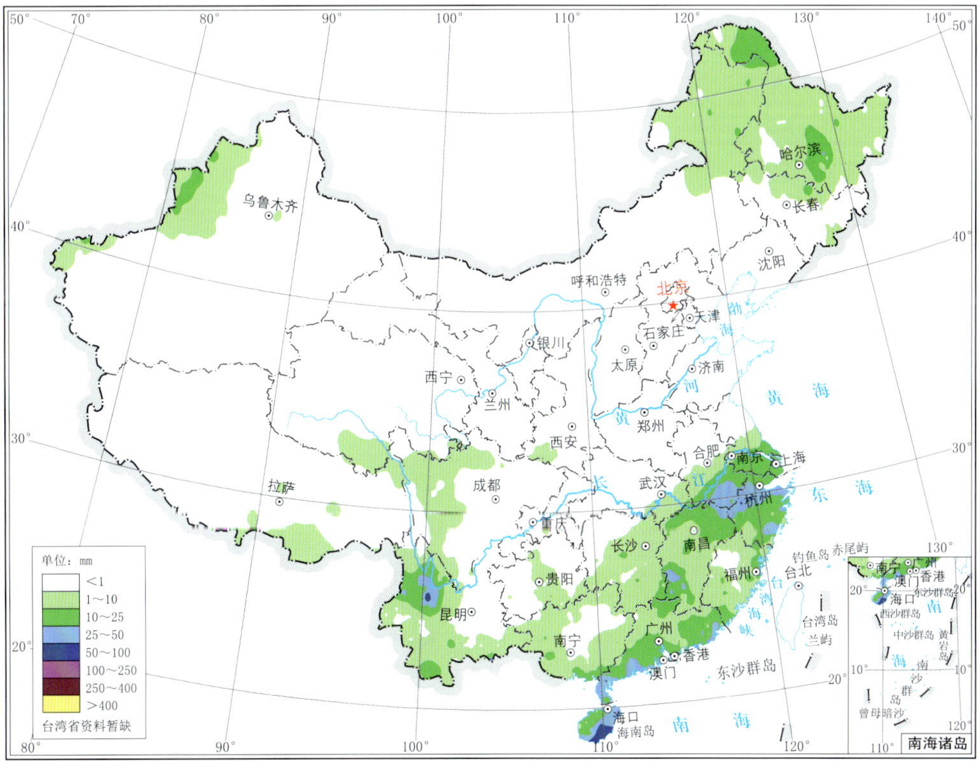

图 3.8.19　2020 年 9 月 18 日全国降水量分布

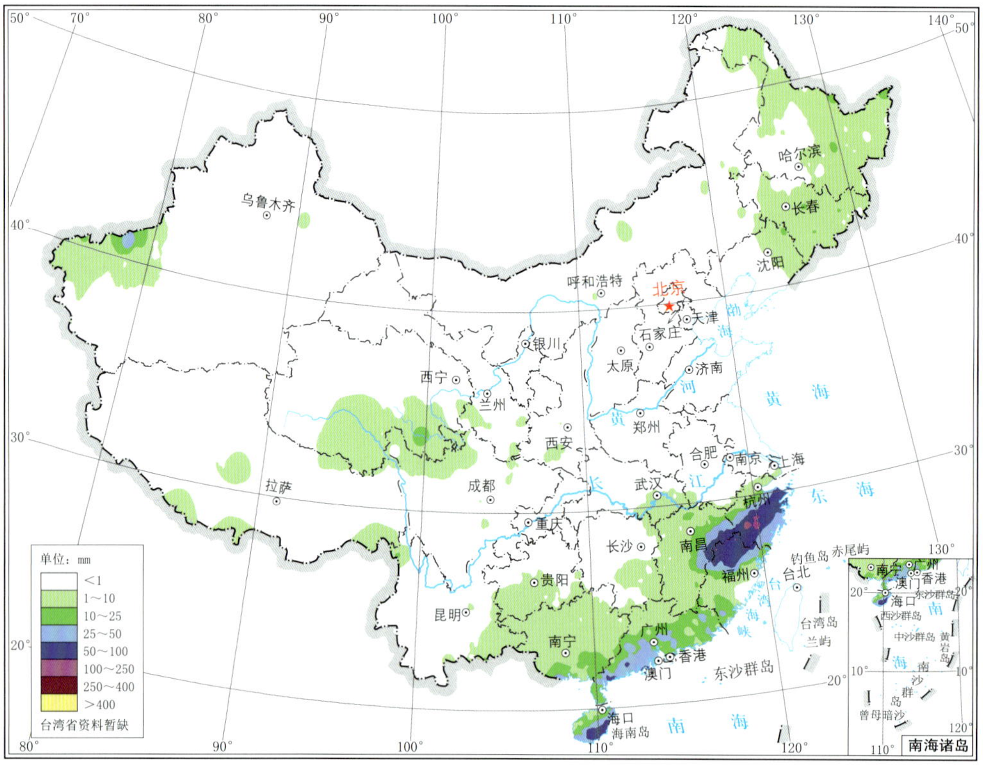

图 3.8.20　2020 年 9 月 19 日全国降水量分布

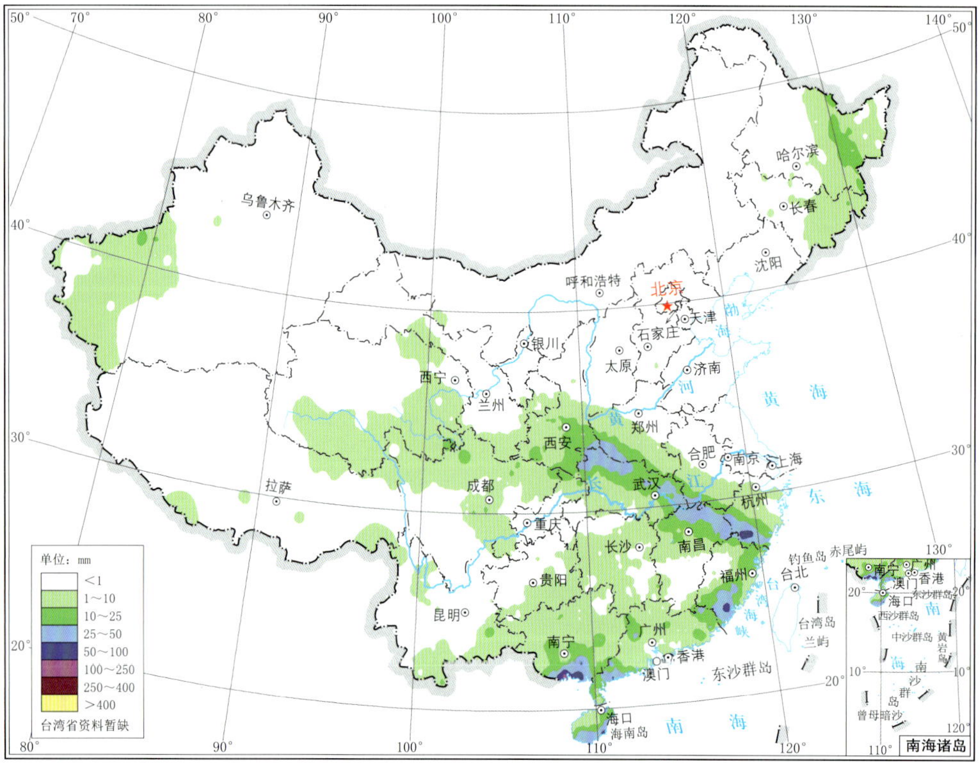

图 3.8.21　2020 年 9 月 20 日全国降水量分布

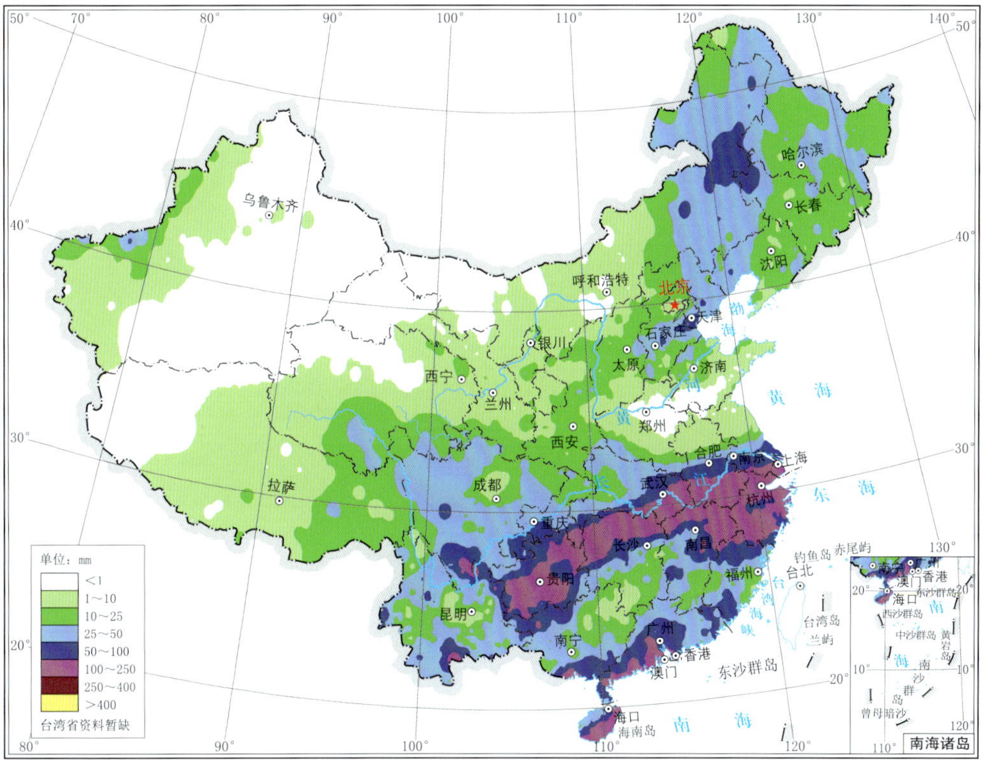

图 3.8.22　2020 年 9 月 14—20 日全国总降水量分布

第 36 次主要暴雨过程(No. 36):9 月 15 日

9 月 15 日,500 hPa 河套地区有短波槽快速发展东移,中低层华北西部有切变形成并快速东移,受其影响,华北地区、辽宁西部、内蒙古东部出现降水,暴雨主要出现在河北中部至天津一线,天津局部出现大暴雨(图 3.8.16)。

3.9　10 月主要暴雨过程(No. 37)

第 37 次主要暴雨过程(No. 37):10 月 14—15 日

第 2016 号强热带风暴“浪卡”(Nangka)于 10 月 13 日夜间在海南琼海登陆,随后强度逐渐减弱为热带风暴,14 日“浪卡”穿过海南岛进入北部湾,受其影响,华南地区出现降水,暴雨主要出现在海南东部、广东西南部和广西南部部分地区,局部出现大暴雨(图 3.9.1);15 日,“浪卡”一路西行并再次登陆越南北部沿海,随后在越南境内减弱消散,受其影响,雨区略有西移,海南东部、广东西南部和广西中南部出现暴雨,局部大暴雨(图 3.9.2)。图 3.9.3 为此次暴雨过程总降水量分布。

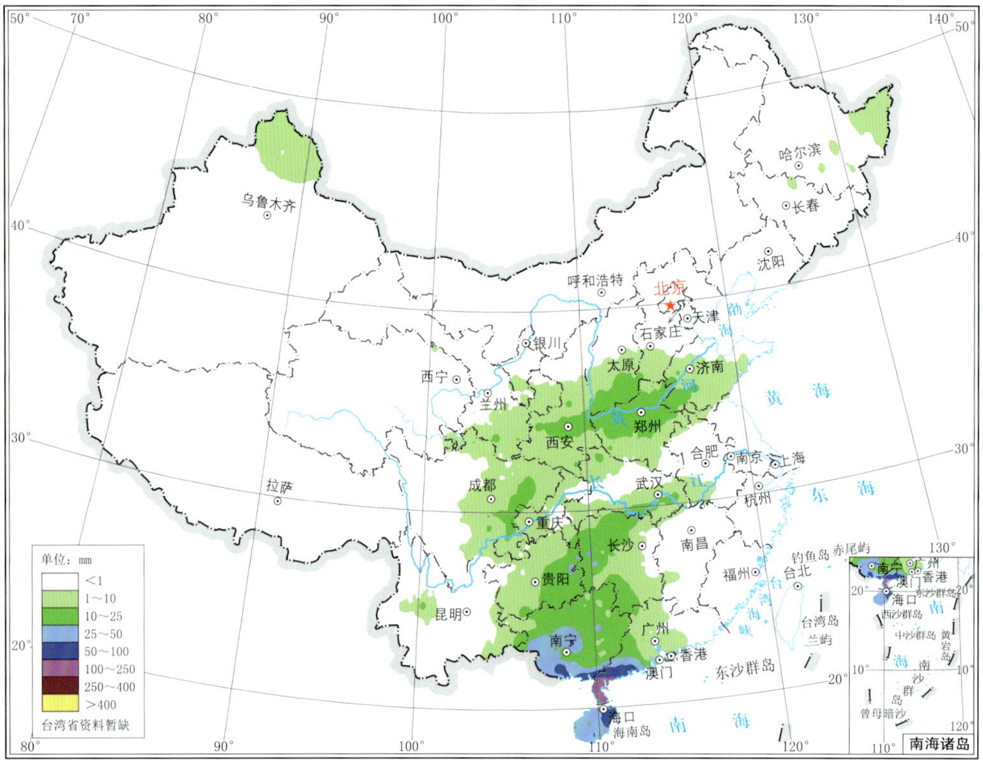

图 3.9.1　2020 年 10 月 14 日全国降水量分布

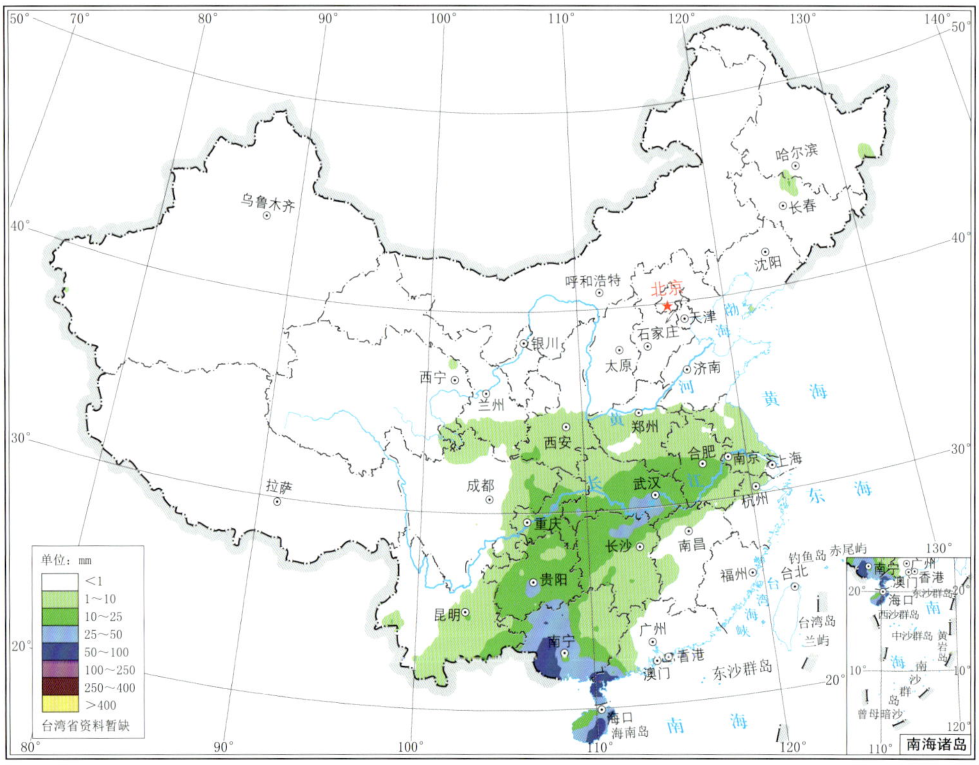

图 3.9.2　2020 年 10 月 15 日全国降水量分布

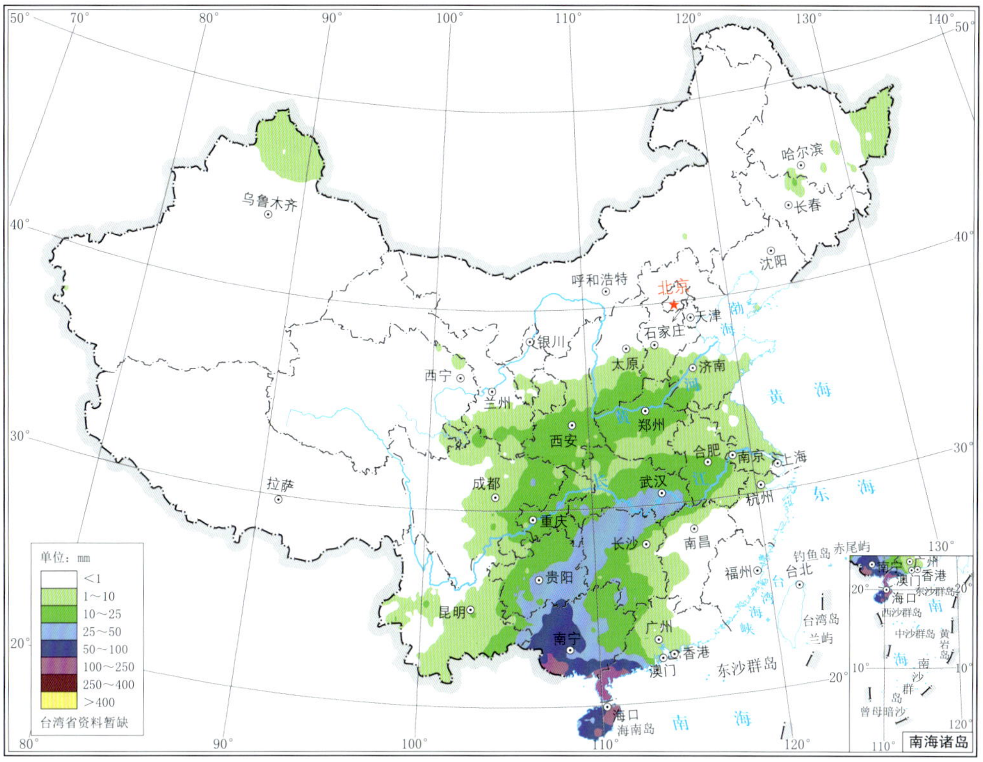

图 3.9.3　2020 年 10 月 14—15 日全国总降水量分布

第4章　重大暴雨事件

在本年度内遴选出10次降水强度大、范围广、影响显著的暴雨天气过程作为年度重大暴雨事件，详见表4.1.1。这10次重大暴雨事件分别发生在2020年6—9月，其中6—8月各3次，9月1次。下面分别对10次重大暴雨事件从雨情、灾情及天气形势等几个方面进行简要分析，并给出过程总降水量图、高空环流形势图及地面天气图。

表4.1.1　2020年度全国重大暴雨事件纪要表

序号	时间	过程天数/d	简称	主要影响省（自治区、直辖市）	主要天气影响系统	直接经济损失/亿元
1	6月2—10日	9	南方暴雨	广西、湖南、安徽、广东 湖北、江西、贵州、福建 江苏、四川、重庆、云南 浙江	西南低涡 低层切变线	258.4
2	6月11—26日	16	南方连续暴雨	湖北、安徽、江西、四川 重庆、贵州、云南、湖南 广西、江苏、河南、山西 陕西	西南低涡 低层切变线	151.9
3	6月26日—7月11日	16	南方连续暴雨	江西、湖北、安徽、湖南 浙江、贵州、福建、云南 四川、重庆、广西、河南 江苏	西南低涡 低层切变线	1489.0
4	7月10—13日	4	淮河流域暴雨	安徽、湖北、四川、贵州 重庆、江苏、河南、山东	西南低涡 低层切变线	121.7
5	7月15—20日	6	长江流域暴雨	安徽、湖北、河南、湖南 四川、重庆、广西、江苏 浙江、贵州、云南	西南低涡 低层切变线	361.0
6	7月24—28日	5	长江流域暴雨	湖北、湖南、四川、安徽 重庆、贵州	西南低涡 低层切变线	27.2
7	8月5—10日	6	黄淮、江淮及华西暴雨	四川、陕西、甘肃、山东 湖南、湖北、河南、云南 山西、河北、宁夏、江西 江苏、重庆	河套低涡 西南低涡 低层切变线	268.9
8	8月11—14日	4	华西及北方暴雨	四川、山东、甘肃、重庆 山西、黑龙江、内蒙古 陕西、河北、云南、河南 宁夏、北京	西南低涡 低层切变线	427.7

续表

序号	时间	过程天数/d	简称	主要影响省（自治区、直辖市）	主要天气影响系统	直接经济损失/亿元
9	8 月 15—21 日	7	华西及北方暴雨	四川、重庆、云南、贵州 湖北、山西、河南、甘肃 陕西、黑龙江、内蒙古 辽宁、山东、河北、吉林	西南低涡 低层切变线	102.7
10	9 月 3—4 日	2	东北暴雨 （超强台风 “美莎克”暴雨）	黑龙江、吉林、内蒙古	2009 号超强台风 “美莎克”（Maysak）	54.4

4.1　6 月 2—10 日南方暴雨

4.1.1　雨情灾情分析

这是 2020 年第 9 次主要暴雨过程（No. 9）。此次由西南低涡及低层切变线造成的南方暴雨过程共持续 9 d。6 月 2—10 日，50 mm 以上总降水量主要位于江淮西部、江汉地区、江南地区、华南地区和西南地区东部，100 mm 以上总降水量主要分布在江南地区、华南地区及贵州南部，250 mm 以上总降水量主要分布在华南北部及江南中东部部分地区，华南局部地区总降水量达 500 mm 以上，过程累积最大降水量出现在广东龙门，达到 936 mm（图 3.5.10）。

此次南方暴雨过程具有持续时间长、影响范围广、累积雨量大等特点，强降水主要集中在江南、华南地区。6 月 7 日广西阳朔（330.0 mm）日降水量突破当地 59 a（1961—2019 年）的历史纪录。受这次暴雨过程的影响，广西、湖南、安徽、广东、湖北、江西、贵州、福建、江苏、四川、重庆、云南及浙江 13 省（自治区、直辖市）共 661 万人受灾，48 人死亡，9 人失踪，57 万人紧急转移安置，直接经济损失 258.4 亿元，其中农业损失 90.3 亿元。广西受灾最为严重，直接经济损失 104.5 亿元，湖南、安徽依次为 42.9 亿元、40.9 亿元。

4.1.2　天气形势及降水分析

6 月 2 日，500 hPa 四川盆地以北有短波槽新生发展，中低层四川盆地有西南低涡形成，受其影响，西南东部、江南地区、华南地区出现大范围降水，暴雨分布范围较广，局地出现大暴雨（图 3.5.1）；3 日，500 hPa 黄淮至江汉地区、华南西部分别有短波槽发展东移，中低层西南低涡东移南压至贵州上空，江淮至江南北部有切变发展加强，受其影响，江南至华南西部出现强降水，从长江三角洲至广西北部出现东北—西南向的暴雨带，江西、浙江交界处出现大暴雨区（图 3.5.2）；4 日，500 hPa 四川盆地及云贵高原又有新的短波槽形成，中低层长江中游地区有低涡形成，江淮至贵州北部有切变发展加强，受其影响，雨带略有南压，强度有所减弱，暴雨区较为分散（图 3.5.3）；5 日（图 4.1.1），500 hPa 华中地区有低涡形成，江南西部、华南西部有短波槽发展，中低层长江中游低涡发展加强，低涡东西两侧切变进一步发

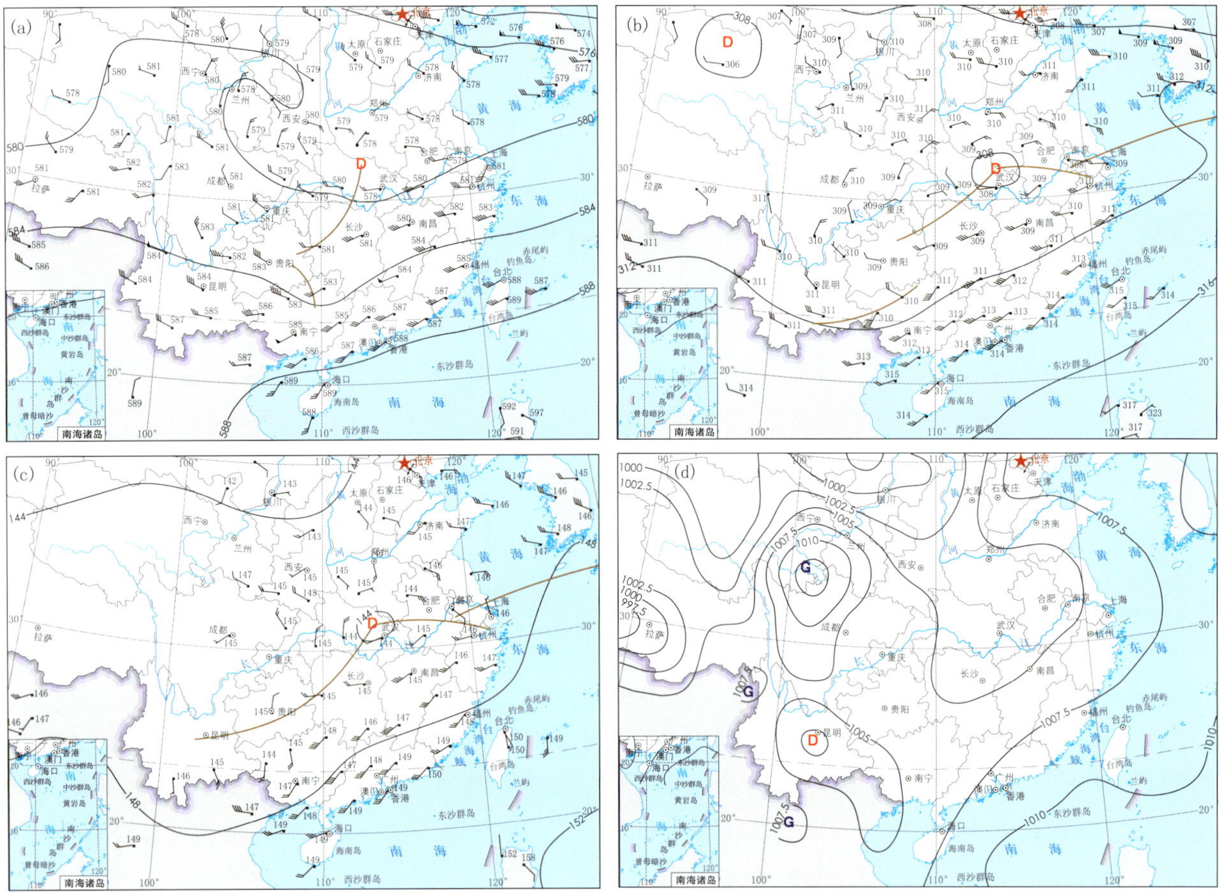

图 4.1.1　2020 年 6 月 5 日 08 时高空环流形势图及地面天气图
(a)500 hPa,(b)700 hPa,(c)850 hPa,(d)地面

展加强,受其影响,江南、华南出现大范围强降水,雨区中分布着三个暴雨中心,分别位于广西中北部、江西中部至福建北部、长江下游地区,广西北部多站出现大暴雨,江南局部也有零散大暴雨出现(图 3.5.4);6 日,500 hPa 江南、华南短波槽缓慢东移南压,中低层低涡切变也随之东移南压,受其影响,雨区整体南压,江南南部、华南大部出现降水,暴雨分布范围较广,局部有大暴雨出现(图 3.5.5);7 日,500 hPa 湘黔桂交界区域又有短波槽发展,中低层四川盆地有西南低涡新生,贵州至江南地区有暖切变发展加强,受其影响,贵州、江南中南部、华南中北部出现降水,暴雨分布范围较广,广西东北部至广东中部部分地区出现大暴雨,其中广西阳朔、永福分别出现了 330.0 mm、326.4 mm 的特大暴雨(图 3.5.6);8 日,500 hPa 河套地区、四川盆地及云贵高原有阶梯形短波槽发展,中低层四川盆地西南低涡维持少动,河套地区、云贵高原有切变活动,受其影响,西北东部、西南东部、江南大部、华南部分地区出现降水,暴雨分布广泛,广东部分地区出现大暴雨,其中汕尾、博罗分别出现了 291.8 mm、251.3 mm 的特大暴雨(图 3.5.7);9 日,500 hPa 四川盆地又有短波槽新生发展,中低层低涡切变东移南压,受其影响,江汉地区、江南地区、华南地区及贵州南部出现降水,暴雨分布广泛,部分地区零散出现大暴雨,其中广东龙门出现了 309.3 mm 的特大暴雨(图 3.5.8);10 日,500 hPa 短波槽不断东移发展,中低层江淮、江南有低涡切变活动,受其影响,黄淮西部、江淮西部、江汉地区、江南地区、华南地区及贵州大部出现降水,暴雨分布

广泛，部分地区零散出现大暴雨，其中广西融安出现了 257.1 mm 的特大暴雨（图 3.5.9）。这次过程总降水量见图 3.5.10。

4.2　6 月 11—26 日南方连续暴雨

4.2.1　雨情灾情分析

此次由西南低涡及低层切变线造成的南方连续暴雨过程共持续 16 d。6 月 11—26 日，50 mm 以上总降水量基本覆盖了我国中南部的广大地区，100 mm 以上总降水量主要分布在江淮地区、江汉地区、江南地区、西南地区东部及黄淮大部、西北地区东南部、华南西部，250 mm 以上总降水量主要分布在江淮西部、贵州中部以及浙北、苏北、湘西北等地，过程累积最大降水量出现在安徽岳西，达到 608 mm（图 4.2.1）。

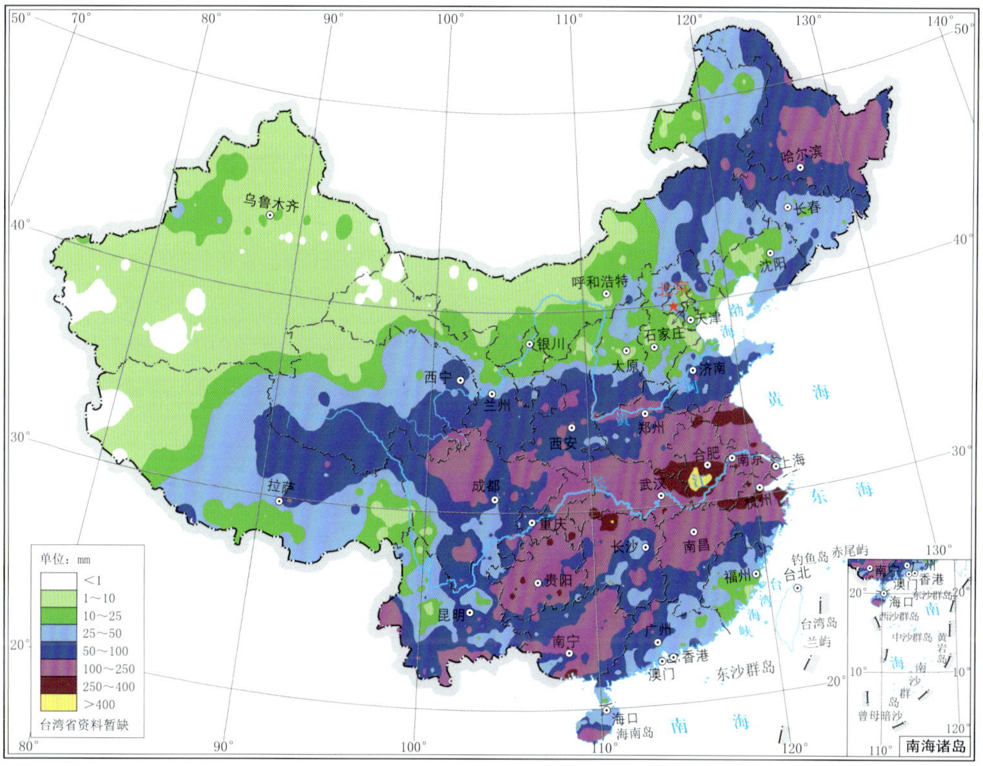

图 4.2.1　2020 年 6 月 11—26 全国总降水量分布

此次南方连续暴雨由 3 场连续的暴雨过程组成，时间分别为 6 月 11—15 日、6 月 16—21 日、6 月 21—26 日，分别是 2020 年第 10 次主要暴雨过程（No. 10）、第 11 次主要暴雨过程（No. 11）和第 12 次主要暴雨过程（No. 12）。此次南方连续暴雨过程具有持续时间长、影响范围广、累积雨量大等特点。6 月 18 日四川西昌（144.3 mm）、6 月 22 日重庆南川（149.3 mm）、6 月 24 日贵州惠水（215.4 mm）、6 月 25 日广西武鸣（257.4 mm）日降水量均突破当地 59 a（1961—2019 年）的历史纪录。受这次暴雨过程的影响，湖北、安徽、江西、四川、重庆、贵州、云南、湖南、广西、江苏、河南、山西及陕西 13 省（自治区、直辖市）共 1059 万人受灾,25 人死亡,18 人失踪,43 万人紧急转移安置,直接经济损失 151.9 亿元,其中农业损失 44.3 亿元。湖北受灾最为严重,直接经济损失 30.7 亿元,安徽、江西依次为 25.5 亿元、24.4 亿元。

4.2.2　天气形势及降水分析

6 月 11 日,500 hPa 河套地区有短波槽新生发展,700 hPa 河套地区有低涡切变形成,850 hPa 四川盆地有西南低涡出现,受其影响,河南中部至重庆北部出现降水,局部地区出现暴雨到大暴雨(图 3.5.11);12 日,500 hPa 河套短波槽东移南压,同时高原东侧又有新的短波槽形成,中低层四川盆地有西南低涡发展,低涡东北侧至黄淮地区有切变发展,受其影响,黄淮大部、江淮地区、江汉地区及西南东部部分地区出现降水,暴雨带呈东北—西南走向,黄淮部分地区出现大暴雨(图 3.5.12);13 日,500 hPa 短波槽缓慢东移南压,中低层西南低涡、黄淮切变也随之缓慢东移南压,受其影响,雨带整体略有东移南压,暴雨带呈东北—西南走向出现在江淮地区至贵州中西部地区,暴雨带中多站出现大暴雨(图 3.5.13);14 日,500 hPa 华中地区短波槽继续缓慢东移,同时云贵高原上空有短波槽发展,中低层云贵高原有低涡形成,江淮及江汉地区有切变发展,受其影响,长江中下游至云贵高原出现东北—西南向暴雨带,贵州中部出现大暴雨(图 3.5.14);15 日,500 hPa 短波槽东移北收,中低层黄淮、江淮地区有切变活动,受其影响,黄淮大部、江淮大部出现降水,部分地区出现暴雨、局部大暴雨(图 3.5.15)。

6 月 16 日,500 hPa 内蒙古西部、四川盆地有短波槽发展,中低层秦巴山地及四川盆地有西南低涡发展加强,其东侧的暖切变向东一直伸展到黄淮流域,受其影响,四川盆地、西北地区东南部、黄淮大部、江淮地区、江汉地区出现降水,暴雨分布范围较广,四川盆地局部出现大暴雨(图 3.5.17);17 日(图 4.2.2),500 hPa 内蒙古西部短波槽东移南压至河套地区,四川盆地短波槽缓慢东移,中低层四川盆地西南低涡维持少动,华北南部及黄淮地区有低涡生成,受其影响,黄淮流域至四川盆地出现暴雨带,黄淮南部多站出现大暴雨(图 3.5.18);18 日,500 hPa 河套地区短波槽快速东移,四川盆地短波槽则维持少动,中低层黄淮地区至四川盆地低涡、切变活动频繁,受其影响,淮河流域至贵州出现雨带,暴雨较为分散,局部出现大暴雨(图 3.5.19);19 日,500 hPa 短波槽东移入海,中低层江南北部有切变形成,受其影响,江南北部出现降水,暴雨主要出现在江西北部至浙江中部一线,浙江中部部分地区出现大暴雨(图 3.5.20);20 日,500 hPa 江南东部有短波槽形成,中低层长江下游地区有切变形成,受其影响,安徽南部及浙江中北部部分地区出现暴雨(图 3.5.21);21 日,500 hPa 长江下游地区短波槽发展加强,中低层切变进一步发展加强,受其影响,江淮西部、江南东部出现降水,安徽中南部至浙江北部出现暴雨带,局部出现大暴雨(图 3.5.22)。

6 月 21 日,500 hPa 四川盆地有短波槽东移至重庆、贵州上空,中低层贵州西部有西南低涡发展,受其影响,湘鄂渝黔交界区域出现降水,部分地区暴雨、局部大暴雨(图 3.5.22);22 日,500 hPa 短波槽东移至长江中游地区,中低层贵州西部的低涡东移至湘渝黔交界的区域,黄淮西部至贵州上空有明显的切变线发展,受其影响,江淮西部至贵州北部出现降水,暴雨分布范围较广,局部出现大暴雨(图 3.5.24);23 日,500 hPa 华北至西南东部有宽广的西风槽区形成,中低层黄淮地区至贵州上空切变维持发展,受其影响,雨带略有东移南

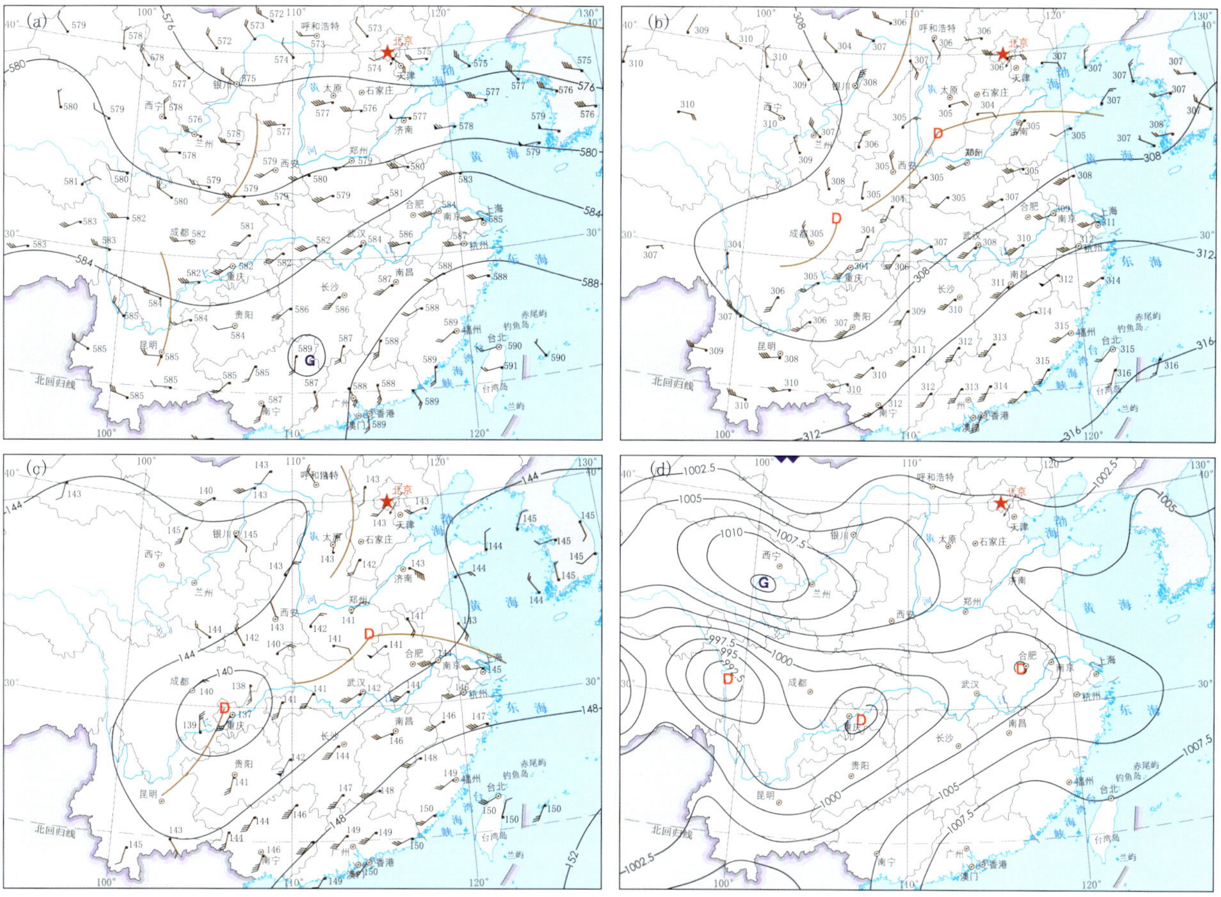

图 4.2.2　2020 年 6 月 17 日 08 时高空环流形势图及地面天气图
(a)500 hPa,(b)700 hPa,(c)850 hPa,(d)地面

压，两个暴雨中心分别出现在湖北安徽交界处、贵州湖南交界处，并各有多站出现大暴雨(图 3.5.25)；24 日，500 hPa 西风槽缓慢东移发展，中低层切变东移南压，受其影响，雨带整体南压，两个较为集中的暴雨区分别位于江西中部和贵州南部，局部出现大暴雨(图 3.5.26)；25 日，500 hPa 西风槽进一步东移发展加深，中低层切变也进一步东移南压至江南北部、华南西部，受其影响，江南、华南出现大范围强降水，江西北部至广西出现东北—西南向暴雨带，江西、湖南局部出现大暴雨，广西则有 17 站出现大暴雨，其中武鸣出现 257.4 mm 的特大暴雨(图 3.5.27)；26 日，500 hPa 西风槽东移北收，中低层切变则逐步减弱，受其影响，降水减弱，暴雨分布零散，华南北部局部出现大暴雨(图 3.5.28)。

这 3 次连续暴雨过程的总降水量见图 4.2.1。

4.3　6 月 26 日—7 月 11 日南方连续暴雨

4.3.1　雨情灾情分析

此次由西南低涡及低层切变线造成的南方连续暴雨过程共持续 16 d。6 月 26 日—7 月 11 日，50 mm 以上总降水量主要位于江淮地区、江汉地区、江南地区、西南地区东部、西南地区南部、川西高原及黄淮南部、西北地区东南部、华南部分地区，100 mm 以上总降水量与 50 mm 降水量分布基本一致，250 mm 以上总降水量主要分布在长江中下游地区及江南北部，400 mm 以上总降水量主要分布在湖北、安徽、江西三省交界的区域及鄂西南局部地区，其中皖南有 3 个站总降水量超过 800 mm，过程累积最大降水量出现在安徽黄山，达到 949 mm(图 4.3.1)。

此次南方连续暴雨由 3 场连续的主要暴雨过程组成，时间分别为 6 月 26—30 日、6 月 30 日—7 月 4 日、7 月 5—11 日，分别是 2020 年第 13 次主要暴雨过程(No. 13)、第 14 次主要暴雨过程(No. 14)和第 15 次主要暴雨过程(No. 15)。此次南方连续暴雨过程具有持续时间长、影响范围广、灾害损失极其严重等特点。6 月 26 日甘肃静宁(112.5 mm)、7 月 8 日江西新建(220.0 mm)、7 月 10 日湖南隆回(181.0 mm)日降水量均突破当地 59 a(1961—2019 年)的历史纪录。受这次暴雨过程的影响，江西、湖北、安徽、湖南、浙江、贵州、福建、云南、四川、重庆、广西、河南及江苏 13 省(自治区、直辖市)共 4860 万人受灾，91 人死亡，23 人失踪，353 万人紧急转移安置，直接经济损失 1489.0 亿元，其中农业损失 392.6 亿元。江西受灾最为严重，直接经济损失 451.9 亿元，湖北、安徽依次为 395 亿元 .6、328.4 亿元。

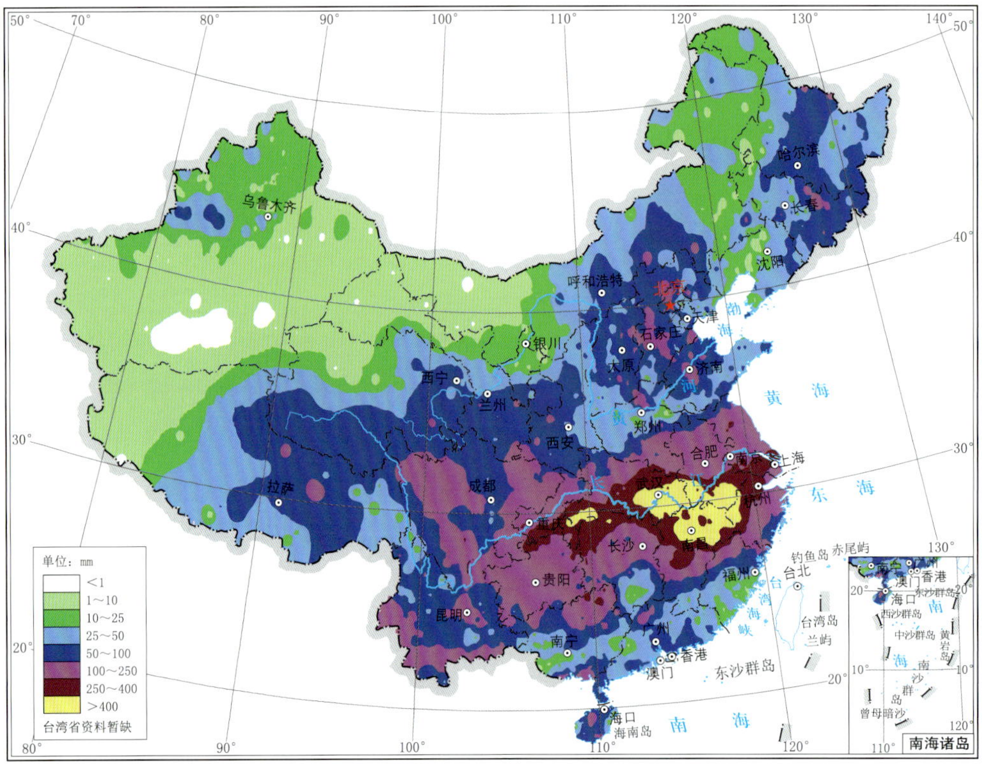

图 4.3.1　2020 年 6 月 26 日—7 月 11 全国总降水量分布

4.3.2　天气形势及降水分析

6 月 26 日，500 hPa 河套地区有西风短波槽发展，中低层甘肃东部至关中平原有切变形成，受其影响，陕甘宁交界区域出现降水，暴雨主要出现在甘肃陇中、陇东地区，局部出现大暴雨(图 3.5.28)；27 日，500 hPa 四川盆地有西风短波槽发展加强，中低层四川盆地有西南低涡发展加强，受其影响，四川东部、重庆地区、湖北西部出现暴雨，部分地区出现大暴雨(图 3.5.30)；28 日，500 hPa 四川盆地短波槽发展东移，中低层西南低涡东移发展加强，黄淮、江淮有暖切变形成，低涡切变南侧低空急流加强，受其影响，雨区东移发展，黄淮南部、江淮地区、江汉地区及江南东北部出现强降水，暴雨较为集中，淮河上游及湖北北部部分地区出现大暴雨带(图 3.5.31)；29 日，500 hPa 黄淮至华中地区有西风槽发展加强，中低层低涡东移至黄淮东部，江淮地区切变维持，江南北部低空急流进一步加强，受其影响，长江中下游及江淮东部、黄淮东部出现降水，暴雨分布范围较广，江苏部分地区出现大暴雨(图 3.5.32)；30 日，500 hPa 西风槽进一步东移南压，中低层低涡东移入海，切变东移南压至江南北部，受其影响，雨带整体东移南压至江南北部，暴雨主要出现在浙江南部至江西东北部，两省交界处出现大暴雨(图 3.5.33)。

6 月 30 日，500 hPa 云贵川地区有低涡生成，中低层该地区有西南低涡形成，受其影响，西南地区东部出现降水，暴雨分布较为零散，贵州局部出现大暴雨(图 3.5.33)；7 月 1 日，500 hPa 青藏高原东侧、云贵高原上空分别有短波槽形成，中低层西南低涡停滞少动，受其影响，降水范围有所扩大，暴雨分布较为零散，局部出现大暴雨(图 3.5.35)；2 日，500 hPa 四川盆地短波槽东移发展加深，西风槽从华北西部一直伸展到贵州上空，中低层西南低涡缓慢东移至三峡地区，长江中下游地区有明显的暖切变发展，受其影响，长江流域及云贵高原出现大范围强降水，湖北南部至安徽南部、云南北部至贵州南部分别出现东西向暴雨带，多站出现大暴雨(图 3.5.36)；3 日，500 hPa 西风槽东移至沿海地区，中低层西南低涡东移至黄淮地区，江淮至贵州上空有切变维持，受其影响，雨带东移南压至江南北部、华南西部，暴雨分布较为零散，局部出现大暴雨(图 3.5.37)；4 日，500 hPa 西风槽东移入海后在安徽、江西上空有短波槽生成，中低层江淮、江南北部有切变形成，受其影响，江西、湖北、安徽、浙江四省相邻的区域出现暴雨，江西、湖北局部出现大暴雨(图 3.5.38)。

7 月 5 日，500 hPa 黄淮至华中地区有短波槽新生发展，中低层江淮至江汉地区有切变形成，受其影响，长江中下游地区出现东西向暴雨带，湖北、安徽多站出现大暴雨(图 3.6.1)；6 日，500 hPa 黄淮、江淮地区又有新的短波槽生成，中低层江淮至江汉地区切变维持加强，受其影响，长江中下游地区的东西向暴雨带维持加强，湖北中部—安徽南部—长江三角洲出现大暴雨带，其中湖北英山出现 285.2 mm 的特大暴雨(图 3.6.2)；7 日，500 hPa 黄淮短波槽东移入海，同时三峡区间又有短波槽生成，中低层四川盆地有西南低涡形成，长江流域切变进一步维持加强，受其影响，从贵州经湖北至浙江中部出现东西向暴雨带，湖北东部、安徽南部多站出现大暴雨，其中安徽黟县出现 262.9 mm 的特大暴雨(图 3.6.3)；8 日(图 4.3.2)，500 hPa 江淮至江南北部有短波槽发展，同时贵州上空也有短波槽生成，中低层西南低涡东移至大别山上空，长江流域有明显的切变发展，受其影响，雨带整体略有南压，江西北部出现大面积大暴雨，湖南部分地区、湖北局部也出现大暴雨，其中湖北黄梅出现 258.4 mm 的特大暴雨(图 3.6.4)；9 日，500 hPa 短波槽缓慢东移南压，中低层低涡切变也随之东移南压，受其影响，强降水区整体南压至江南地区和贵州，江西中部出现大面积大暴雨，湖南、贵州、浙江局部也出现大暴雨(图 3.6.5)；10 日，500 hPa 贵州上空有短波槽发展加强，中低层江南北部切变维持，受其影响，江南大部及贵州、广西部分地区出现降水，江西部分地区、湖南局部、广西局部出现大暴雨(图 3.6.6)；11 日，500 hPa 贵州上空短波槽维持少动,中低层切变逐步减弱,受其影响,广西东北部出现暴雨、局部大暴雨(图 3.6.7)。

这 3 次连续暴雨过程的总降水量见图 4.3.1。

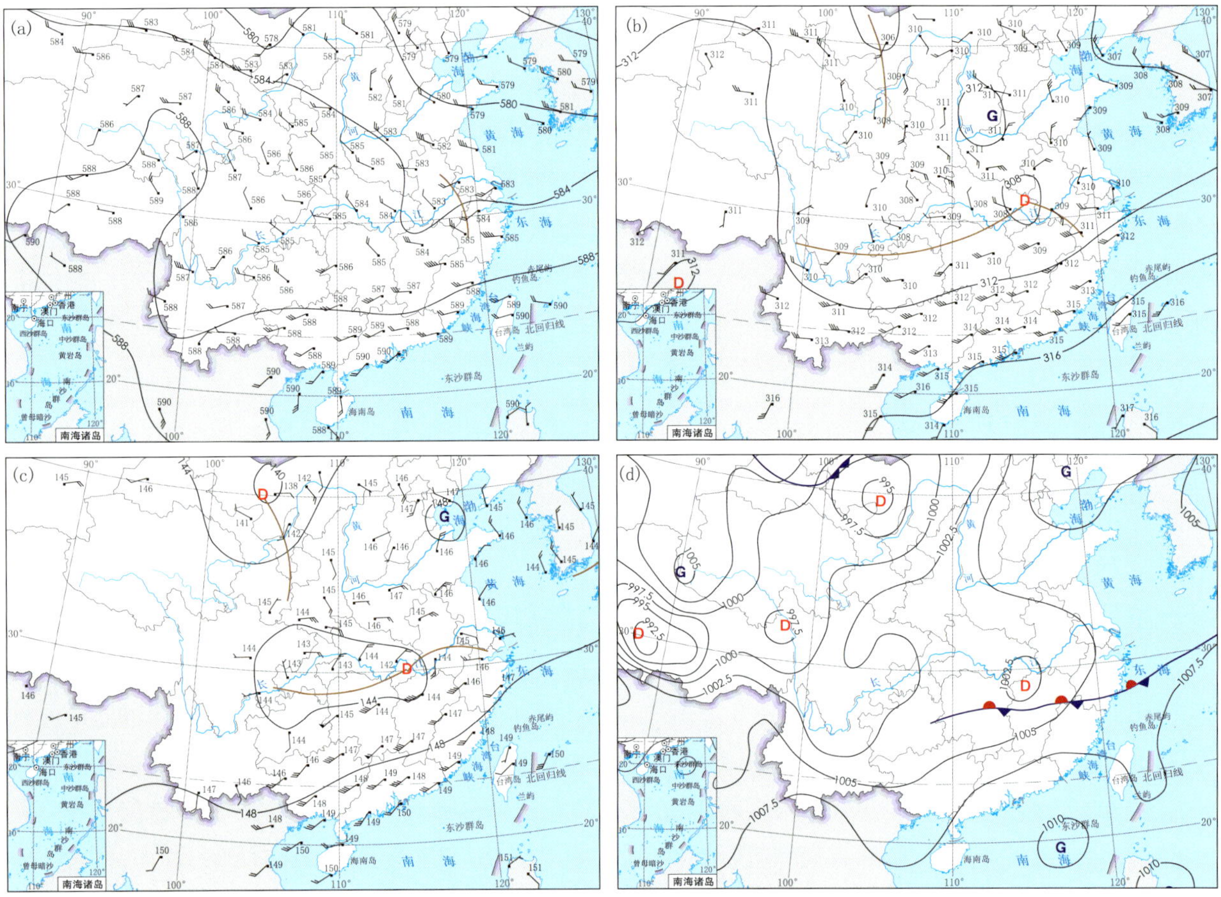

图 4.3.2　2020 年 7 月 8 日 08 时高空环流形势图及地面天气图

(a)500 hPa,(b)700 hPa,(c)850 hPa,(d)地面

4.4　7 月 10—13 日淮河流域暴雨

4.4.1　雨情灾情分析

这是 2020 年第 16 次主要暴雨过程(No.16)。此次由西南低涡及低层切变线造成的淮河流域暴雨过程共持续 4 d。7 月 10—13 日,50 mm 以上总降水量位于黄淮地区、江淮地区、江汉地区及西南地区东部,100 mm 以上总降水量主要分布在淮河流域及四川盆地东部,过程累积最大降水量出现在江苏赣榆,达到 226 mm(图 3.6.11)。

此次淮河流域暴雨过程具有影响范围较广、灾害损失较大的特点。7 月 12 日江苏赣榆(226.2 mm)日降水量突破当地 59 a(1961—2019 年)的历史纪录。受这次暴雨过程的影响,安徽、湖北、四川、贵州、重庆、江苏、河南及山东 8 省(直辖市)共 331 万人受灾,2 人死亡,26 万人紧急转移安置,直接经济损失 121.7 亿元,其中农业损失 39.5 亿元。安徽受灾最为严重,直接经济损失 100.8 亿元,湖北、四川依次为 6.2 亿元、3.2 亿元。

4.4.2　天气形势及降水分析

7 月 10 日，500 hPa 高原东侧有短波槽发展东移至四川盆地，中低层四川盆地有西南低涡生成，受其影响，四川盆地至陕甘交界处出现降水，部分地区出现暴雨、局部出现大暴雨(图 3.6.6)；11 日，500 hPa 四川盆地短波槽停滞少动，中低层西南低涡发展，低涡东侧有暖切变向东伸展至淮河流域，受其影响，西南东部、西北东部、黄淮西部、江淮地区、江汉地区及江南北部部分地区出现大范围降水，暴雨主要出现在黄淮西部和江淮地区，局部出现大暴雨(图 3.6.7)；12 日(图 4.4.1)，500 hPa 河套地区至四川盆地有短波槽发展，中低层西南低涡向东北方向移动至黄河下游地区，黄淮地区有明显切变发展，受其影响，华北地区、黄淮地区出现降水，暴雨主要出现在黄淮东部，苏北部分地区出现大暴雨(图 3.6.9)；13 日，500 hPa 短波槽快速东移至黄淮东部、江淮地区，中低层黄淮气旋东移入海，切变线南压至淮河流域，受其影响，长江下游部分地区出现暴雨(图 3.6.10)。这次过程总降水量见图 3.6.11。

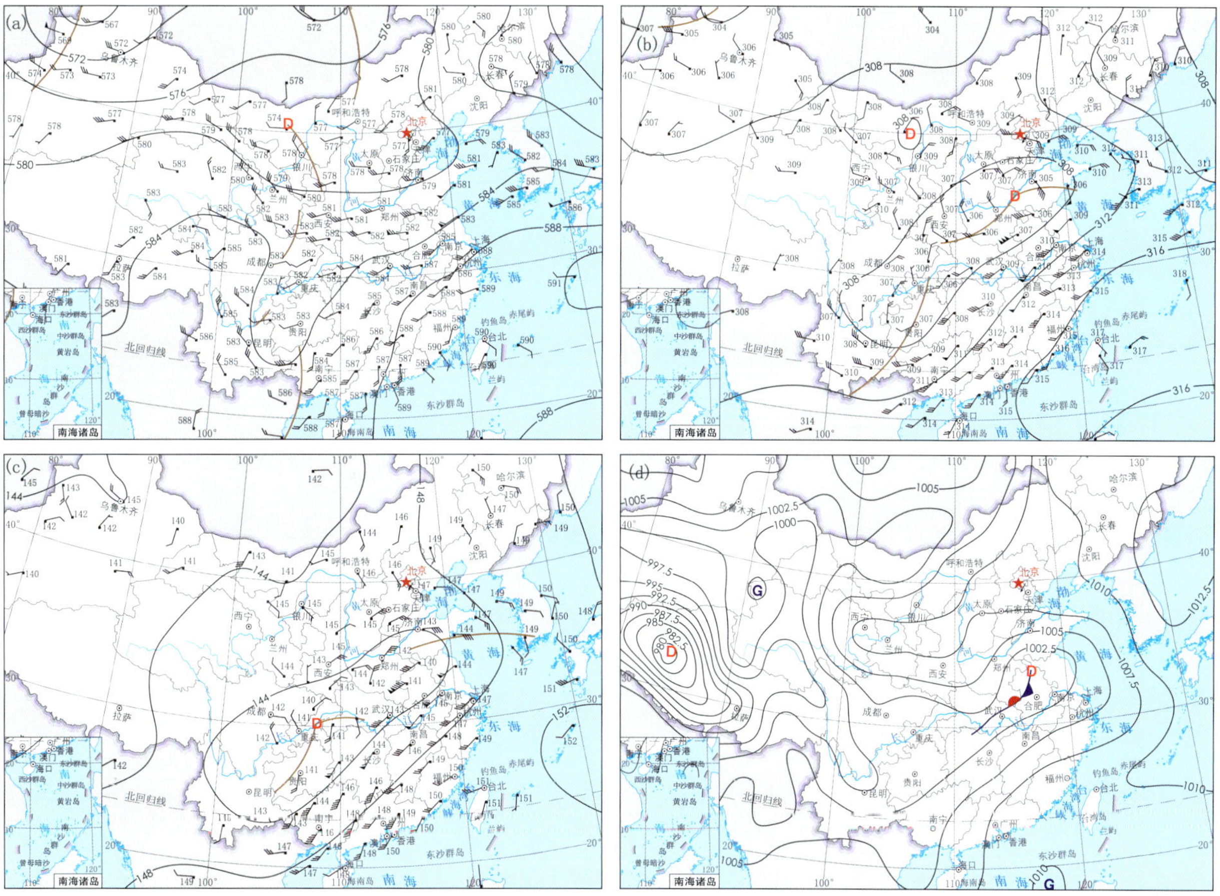

图 4.4.1　2020 年 7 月 12 日 08 时高空环流形势图及地面天气图

(a)500 hPa，(b)700 hPa，(c)850 hPa，(d)地面

4.5 7月15—20日长江流域暴雨

4.5.1 雨情灾情分析

这是2020年第17次主要暴雨过程(No.17)。此次由西南低涡及低层切变线造成的长江流域暴雨过程共持续6 d。7月15—20日,50 mm以上总降水量主要位于长江流域及云贵高原,100 mm以上总降水量主要集中在长江下游及上游地区,250 mm以上总降水量集中出现在安徽中部及河南南部部分地区,过程累积最大降水量出现在安徽金寨,达到530 mm(图3.6.18)。

此次长江流域暴雨过程具有雨带相对集中、持续时间较长、影响范围较广、累积雨量较大、灾害损失严重等特点。7月18日,安徽金寨(309.5 mm)、六安(290.0 mm)日降水量均突破当地59 a(1961—2019年)的历史纪录。受这次暴雨过程的影响,安徽、湖北、河南、湖南、四川、重庆、广西、江苏、浙江、贵州及云南11省(自治区、直辖市)共960万人受灾,37人死亡,4人失踪,82万人紧急转移安置,直接经济损失361.0亿元,其中农业损失92.2亿元。安徽受灾最为严重,直接经济损失269.9亿元,湖北、河南依次为58.7亿元、8.0亿元。

4.5.2 天气形势及降水分析

7月15日,500 hPa高原东侧有短波槽发展,长江下游地区也有短波槽形成,中低层四川盆地有西南低涡生成,长江中下游地区有切变线活动,受其影响,四川盆地至长江下游有雨带形成,两个暴雨中心分别出现在四川盆地和长江下游地区,四川盆地局部出现大暴雨(图3.6.12);16日,500 hPa高原东侧短波槽停滞少动,长江下游地区有新的短波槽形成,中低层四川盆地西南低涡和长江中下游地区切变线维持少动,受其影响,雨带维持在四川盆地至长江中下游地区,两个暴雨中心维持在四川盆地和长江中下游地区,四川盆地和鄂东北部分地区出现大暴雨(图3.6.13);17日,500 hPa四川盆地短波槽发展加深,华北西部有新的短波槽形成,中低层四川盆地西南低涡发展加强,黄淮至江淮流域有切变形成,受其影响,四川盆地—黄淮西部—长江下游出现降雨带,两个暴雨中心分别出现在长江上游及黄淮西部—长江下游地区,四川盆地南部至鄂西山地出现大暴雨,安徽、江苏局部出现大暴雨(图3.6.14);18日,500 hPa四川盆地短波槽维持少动,长江下游地区有短波槽形成,中低层四川盆地西南低涡缓慢东移,黄淮地区有低涡新生发展,受其影响,贵州至江淮地区出现降雨带,江淮西部出现强降水区,河南东南部至安徽中部多站出现大暴雨,其中安徽金寨、六安分别出现309.5 mm、290.0 mm的特大暴雨(图3.6.15);19日(图4.5.1),500 hPa四川盆地短波槽东移至华中地区并发展加深,同时华北地区也有短波槽发展,中低层西南低涡东移至华中地区,黄淮低涡向东北方向移动至山东半岛上空,受其影响,从东北地区南部至贵州南部出现东北—西南向的大范围暴雨带,湖北中部至安徽中部出现大暴雨带,其他多处零散出现大暴雨(图3.6.16);20日,500 hPa华中地区短波槽东移南压,中低层江淮地区、江南北部有切变形成,受其影响,江南北部至华南西部出现东北—西南向的降水带,两个暴雨中心一个位于江西北部至安徽南部,另一个位于广西西北部,部分地区出现大暴雨(图 3.6.17)。这次过程总降水量见图 3.6.18。

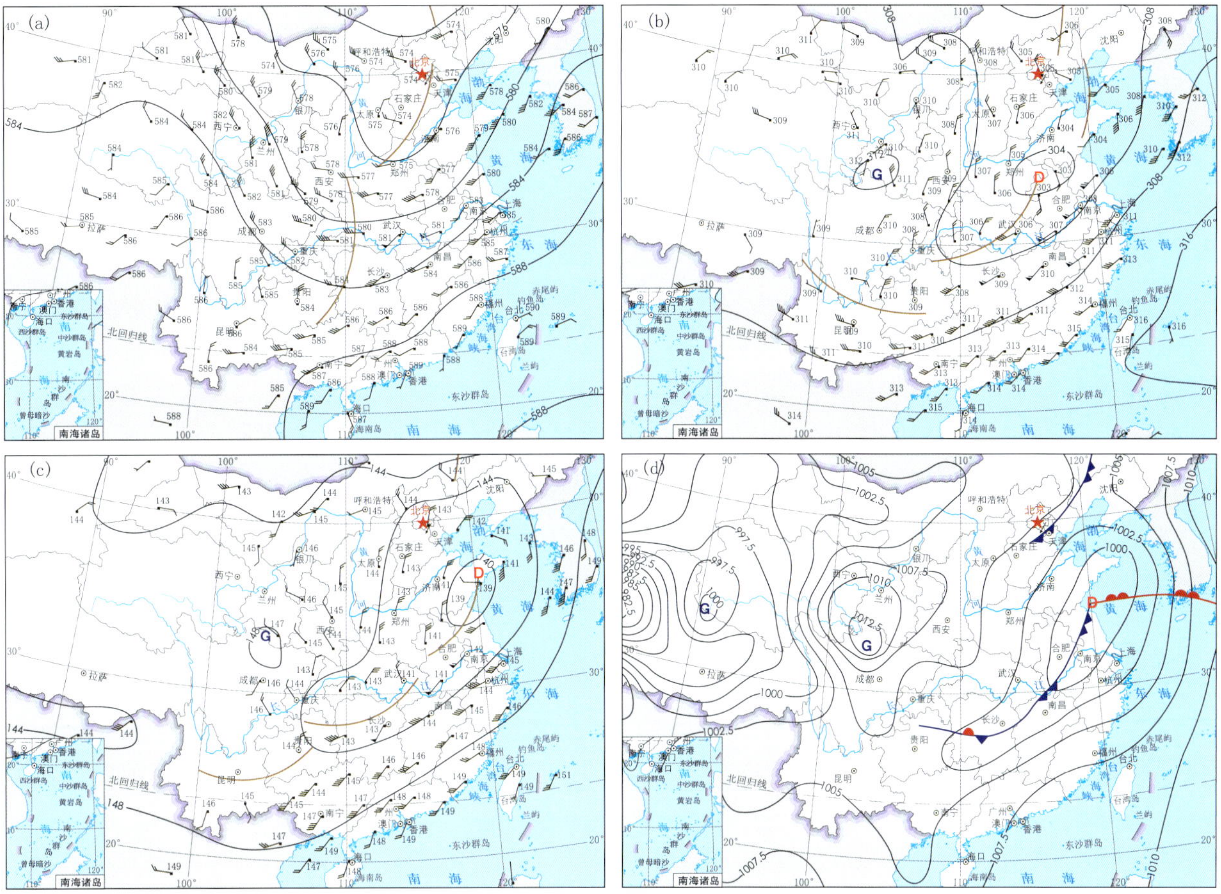

图 4.5.1　2020 年 7 月 19 日 08 时高空环流形势图及地面天气图

(a)500 hPa,(b)700 hPa,(c)850 hPa,(d)地面

4.6　7 月 24—28 日长江流域暴雨

4.6.1　雨情灾情分析

这是 2020 年第 19 次主要暴雨过程(No.19)。此次由西南低涡及低层切变线造成的长江流域暴雨过程共持续 5 d。7 月 24—28 日,50 mm 以上总降水量主要位于江淮西部、江南北部及西南东部,100 mm 以上总降水量主要位于川东北、长江上游部分地区及江南北部,过程累积最大降水量出现在四川盐亭,达到 283 mm(图 3.6.27)。

此次长江流域暴雨过程具有持续时间较长、影响范围较广的特点。7 月 26 日湖北建始日降水量(262.2 mm)突破当地 59 a(1961—2019 年)的历史纪录。受这次暴雨过程的影响,湖北、湖南、四川、安徽、重庆及贵州 6 省(自治区、直辖市)共 131 万人受灾,22 人死亡,3 人失踪,21 万人紧急转移安置,直接经济损失 27.2 亿元,其中农业损失 8.5 亿元。湖北受灾最为严重,直接经济损失 13.1 亿元,湖南、四川依次为 4.8 亿元、3.0 亿元。

4.6.2　天气形势及降水分析

7 月 24 日，500 hPa 川西高原上空有短波槽发展，中低层四川盆地有西南低涡形成，受其影响，西北地区东部、四川盆地北部出现降水，部分地区出现暴雨、局部出现大暴雨(图 3.6.22)；25 日，500 hPa 川西高原短波槽东移至四川盆地发展加深，中低层四川盆地西南低涡静止少动并发展加强，受其影响，四川盆地出现暴雨，部分地区出现大暴雨(图 3.6.23)；26 日，500 hPa 四川盆地短波槽缓慢东移加强，中低层西南低涡缓慢东移，受其影响，雨区东移南压，西南地区东部及湖北西部出现暴雨到大暴雨，其中湖北建始出现 262.2 mm 的特大暴雨(图 3.6.24)；27 日(图 4.6.1)，500 hPa 短波槽东移至华中地区发展加深，中低层江淮、江南有低涡切变发展加强，受其影响，雨区东移南压，江淮西部、江南大部、华南西部出现降水，暴雨主要出现在湖南中北部地区，部分站点出现大暴雨(图 3.6.25)；28 日，500 hPa 短波槽东移南压，中低层低涡切变也随之东移南压，强度减弱，受其影响，雨区进一步东移南压减弱，江南部分地区出现暴雨(图 3.6.26)。这次过程总降水量见图 3.6.27。

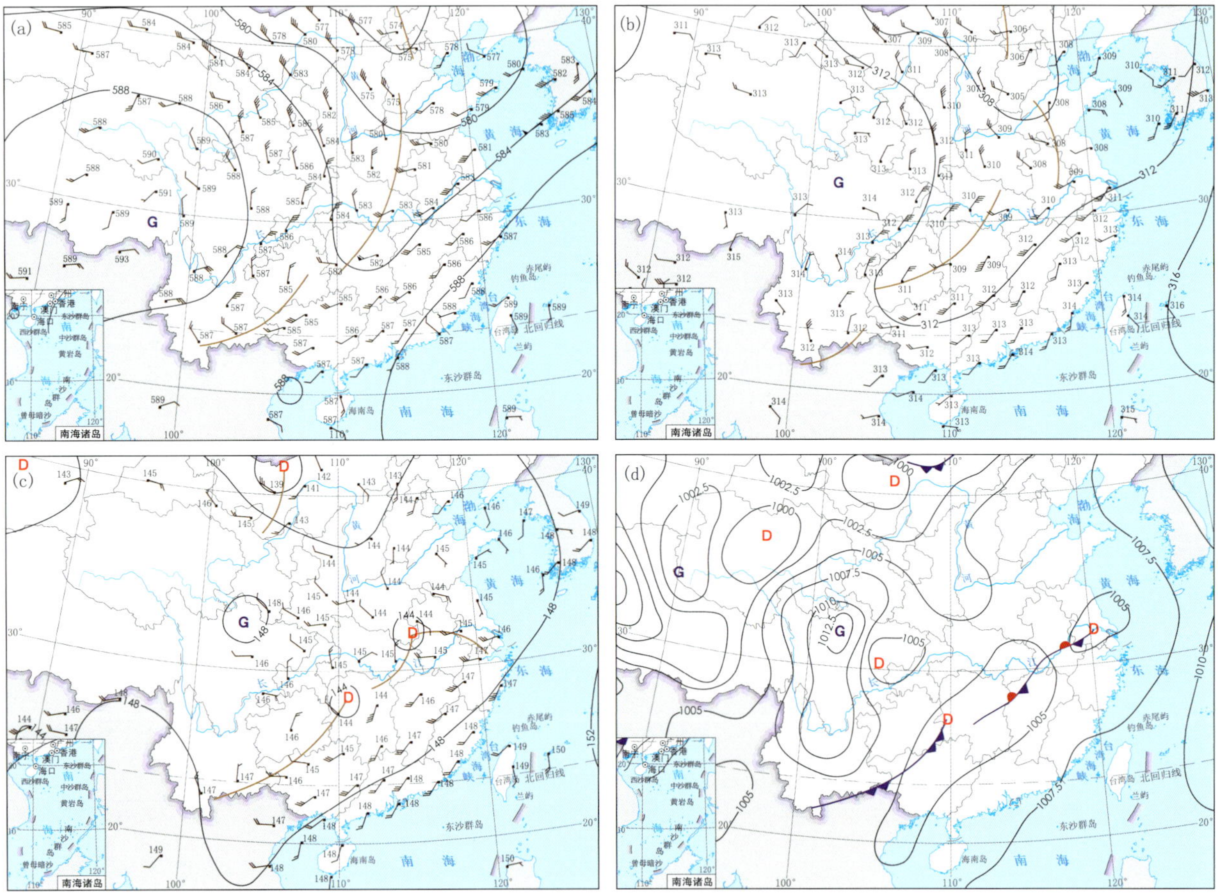

图 4.6.1　2020 年 7 月 27 日 08 时高空环流形势图及地面天气图

(a)500 hPa，(b)700 hPa，(c)850 hPa，(d)地面

4.7　8 月 5—10 日黄淮、江淮及华西暴雨

4.7.1　雨情灾情分析

这是 2020 年第 24 次主要暴雨过程(No. 24)。此次由河套低涡、西南低涡及低层切变线造成的黄淮、江淮及华西暴雨过程共持续 6 d。8 月 5—10 日,50 mm 以上总降水量主要出现在华北中南部、黄淮地区、江淮地区、江汉地区、江南北部、西北地区东部、西南地区东部及西南地区南部,100 mm 以上总降水量较为集中出现在华北南部、黄淮北部及江淮东部,过程累积最大降水量出现在湖南泸溪,达到 292 mm(图 3.7.7)。

此次黄淮、江淮及华西暴雨过程具有雨带连续南压、影响范围广泛、灾害损失严重等特点。8 月 5 日陕西清涧(182.1 mm)、8 月 8 日陕西白河(122.6 mm)、8 月 10 日湖南泸溪(273.6 mm)日降水量均突破当地 59 a(1961—2019 年)的历史纪录。受这次暴雨过程的影响,四川、陕西、甘肃、山东、湖南、湖北、河南、云南、山西、河北、宁夏、江西、江苏及重庆 14 省(自治区、直辖市)共 344 万人受灾,26 人死亡,25 人失踪,20 万人紧急转移安置,直接经济损失 268.9 亿元,其中农业损失 28.8 亿元。四川受灾最为严重,直接经济损失 147.0 亿元,陕西、甘肃依次为 67.7 亿元、30.5 亿元。

4.7.2　天气形势及降水分析

8 月 5 日,500 hPa 河套地区有短波槽形成,中低层该地区有低涡发展加强,受其影响,西北地区东部、华北地区出现降水,暴雨主要出现在华北中南部及陕北高原,局部地区出现大暴雨(图 3.6.34);6 日,500 hPa 河套短波槽缓慢东移,中低层河套低涡缓慢东移至华北西部地区,华北东部有明显暖切变发展,受其影响,雨区缓慢东移南压,华北中南部、黄淮北部出现大范围集中式暴雨,部分地区出现大暴雨(图 3.7.2);7 日(图 4.7.1),500 hPa 华北地区短波槽东移南压至黄淮东部,同时四川盆地有短波槽发展新生,中低层华北地区的低涡切变东移南压,同时四川盆地有西南低涡形成,受其影响,黄淮地区、西北地区东南部、四川盆地出现东北—西南向的暴雨带,山东南部、河南北部部分地区出现大暴雨(图 3.7.3);8 日,500 hPa 黄淮地区、四川盆地短波槽东移南压,中低层低涡切变总体东移南压,受其影响,雨带整体东移南压,暴雨主要出现在淮河流域及江汉地区,局部出现大暴雨(图 3.7.4);9 日,500 hPa 华北东部至江淮西部有西风槽发展,中低层黄淮至贵州有切变形成,受其影响,雨带缓慢东移南压,暴雨主要出现在江淮流域,局部出现大暴雨(图 3.7.5);10 日,500 hPa 华北至华中地区有西风槽发展加强,中低层切变线南压至江淮—江南北部一线,受其影响,江淮西部、江南北部出现降水,暴雨分布较为零散,湖南部分地区出现大暴雨,其中泸溪出现 273.6 mm 的特大暴雨(图 3.7.6)。这次过程总降水量见图 3.7.7。

4.9 8月15—21日华西及北方暴雨

4.9.1 雨情灾情分析

这是2020年第26次主要暴雨过程(No.26)。此次由西南低涡及低层切变线造成的华西及北方暴雨过程共持续7 d。8月15—21日,50 mm以上总降水量主要分布在东北地区、华北地区、黄淮地区、江淮地区、江汉地区、西北地区东部、西南地区东部及西南地区南部,100 mm以上总降水量也基本上呈相同的分布形态,四川盆地西部有27个站总降水量超过250 mm,过程累积最大降水量出现在四川北川,达到536 mm(图3.7.20)。

此次华西及北方暴雨过程具有持续时间长、影响范围广、累积雨量大、强降水集中等特点。8月15日山西壶关(162.9 mm)、16日四川绵竹(302.6 mm)、17日甘肃文县(93.3 mm)及18日吉林辽源(130.7 mm)日降水量均突破当地59 a(1961—2019年)的历史纪录。受这次暴雨过程的影响,四川、重庆、云南、贵州、湖北、山西、河南、甘肃、陕西、黑龙江、内蒙古、辽宁、山东、河北及吉林15省(自治区、直辖市)共324万人受灾,13人死亡,21万人紧急转移安置,直接经济损失102.7亿元,其中农业损失21.2亿元。四川受灾最为严重,直接经济损失52.7亿元,重庆、云南依次为18.9亿元、15.2亿元。

4.9.2 天气形势及降水分析

8月15日,500 hPa河套地区及华北北部有短波槽出现,中低层四川盆地有低涡形成,低涡东北侧至华北南部有暖切变形成,受其影响,华北南部至四川盆地出现东北—西南向雨带,两个暴雨区分别位于华北南部、四川盆地,部分地区出现大暴雨(图3.7.13);16日(图4.9.1),500 hPa华北短波槽东移北收,青藏高原东部至云贵高原有短波槽新生发展,中低层四川盆地西南低涡发展加强,河套地区有低涡切变发展,受其影响,华北西部至四川盆地出现东北—西南向暴雨带,四川盆地西部出现大暴雨带,其中绵竹、北川、龙泉驿分别出现302.6 mm、266.6 mm、264.3 mm的特大暴雨(图3.7.14);17日,500 hPa青藏高原东部至云贵高原的短波槽维持少动、发展加深,中低层西南低涡向南移动,河套地区至四川盆地有切变维持,受其影响,西北东部—四川盆地—云南东部出现近南北向的暴雨带,四川盆地西部出现大暴雨(图3.7.15);18日,500 hPa河套地区有短波槽发展东移,云南西部有低涡发展,中低层华北北部、西北地区东部、四川盆地、云南西部多切变活动,受其影响,东北南部—华北地区—四川盆地—云南西部出现东北—西南向的狭长雨带,暴雨主要出现在四川盆地和云南西部,四川盆地西部多站出现大暴雨(图3.7.16);19日,500 hPa河套地区短波槽缓慢东移,中低层东北南部至华北地区有切变活动,受其影响,东北南部至黄淮地区出现降水,暴雨分布较为零散(图3.7.17);20—21日,500 hPa河套地区短波槽缓慢东移至华北—陕西南部,中低层切变南压至黄淮北部地区,受其影响,黄淮地区、江淮地区、江汉地区出现降水,山东、河南、湖北部分地区出现暴雨、局部大暴雨(图3.7.18和图3.7.19)。这次过程总降水量见图3.7.20。

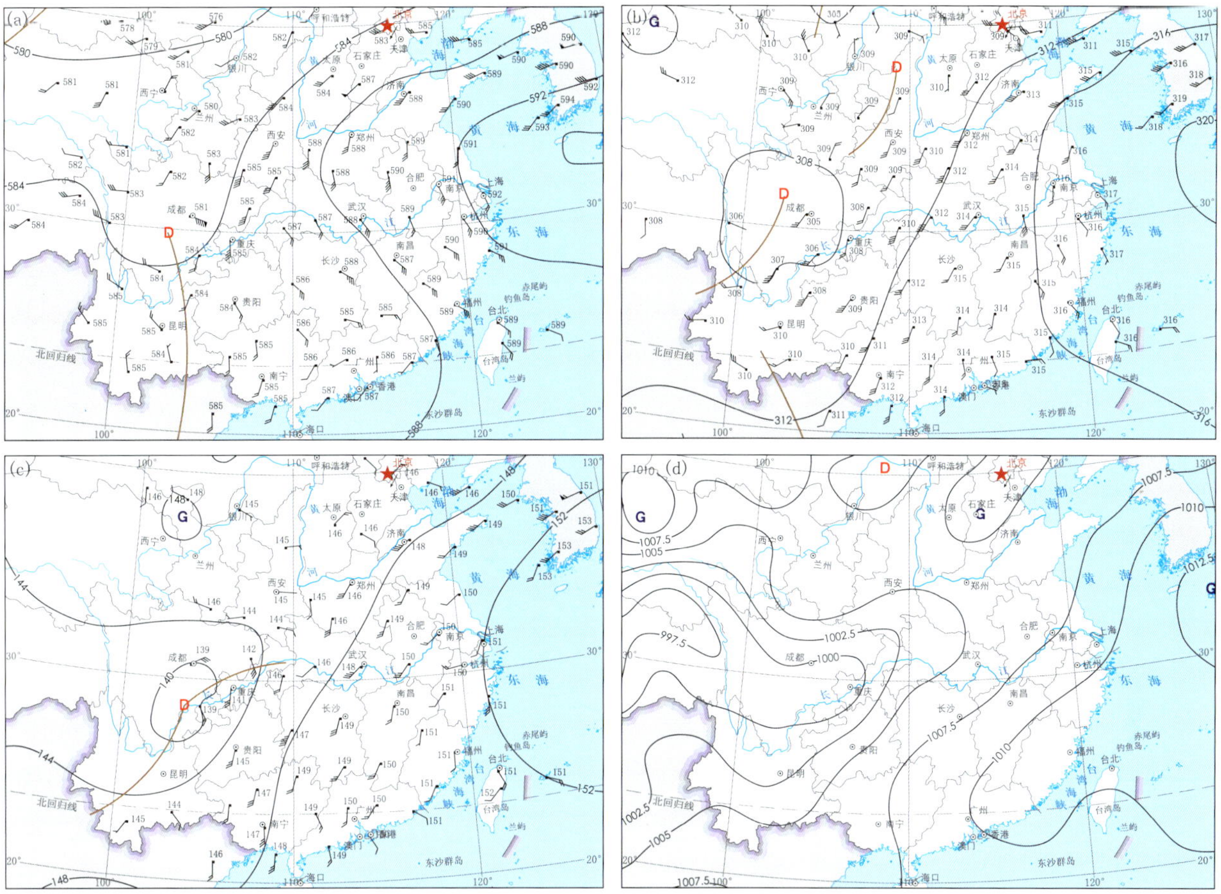

图 4.9.1　2020 年 8 月 16 日 08 时高空环流形势图及地面天气图

(a)500 hPa,(b)700 hPa,(c)850 hPa,(d)地面

4.10　9 月 3—4 日东北暴雨(超强台风“美莎克”暴雨)

4.10.1　雨情灾情分析

这是 2020 年第 31 次主要暴雨过程(No. 31)。此次由 2009 号超强台风“美莎克”(Maysak)造成的东北暴雨过程共持续 2 d。9 月 3—4 日,50 mm 以上总降水量主要分布在吉林、黑龙江和内蒙古东部局部地区,100 mm 以上总降水量主要分布在吉林中部和黑龙江松嫩平原,过程累积最大降水量出现在吉林梅河口,达到 158 mm(图 3.8.3)。

此次由超强台风“美莎克”(Maysak)造成的东北暴雨过程具有持续时间短、降水范围集中、农业损失严重等特点。9 月 3 日吉林梅河口(152.6 mm)、烟筒山(145.9 mm)日降水量均突破当地 59 a(1961—2019 年)的历史纪录。受这次台风暴雨过程的影响,黑龙江、吉林及内蒙古 3 省(自治区)共 406 万人受灾,5000 多人紧急转移安置,直接经济损失 54.4 亿元,其中农业损失 49.4 亿元。黑龙江受灾最为严重,直接经济损失 25.5 亿元,吉林、内蒙古依次为 24.1 亿元、4.8 亿元。

4.10.2　天气形势及降水分析

9 月 3 日,第 2009 号超强台风“美莎克”(Maysak)进入日本海后从朝鲜东北部沿海登陆,随即向西北方向移动进入我国吉林省境内,强调逐步减弱为热带风暴,受其影响,东北地区出现降水,吉林大部、黑龙江南部出现大面积暴雨、局部大暴雨(图 3.8.1);4 日(图 4.10.1),“美莎克”继续向西北方向移动,途经黑龙江进入内蒙古然后转向东北方向移动并发生变性,受其影响,雨区北移,暴雨主要出现在吉林、黑龙江、内蒙古交界的区域,吉林局部出现大暴雨(图 3.8.2)。这次过程总降水量见图 3.8.3。

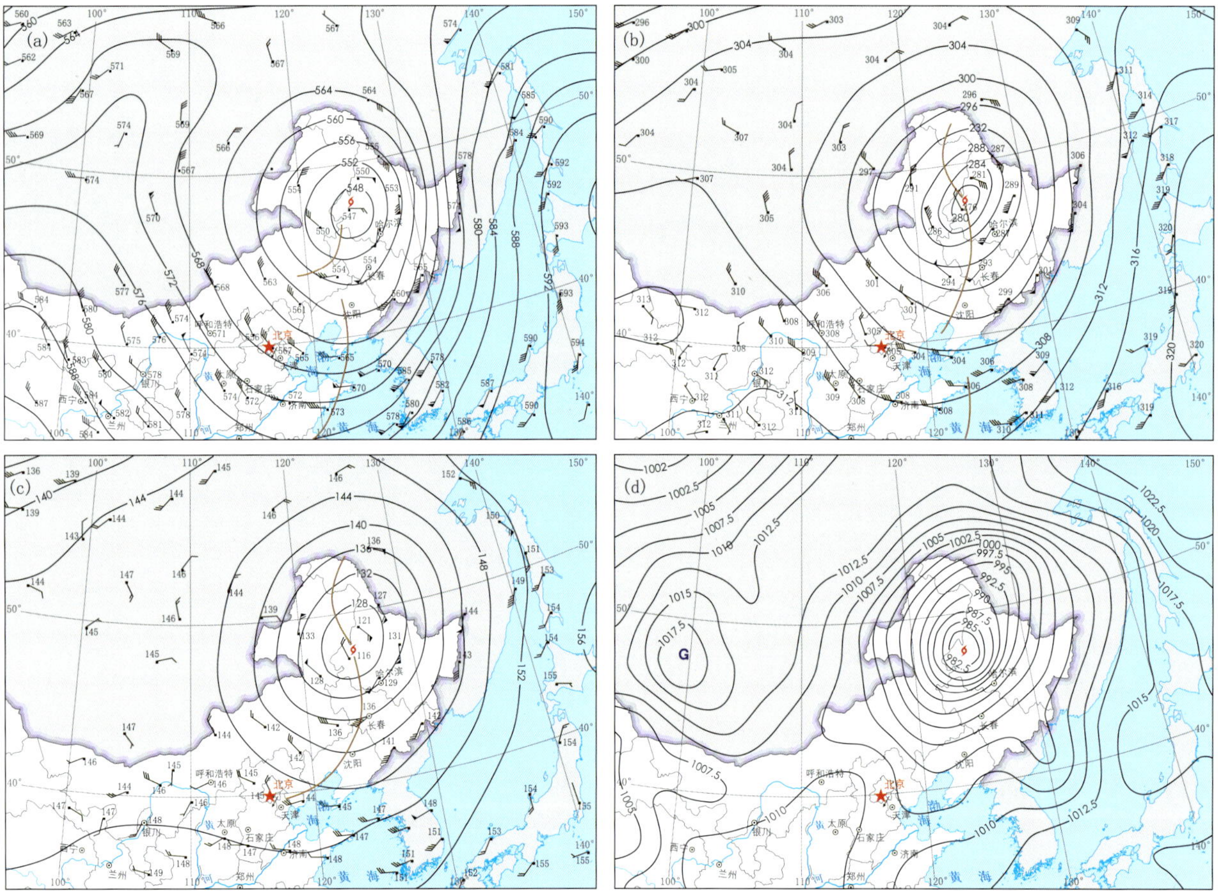

图 4.10.1　2020 年 9 月 4 日 08 时高空环流形势图及地面天气图

(a)500 hPa,(b)700 hPa,(c)850 hPa,(d)地面

附录　全国暴雨气候概况

附录 1　1981—2010 年 30 a 平均年降水量分布

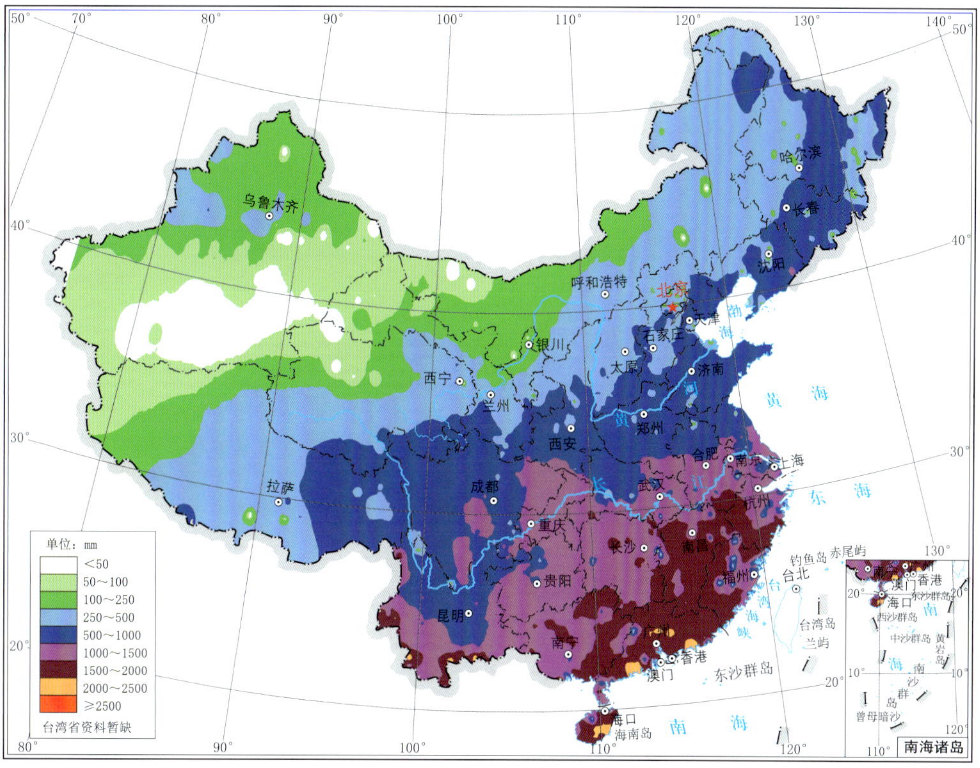

附图 1.1　1981—2010 年 30 a 全国平均年降水量分布

附录2　1981—2010年30 a平均月降水量分布

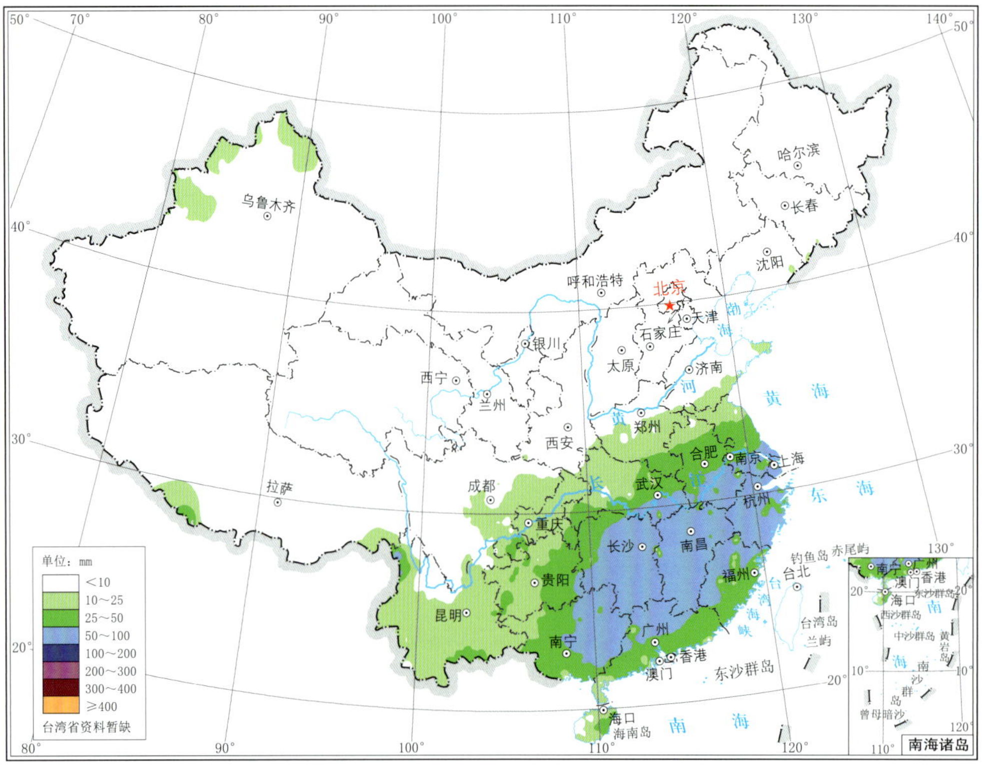

附图2.1　1981—2010年30 a全国1月平均降水量分布

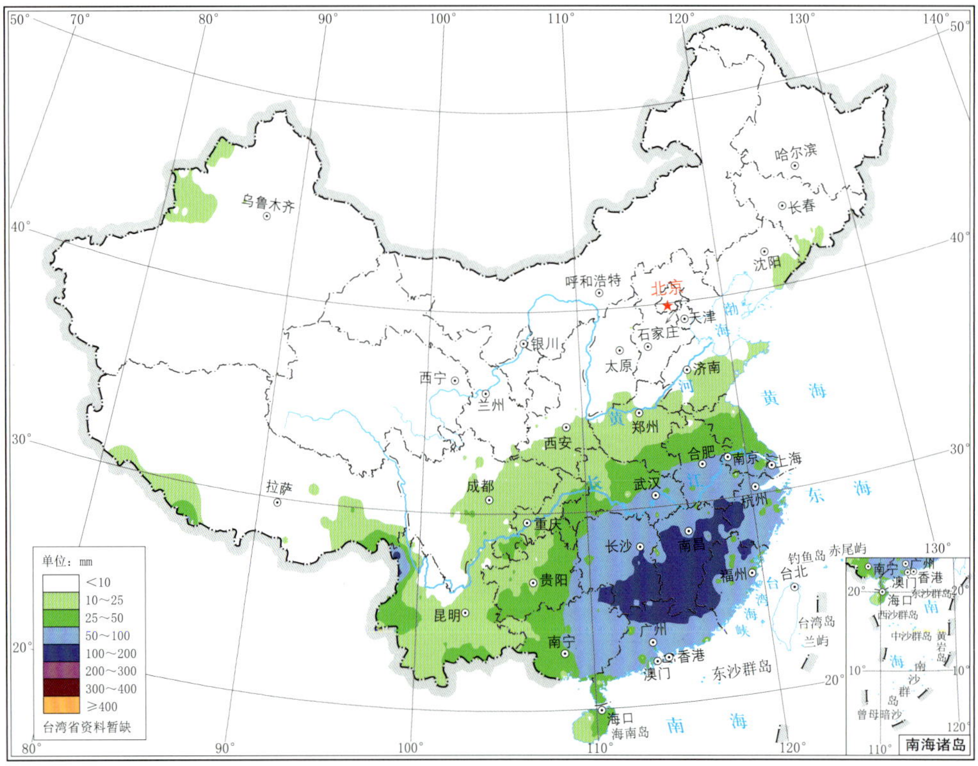

附图2.2　1981—2010年30 a全国2月平均降水量分布

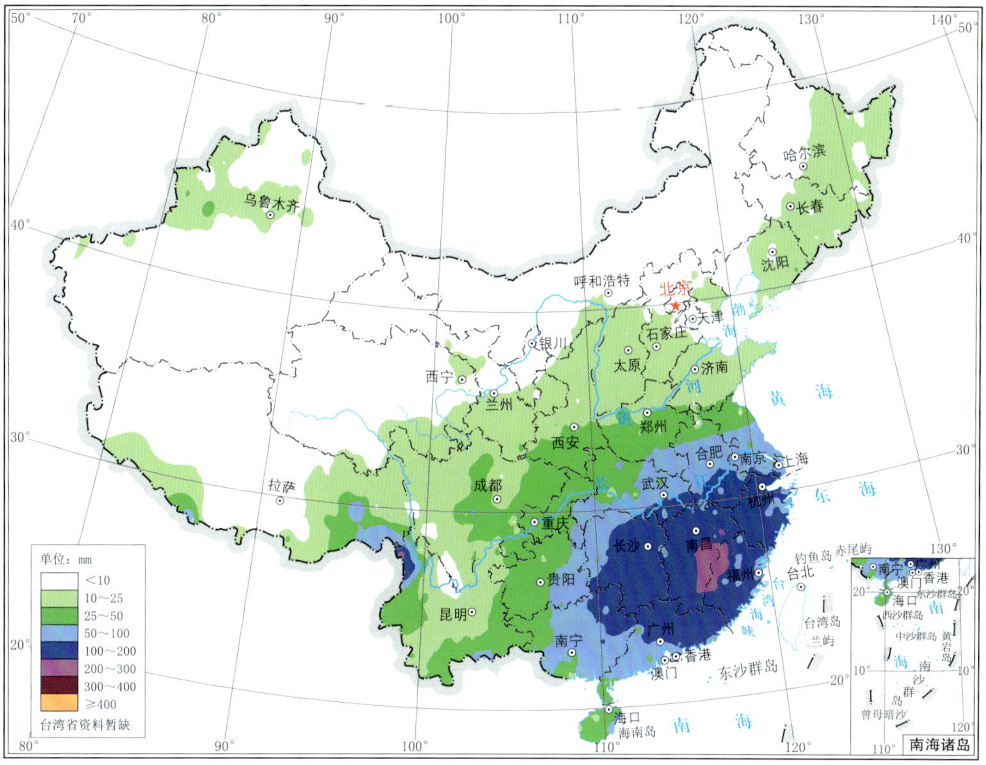

附图 2.3　1981—2010 年 30 a 全国 3 月平均降水量分布

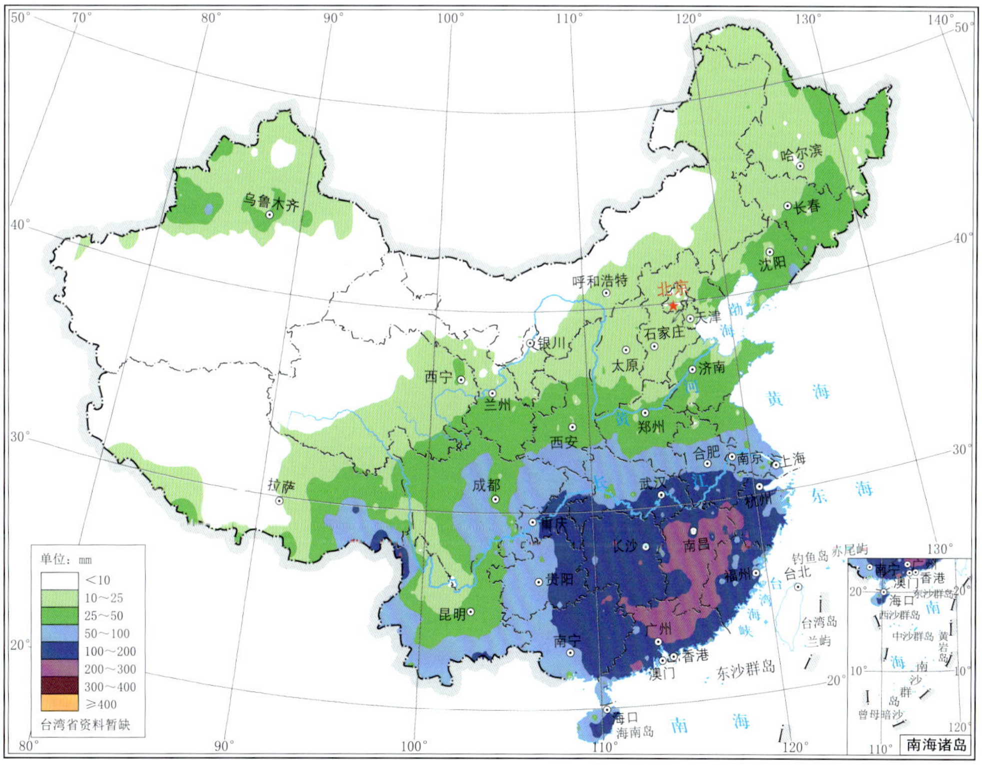

附图 2.4　1981—2010 年 30 a 全国 4 月平均降水量分布

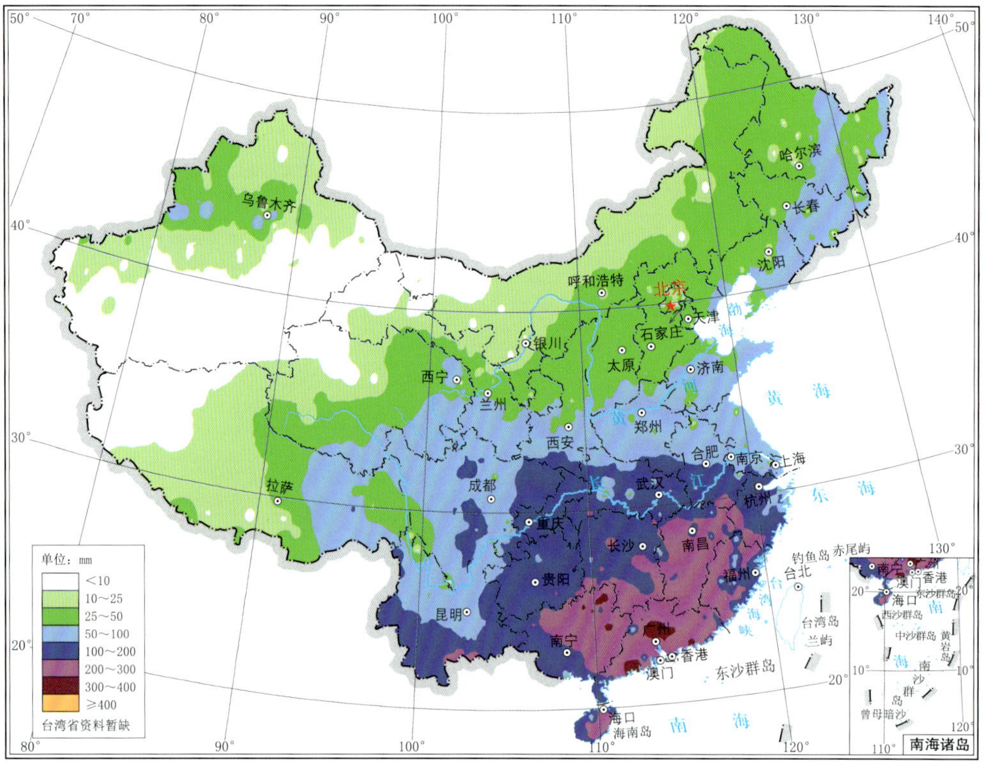

附图 2.5　1981—2010 年 30 a 全国 5 月平均降水量分布

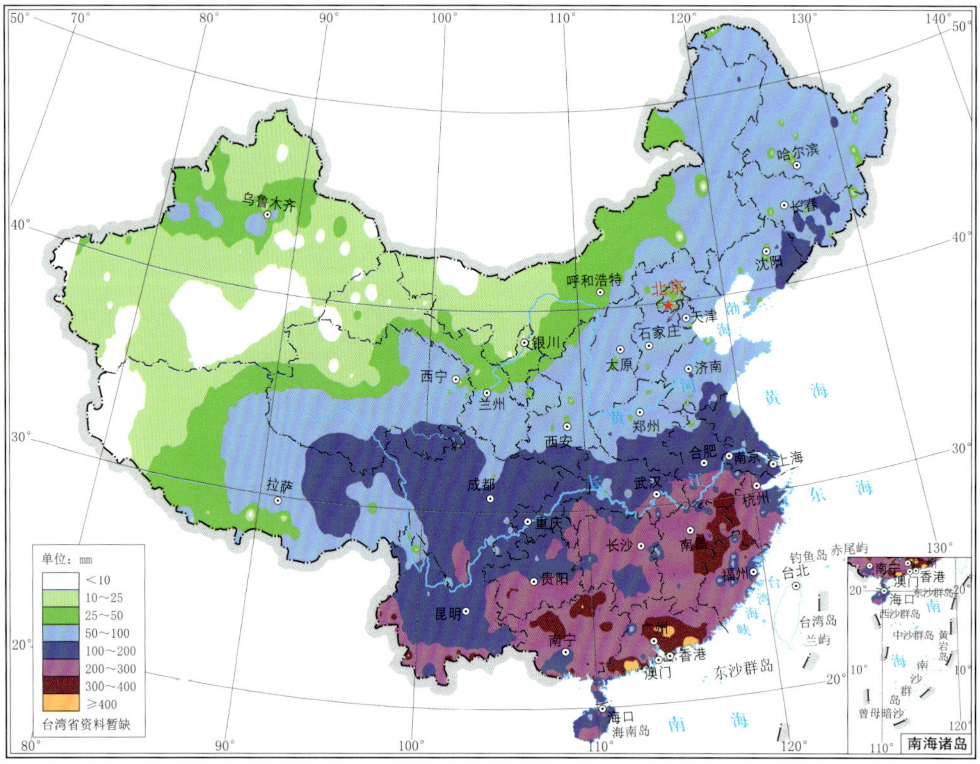

附图 2.6　1981—2010 年 30 a 全国 6 月平均降水量分布

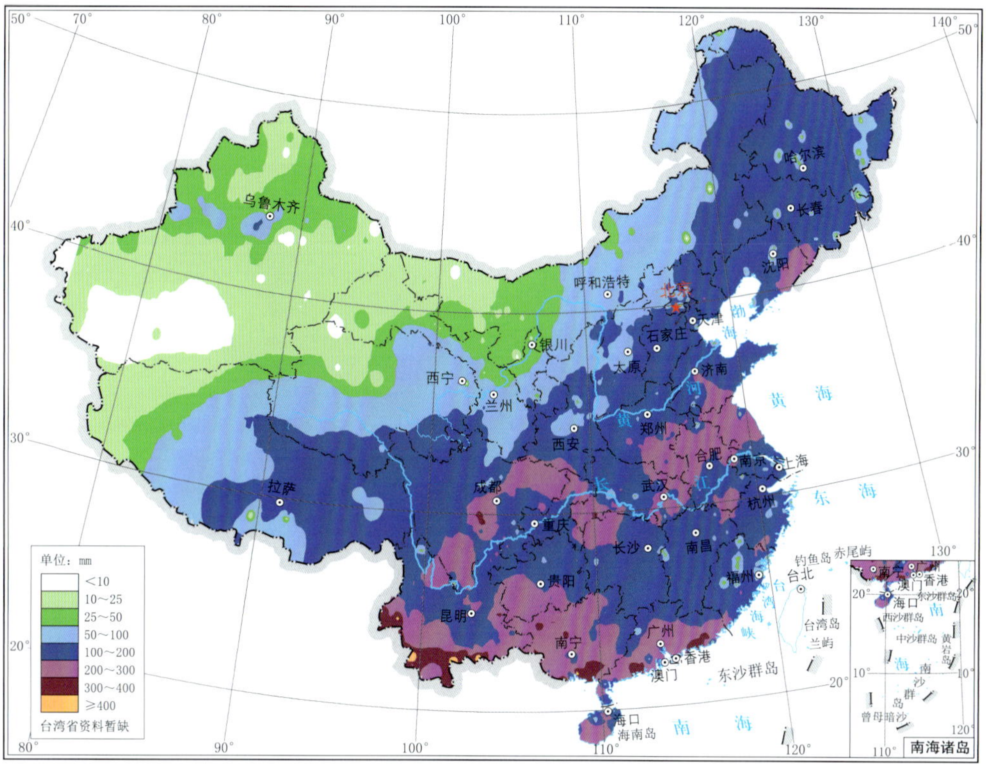

附图 2.7　1981—2010 年 30 a 全国 7 月平均降水量分布

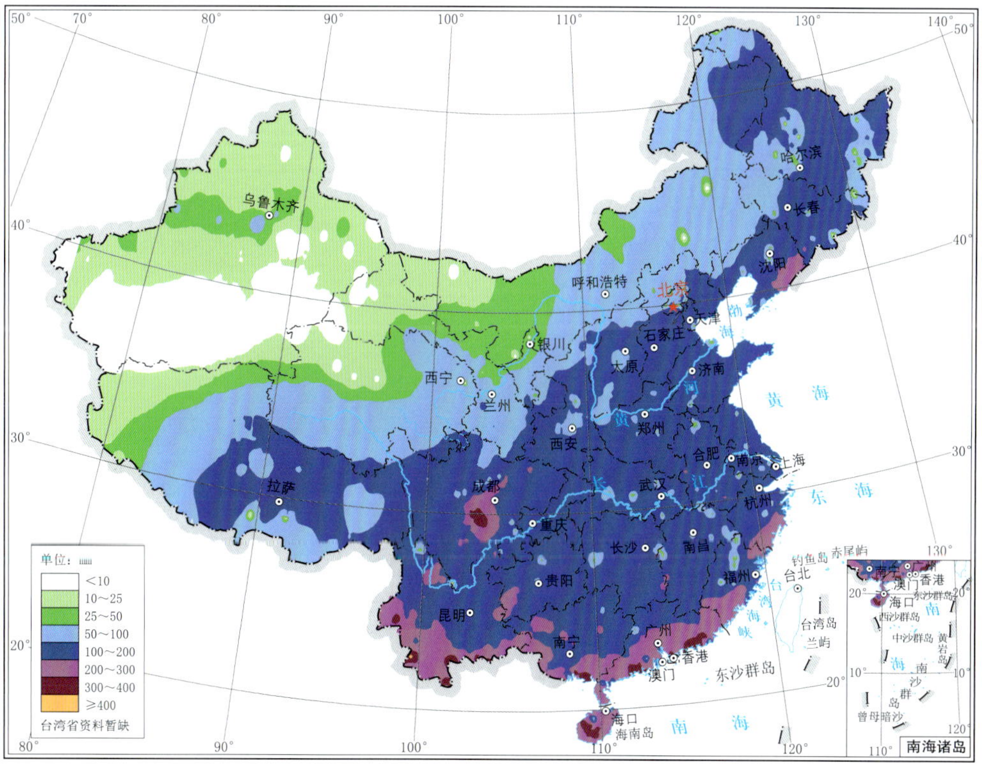

附图 2.8　1981—2010 年 30 a 全国 8 月平均降水量分布

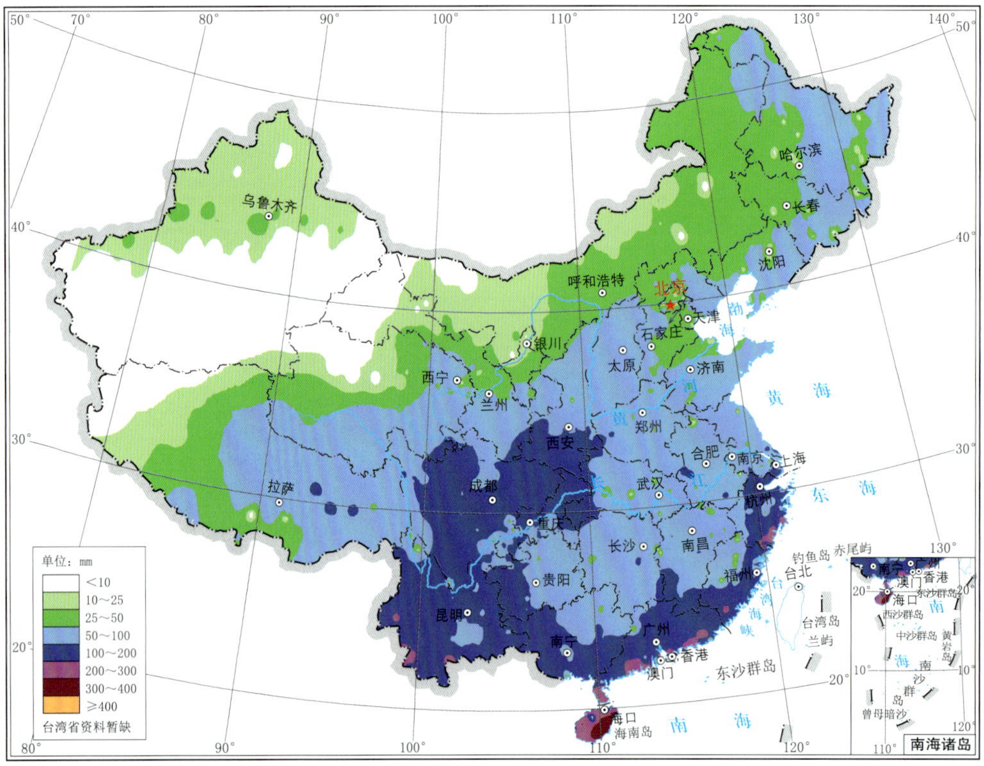

附图 2.9　1981—2010 年 30 a 全国 9 月平均降水量分布

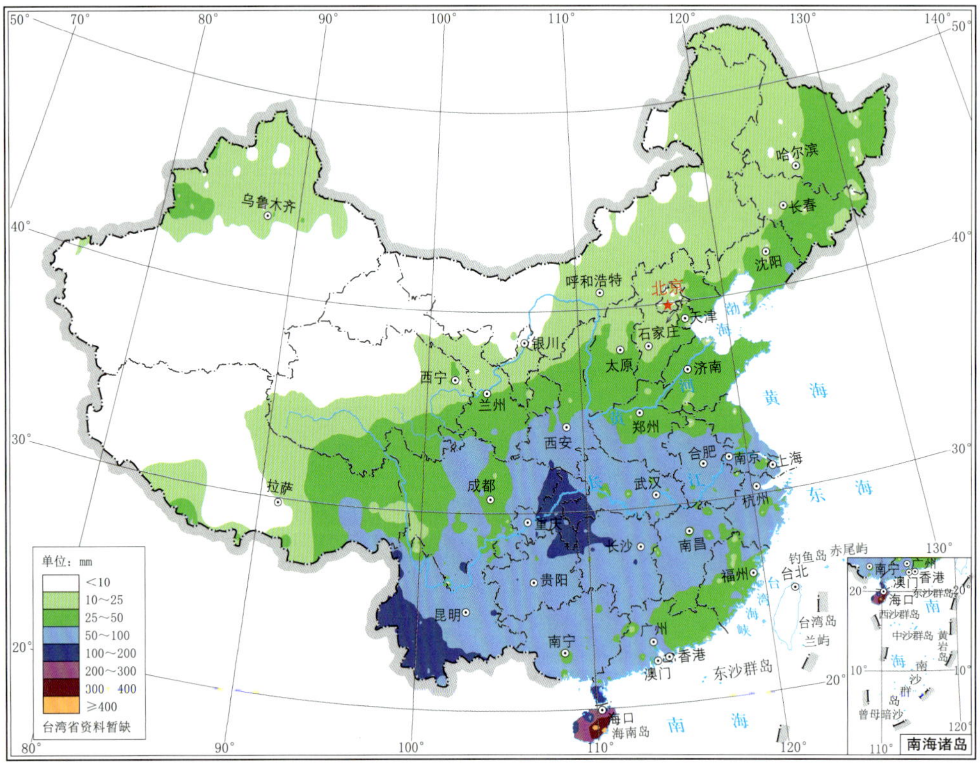

附图 2.10　1981—2010 年 30 a 全国 10 月平均降水量分布

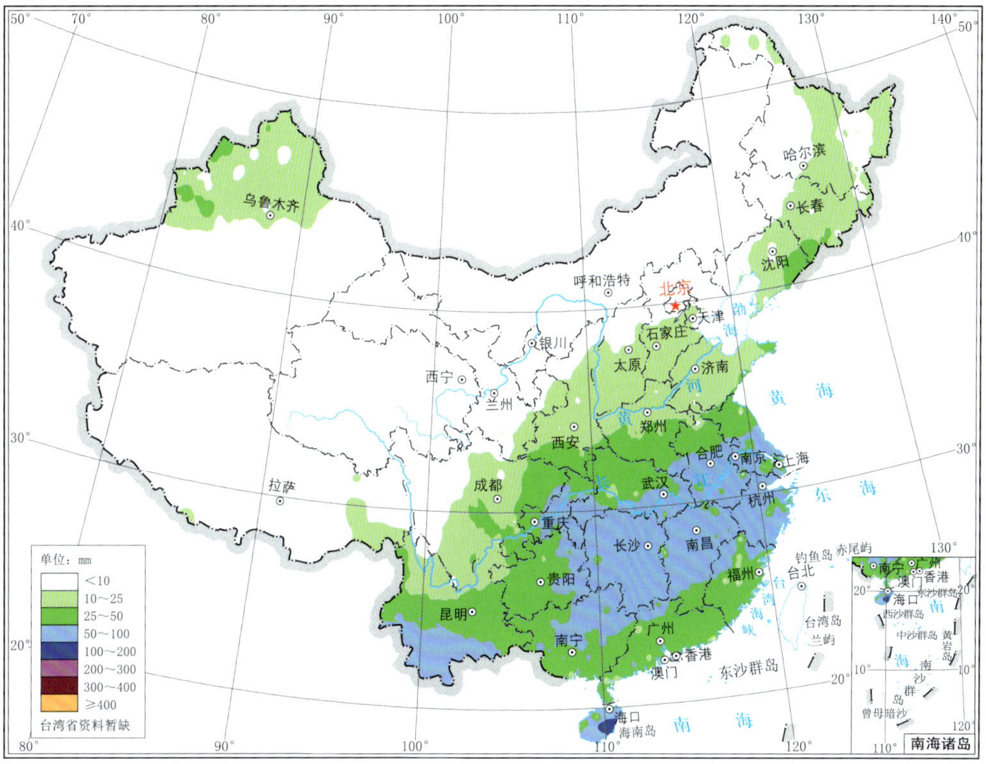

附图 2.11　1981—2010 年 30 a 全国 11 月平均降水量分布

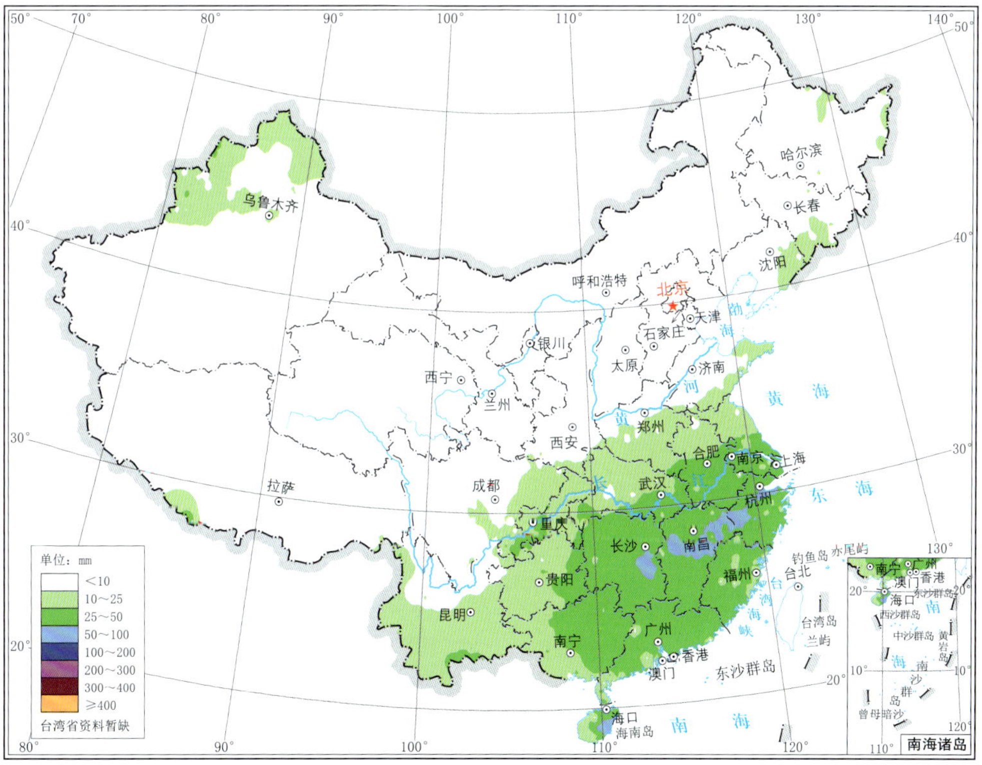

附图 2.12　1981—2010 年 30 a 全国 12 月平均降水量分布

附录 3　1981—2010 年 30 a 暴雨(≥50.0 mm/d)总日数分布

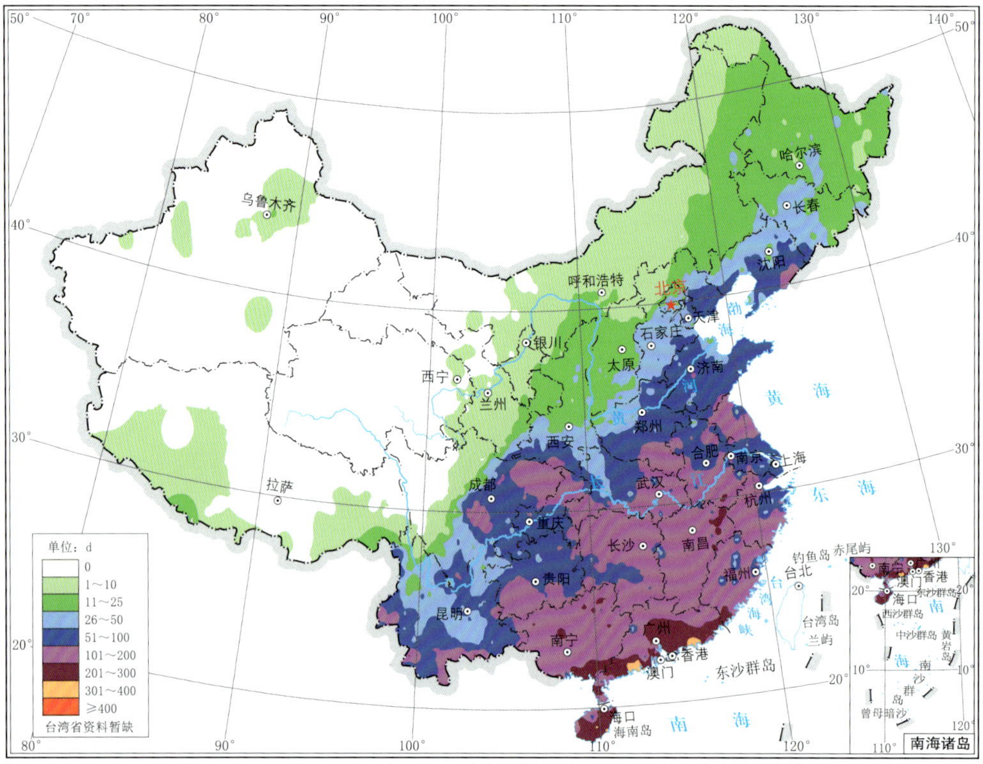

附图 3.1　1981—2010 年 30 a 全国暴雨(≥50.0 mm/d)总日数分布

附录 4　1981—2010 年 30 a 大暴雨(100.0～249.9 mm/d)总日数分布

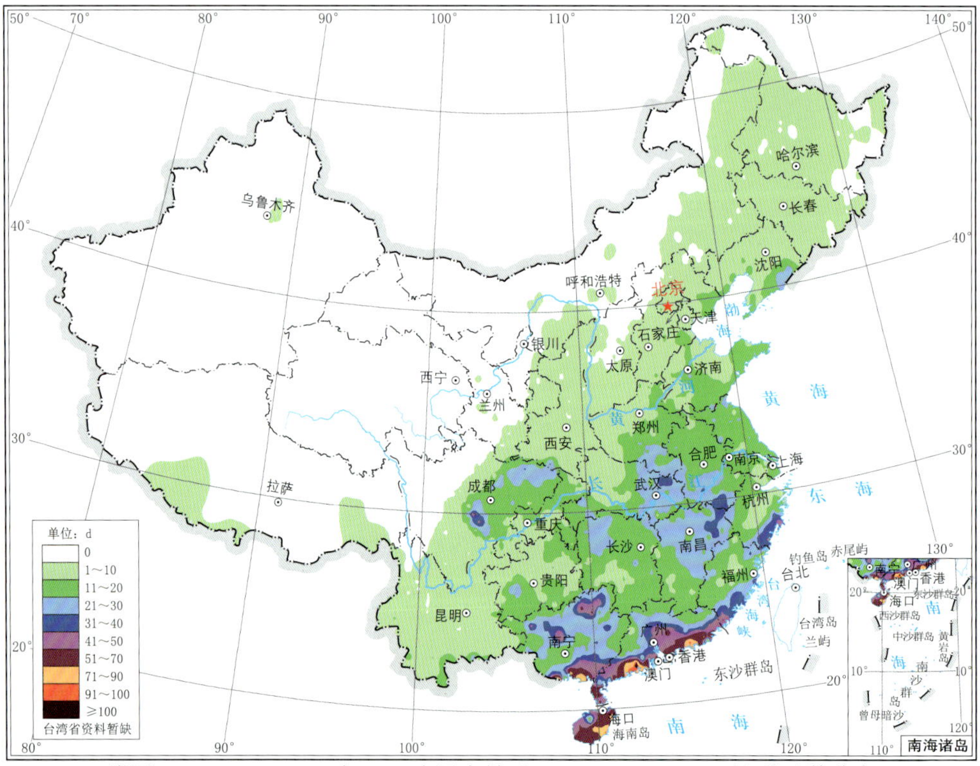

附图 4.1　1981—2010 年 30 a 全国大暴雨(100.0～249.9 mm/d)总日数分布

附录 5　1981—2010 年 30 a 特大暴雨(≥250.0 mm/d)总日数分布

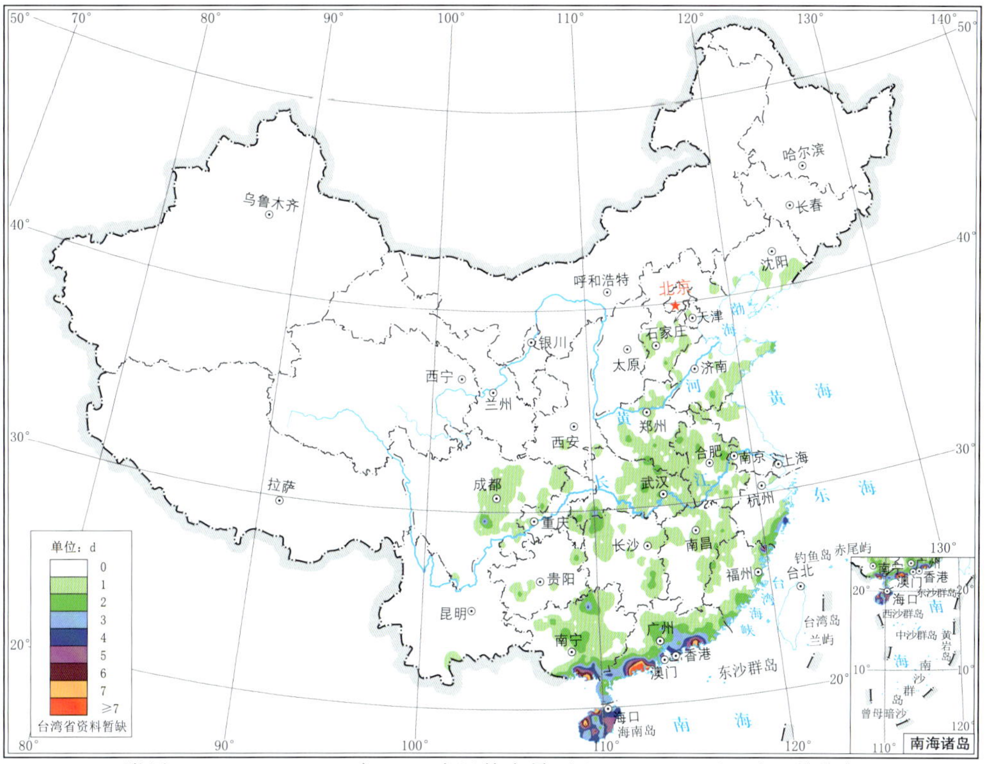

附图 5.1　1981—2010 年 30 a 全国特大暴雨(≥250.0 mm/d)总日数分布

附录 6　1981—2010 年 30 a 各月暴雨(≥50.0 mm/d)总日数分布

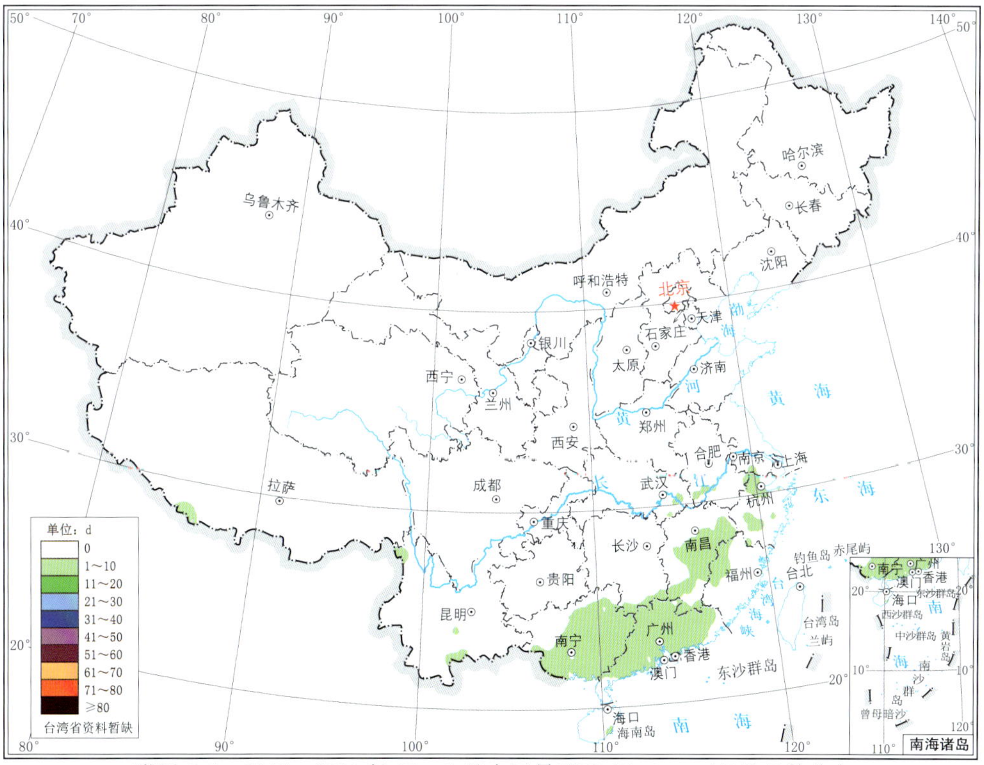

附图 6.1　1981—2010 年 30 a 1 月全国暴雨(≥50.0 mm/d)总日数分布

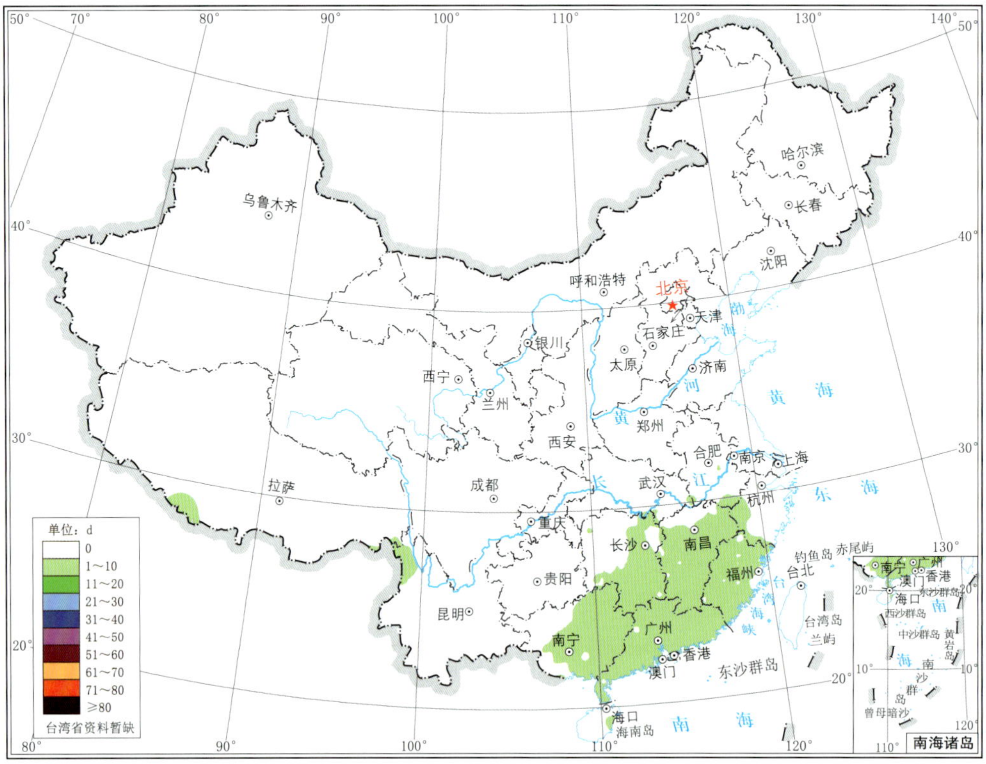

附图 6.2　1981—2010 年 30 a 2 月全国暴雨(≥50.0 mm/d)总日数分布

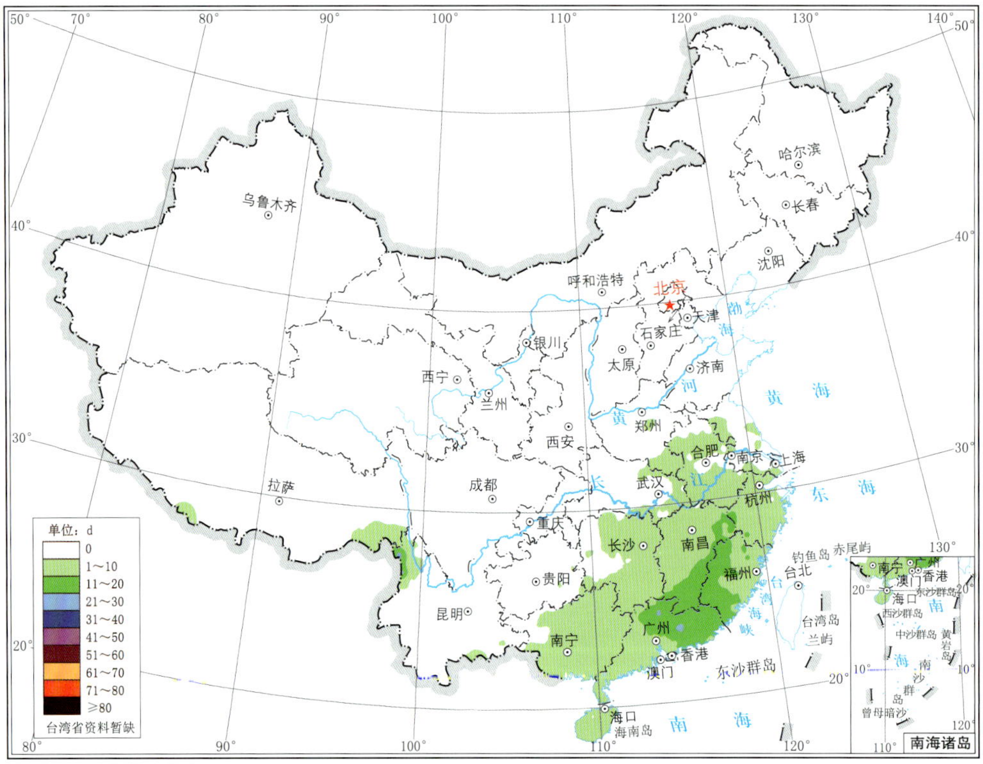

附图 6.3　1981—2010 年 30 a 3 月全国暴雨(≥50.0 mm/d)总日数分布

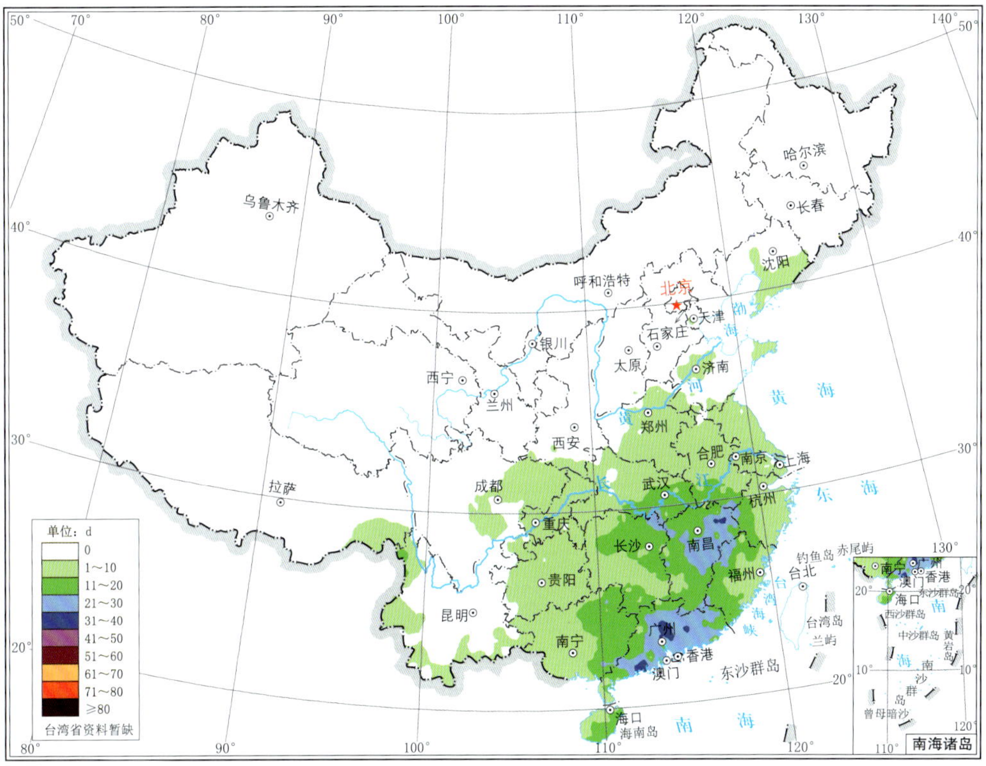

附图 6.4　1981—2010 年 30 a 4 月全国暴雨(≥50.0 mm/d)总日数分布

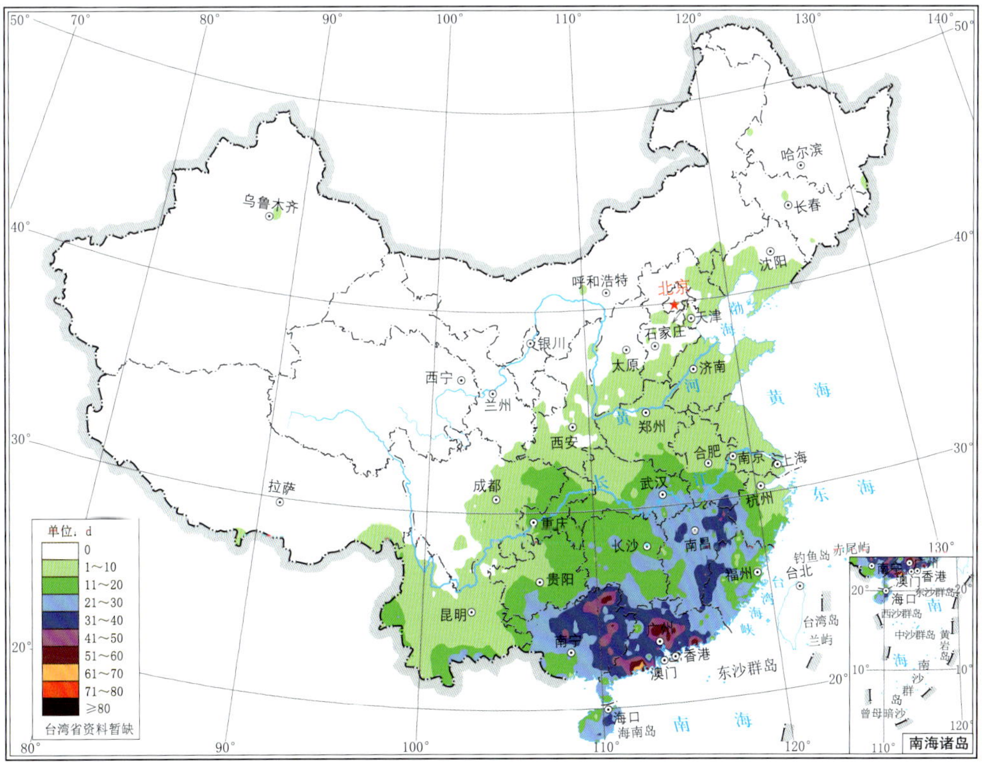

附图 6.5　1981—2010 年 30 a 5 月全国暴雨(≥50.0 mm/d)总日数分布

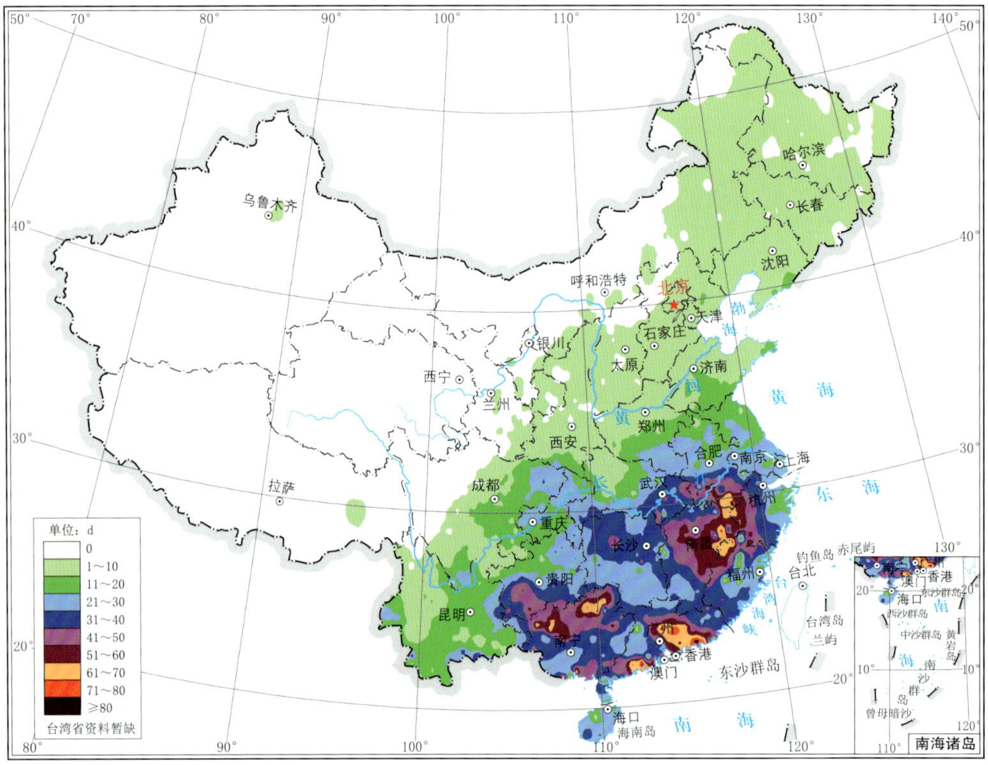

附图 6.6　1981—2010 年 30 a 6 月全国暴雨(≥50.0 mm/d)总日数分布

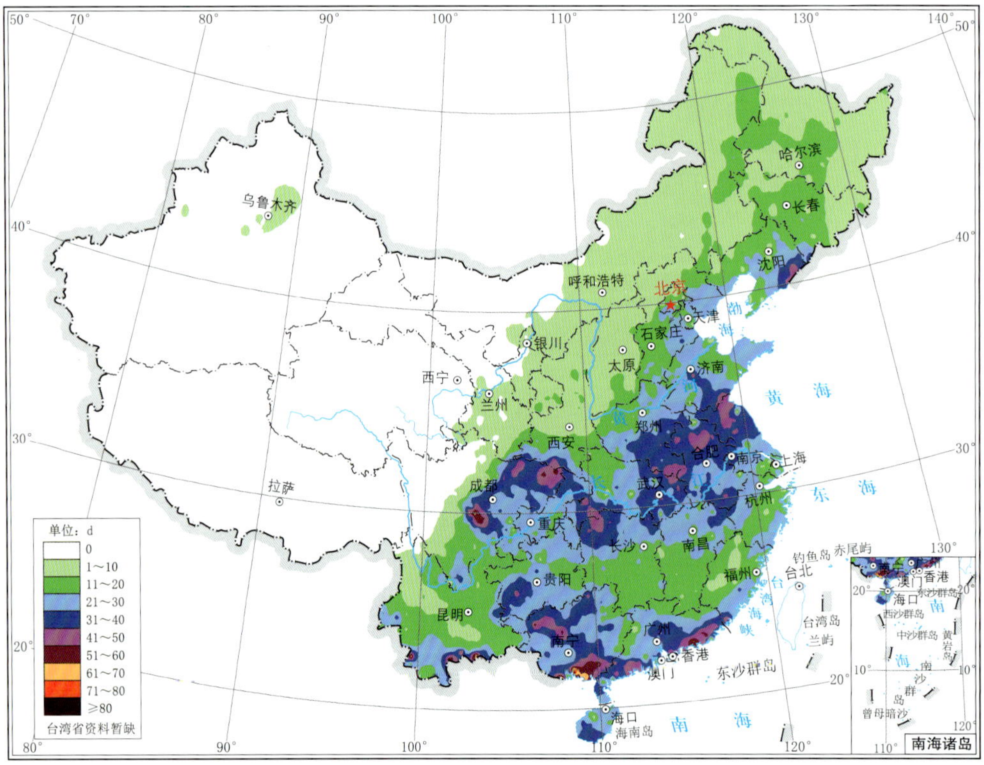

附图 6.7　1981—2010 年 30 a 7 月全国暴雨(≥50.0 mm/d)总日数分布

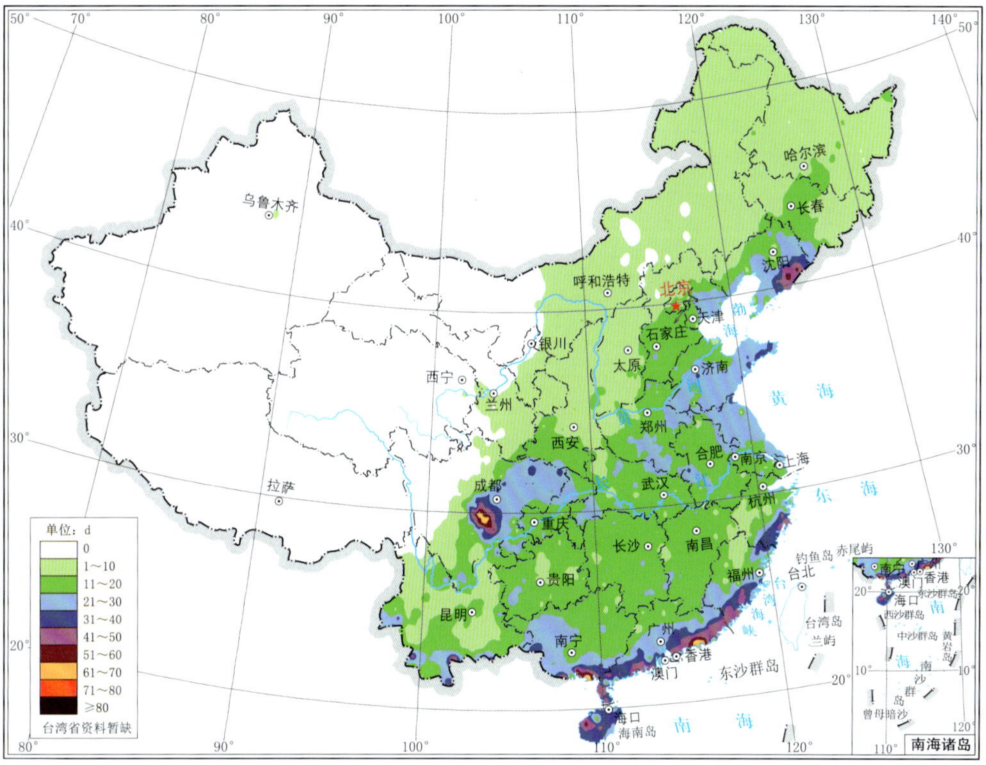

附图 6.8　1981—2010 年 30 a 8 月全国暴雨(≥50.0 mm/d)总日数分布

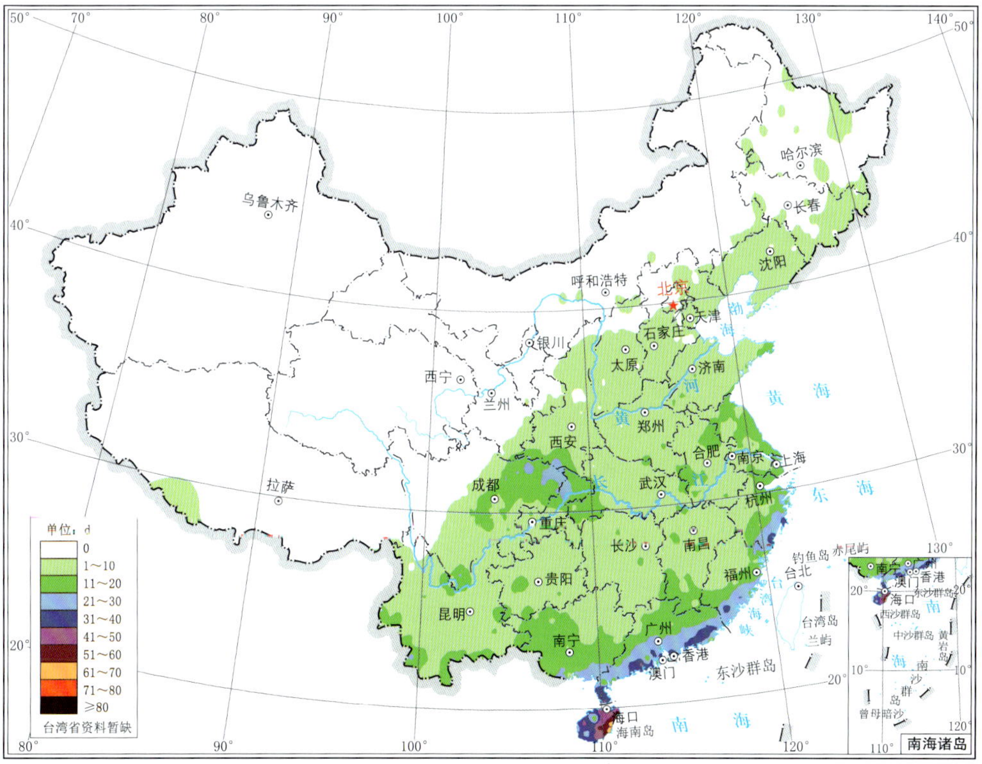

附图 6.9　1981—2010 年 30 a 9 月全国暴雨(≥50.0 mm/d)总日数分布

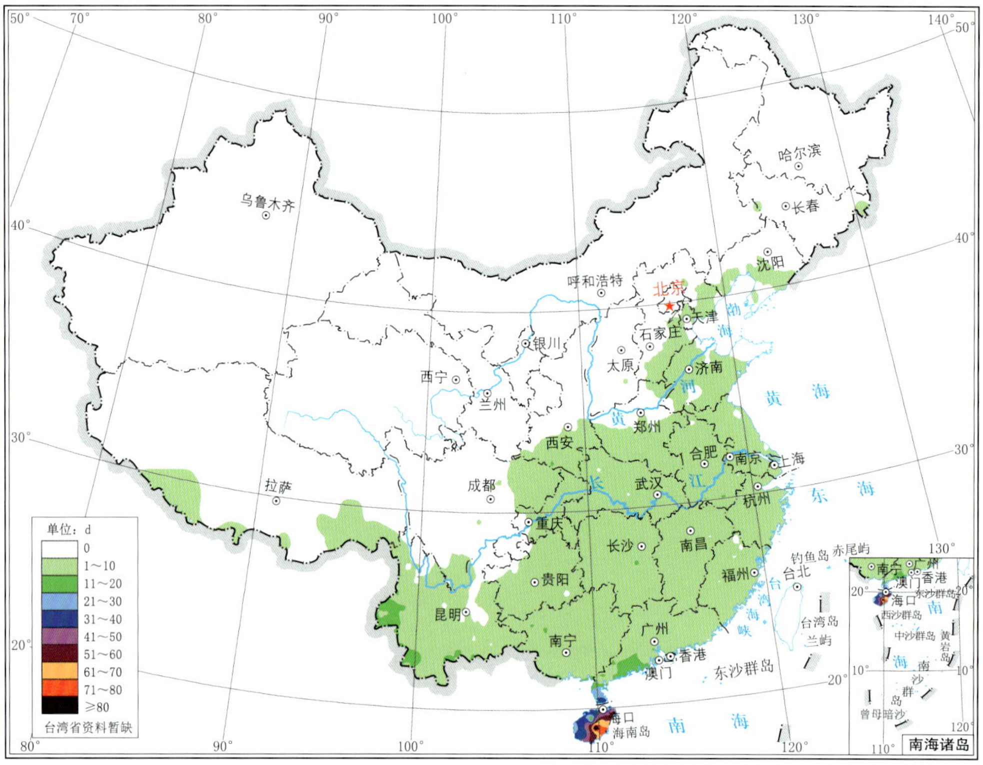

附图 6.10　1981—2010 年 30 a 10 月全国暴雨(≥50.0 mm/d)总日数分布

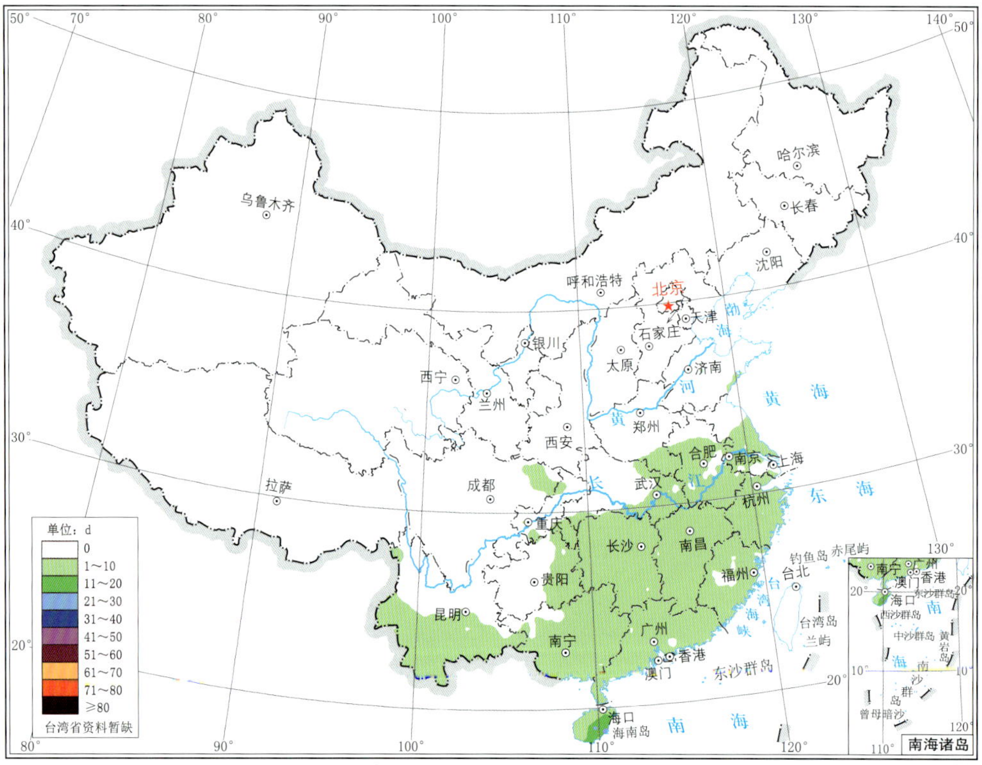

附图 6.11　1981—2010 年 30 a 11 月全国暴雨(≥50.0 mm/d)总日数分布

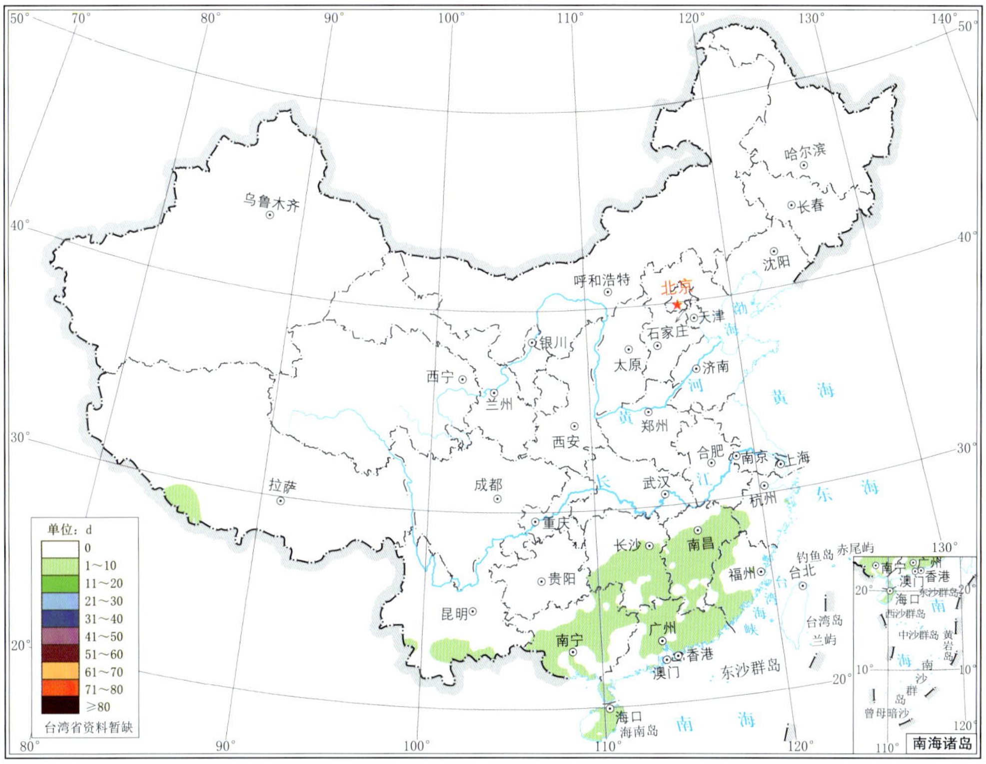

附图 6.12　1981—2010 年 30 a 12 月全国暴雨(≥50.0 mm/d)总日数分布

附录 7　1981—2010 年 30 a 各月大暴雨(100.0～249.9 mm/d)总日数分布

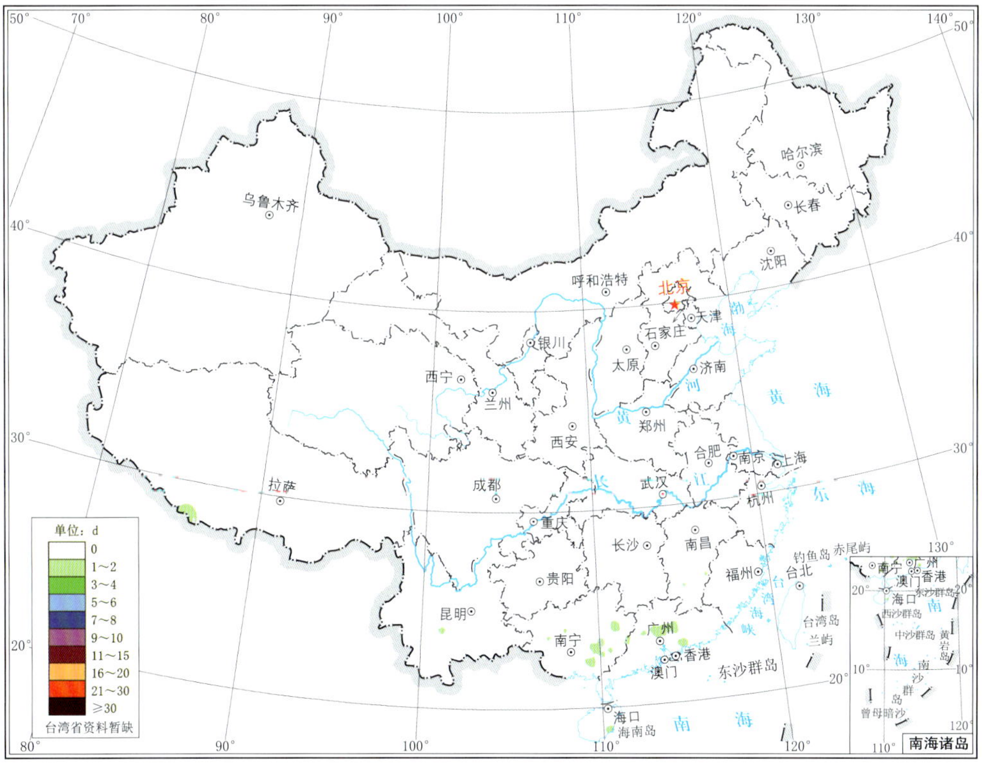

附图 7.1　1981—2010 年 30 a 1 月全国大暴雨(100.0～249.9 mm/d)总日数分布

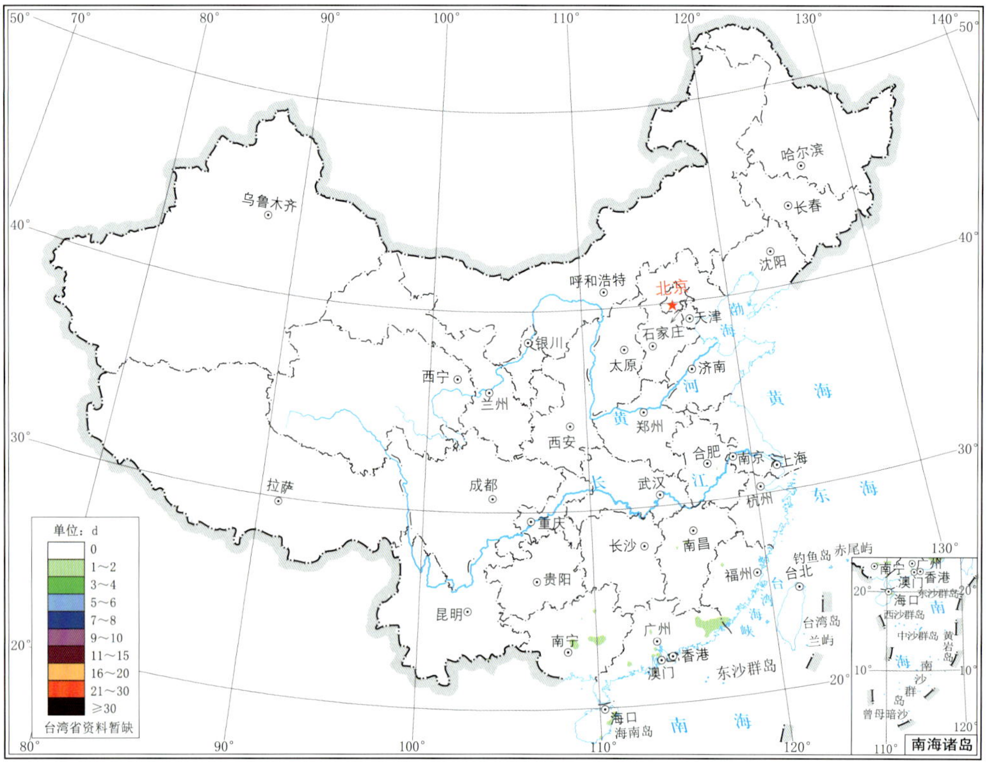

附图 7.2　1981—2010 年 30 a 2 月全国大暴雨(100.0～249.9 mm/d)总日数分布

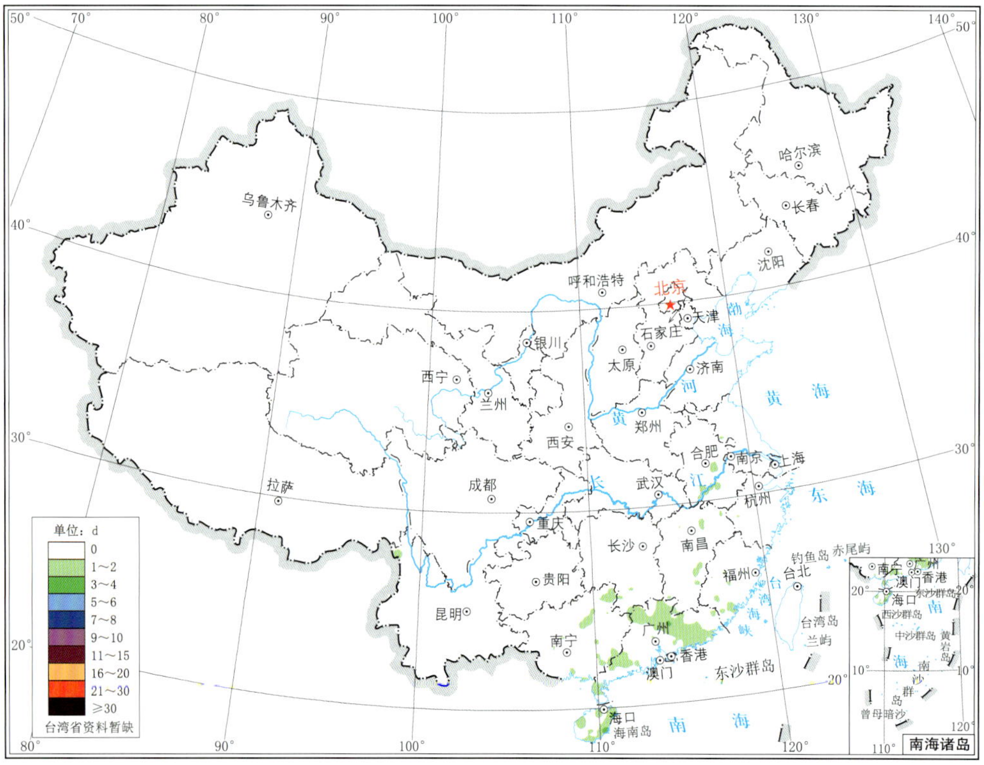

附图 7.3　1981—2010 年 30 a 3 月全国大暴雨(100.0～249.9 mm/d)总日数分布

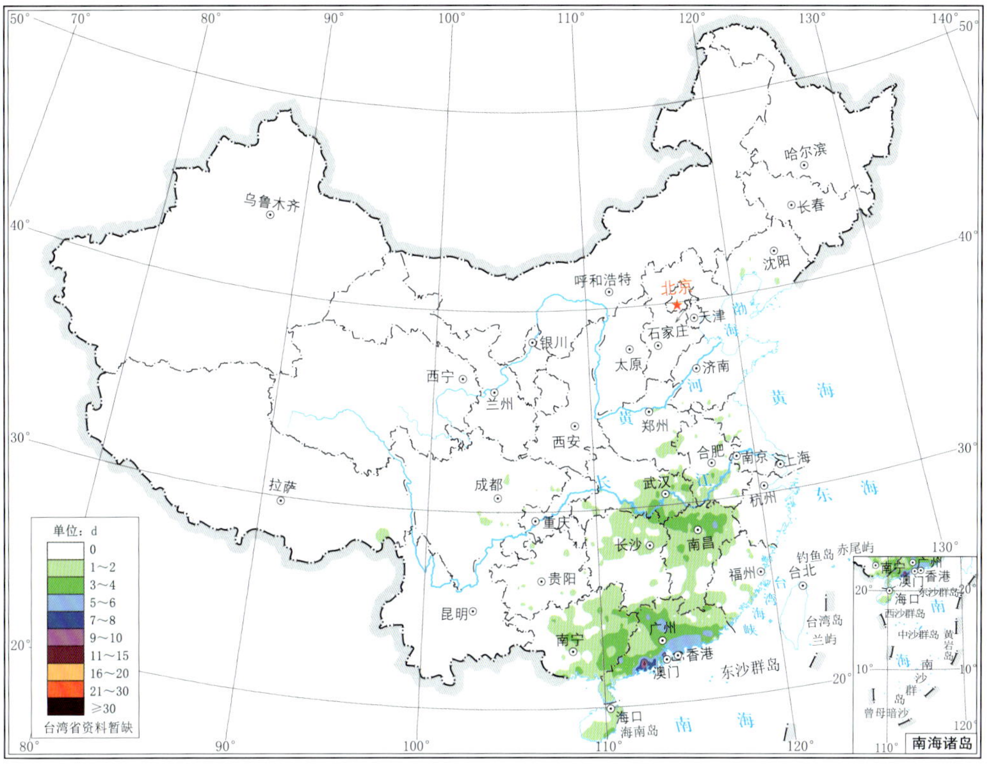

附图 7.4　1981—2010 年 30 a 4 月全国大暴雨(100.0～249.9 mm/d)总日数分布

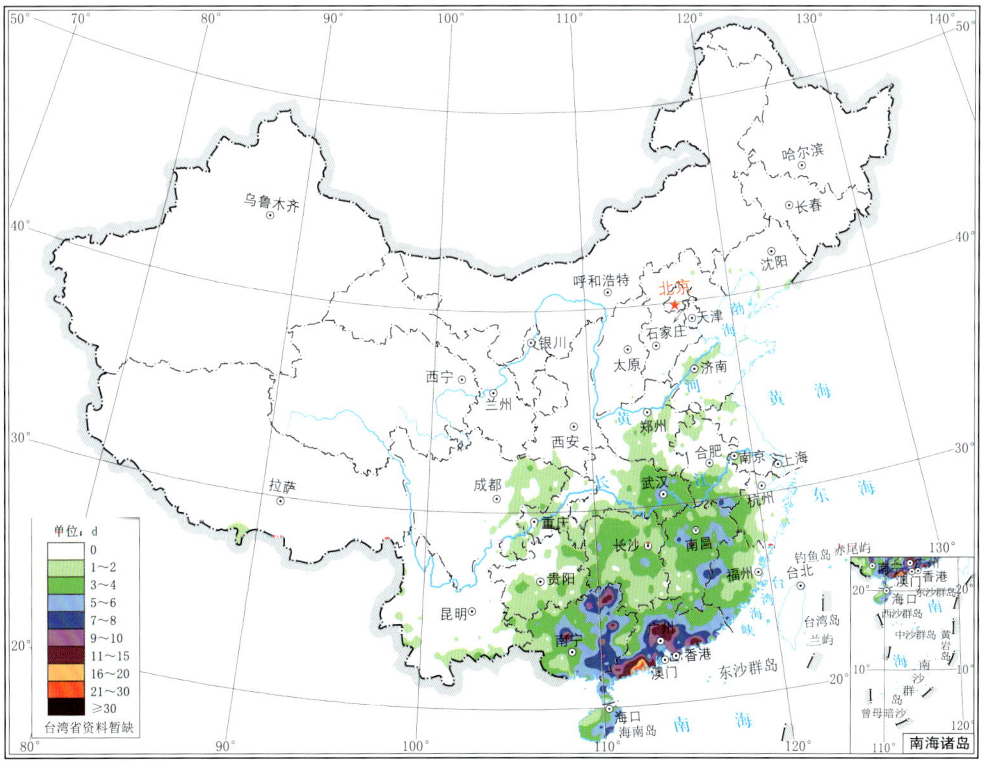

附图 7.5　1981—2010 年 30 a 5 月全国大暴雨(100.0～249.9 mm/d)总日数分布

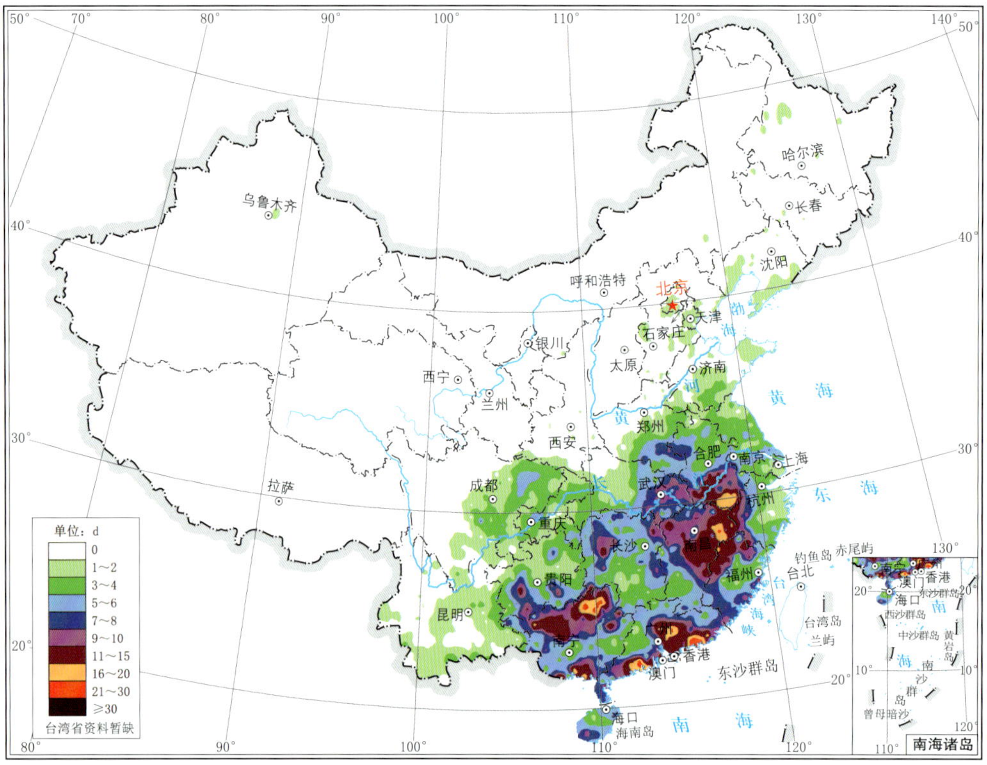

附图 7.6　1981—2010 年 30 a 6 月全国大暴雨(100.0～249.9 mm/d)总日数分布

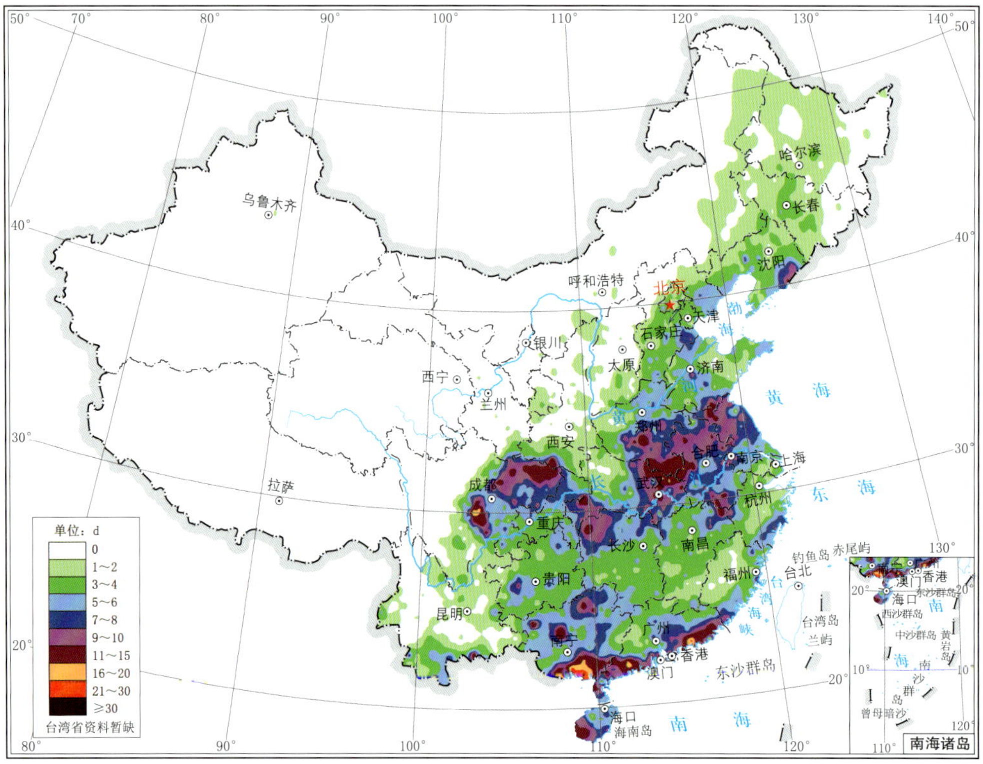

附图 7.7　1981—2010 年 30 a 7 月全国大暴雨(100.0～249.9 mm/d)总日数分布

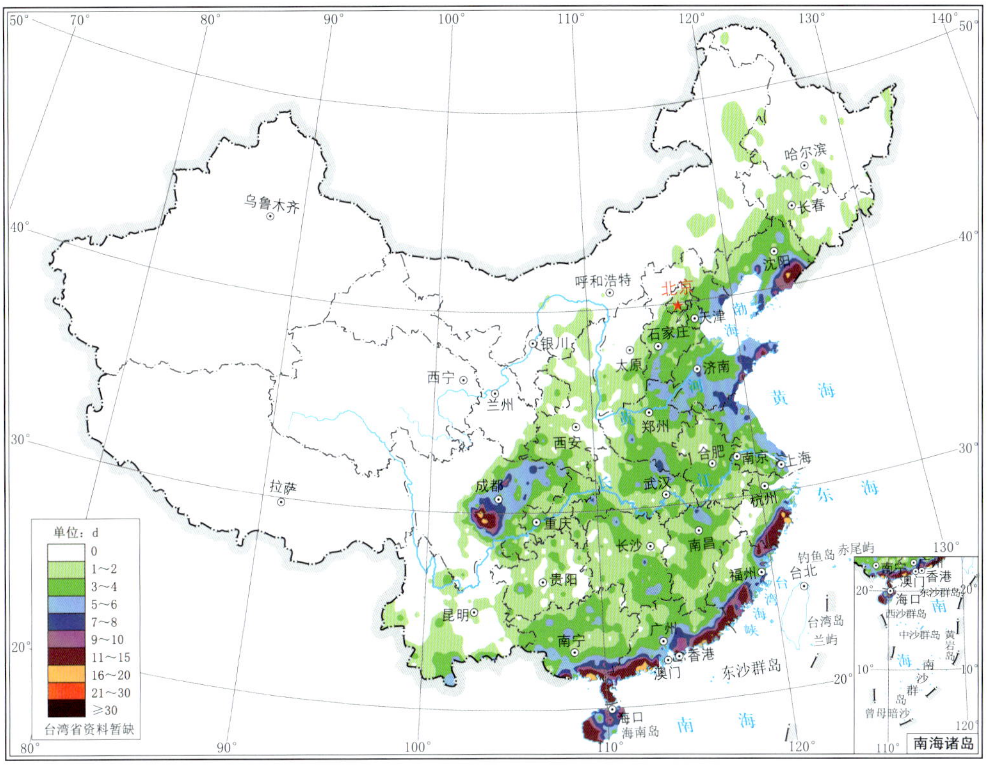

附图 7.8　1981—2010 年 30 a 8 月全国大暴雨(100.0～249.9 mm/d)总日数分布

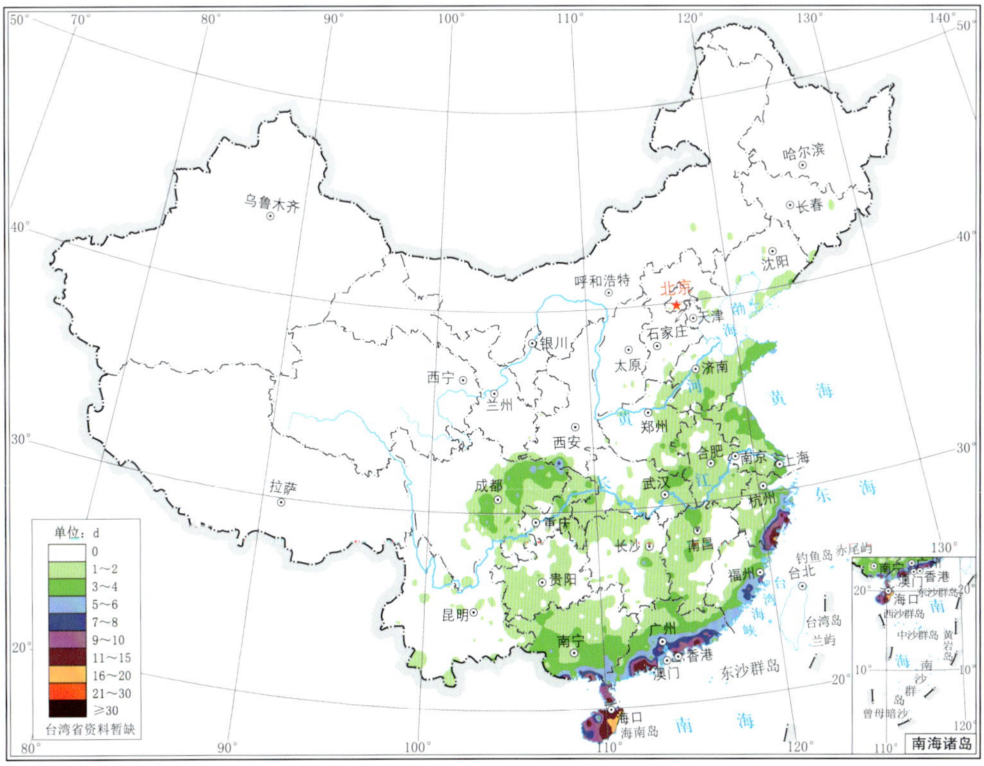

附图 7.9　1981—2010 年 30 a 9 月全国大暴雨(100.0～249.9 mm/d)总日数分布

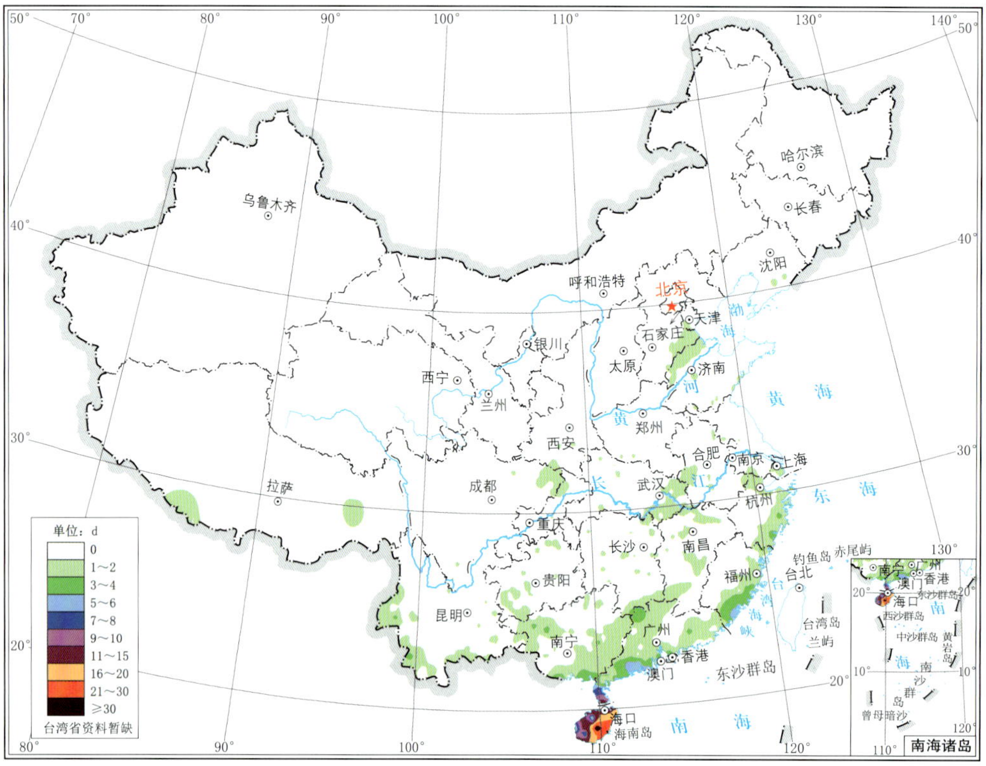

附图 7.10　1981—2010 年 30 a 10 月全国大暴雨(100.0～249.9 mm/d)总日数分布

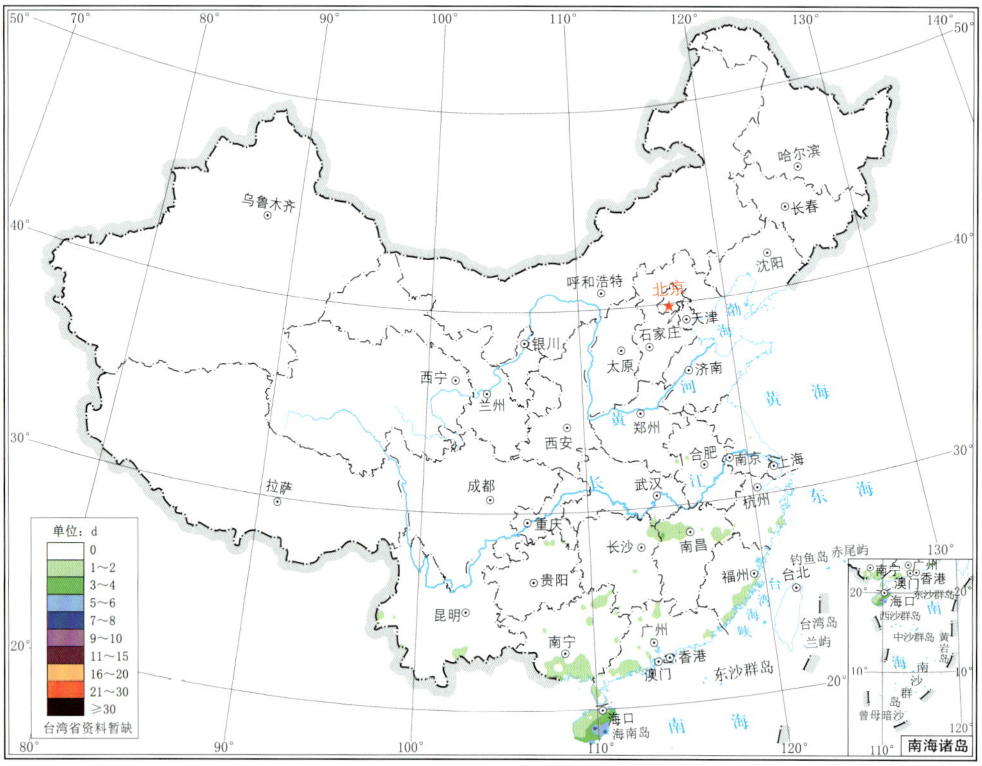

附图 7.11　1981—2010 年 30 a 11 月全国大暴雨(100.0～249.9 mm/d)总日数分布

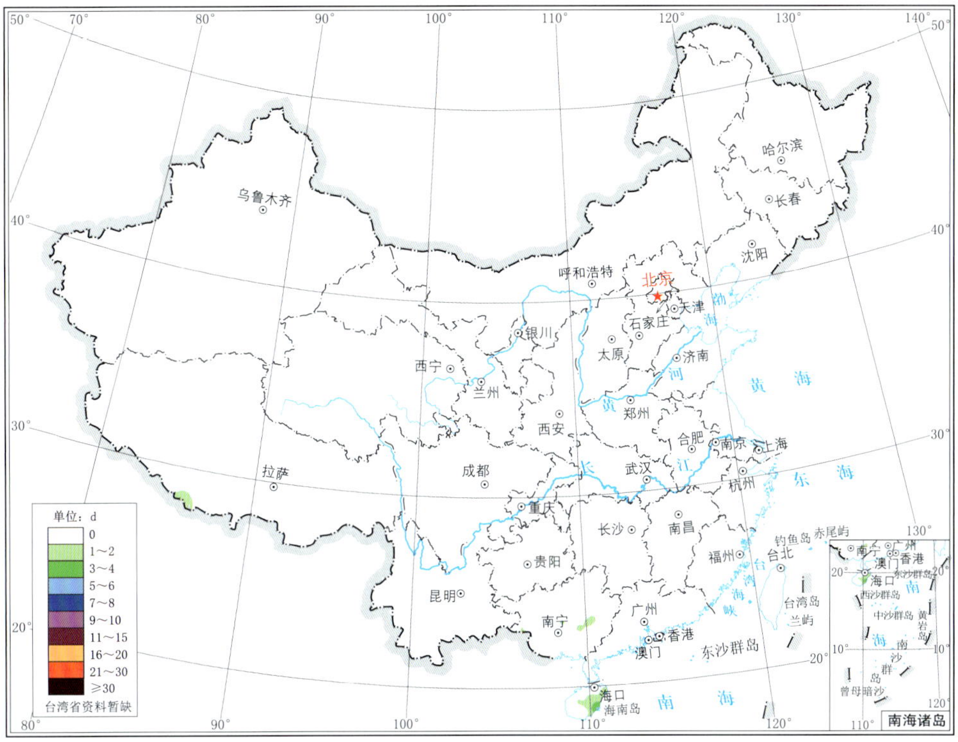

附图 7.12　1981—2010 年 30 a 12 月全国大暴雨(100.0～249.9 mm/d)总日数分布

附录 8　1981—2010 年 30 a 各月特大暴雨(≥250.0 mm/d)总日数分布

由于 1981—2010 年 30 a 间 1 月、2 月、12 月全国均未出现特大暴雨，故 1 月、2 月、12 月的特大暴雨日数图不再给出。

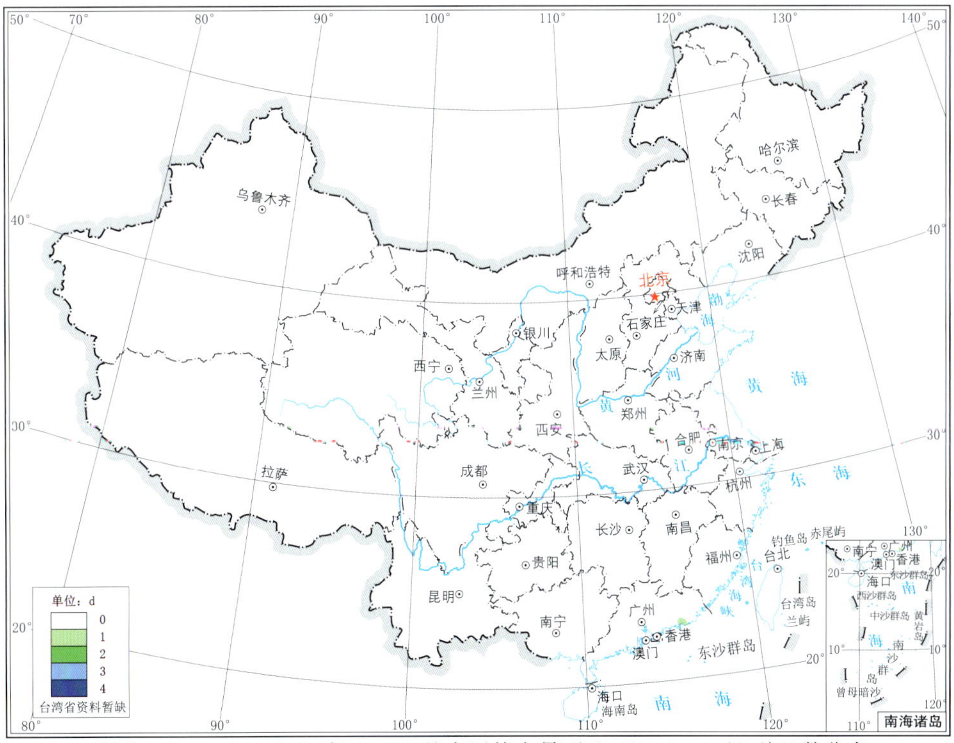

附图 8.1　1981—2010 年 30 a 3 月全国特大暴雨(≥250.0 mm/d)总日数分布

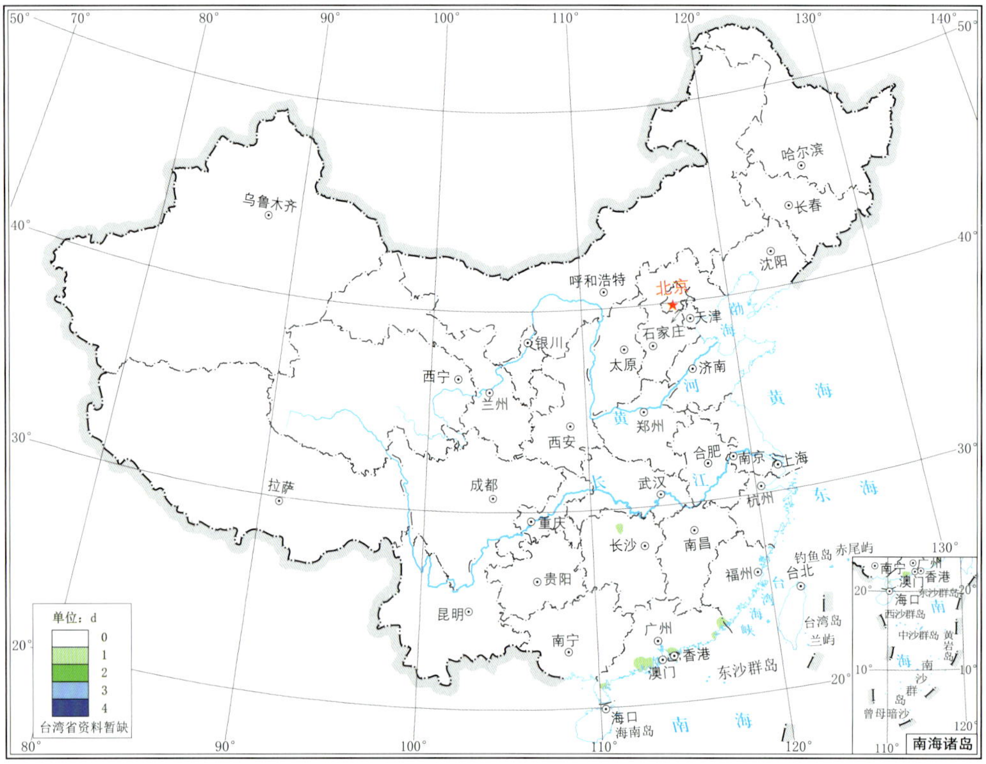

附图 8.2　1981—2010 年 30 a 4 月全国特大暴雨(≥250.0 mm/d)总日数分布

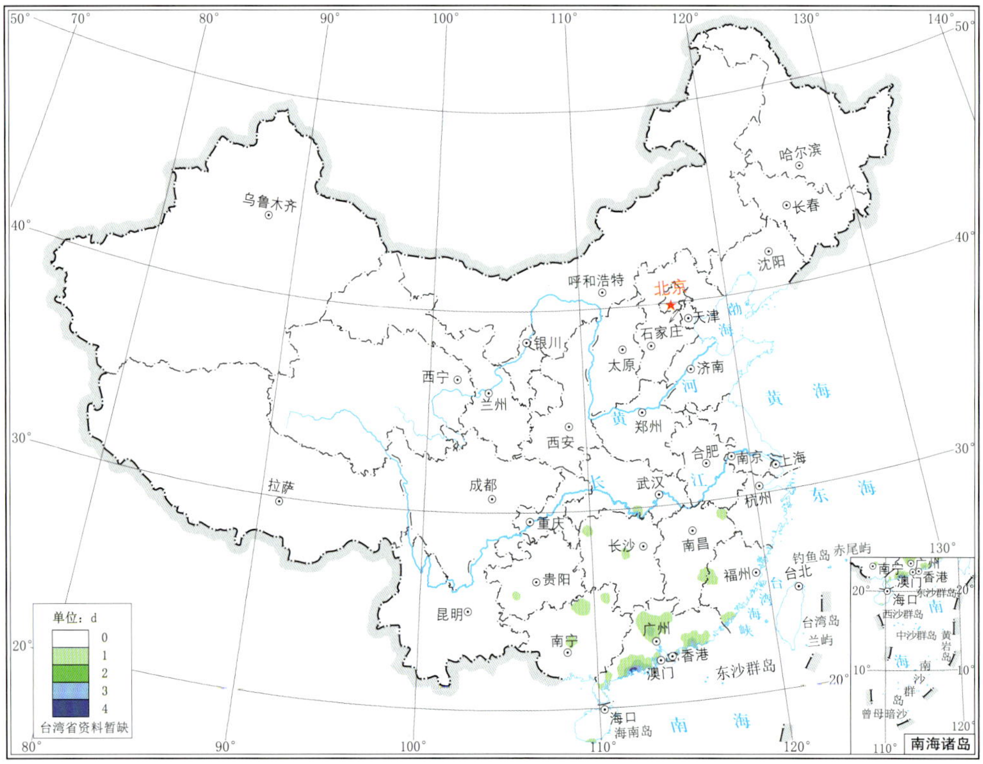

附图 8.3　1981—2010 年 30 a 5 月全国特大暴雨(≥250.0 mm/d)总日数分布

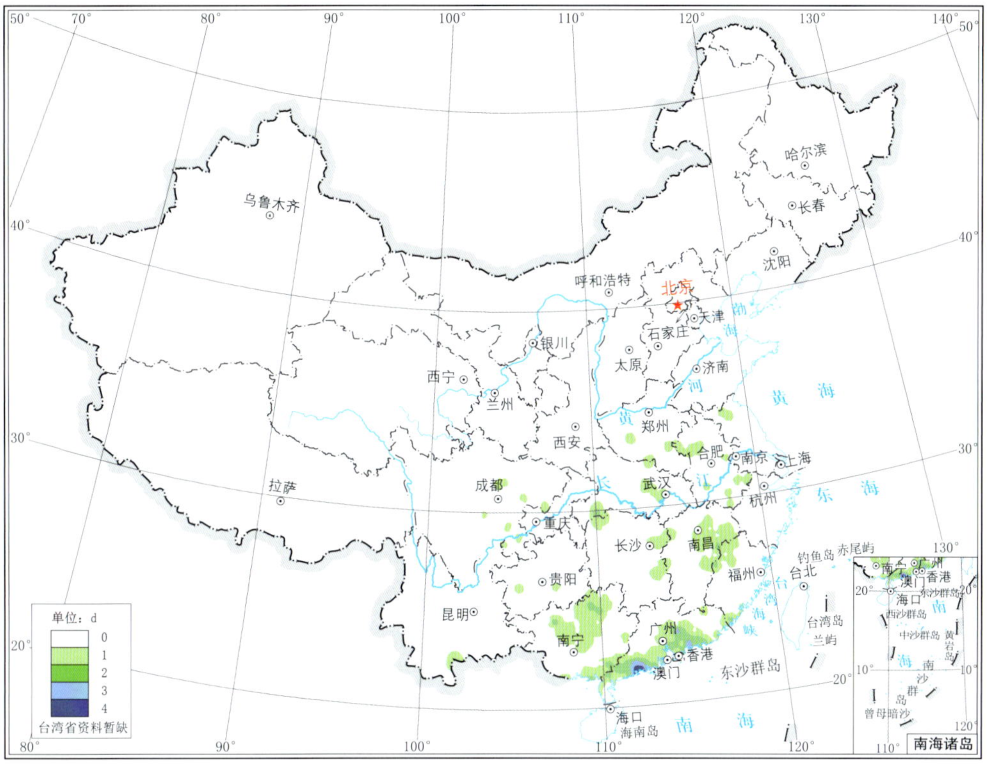

附图 8.4　1981—2010 年 30 a 6 月全国特大暴雨(≥250.0 mm/d)总日数分布

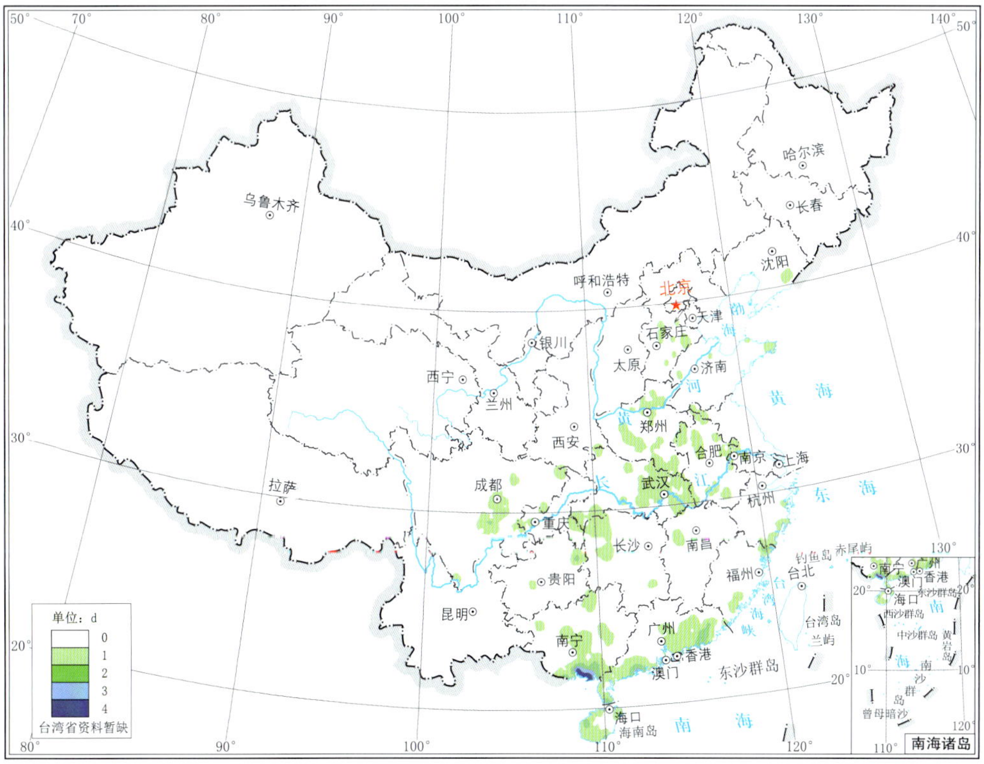

附图 8.5　1981—2010 年 30 a 7 月全国特大暴雨(≥250.0 mm/d)总日数分布

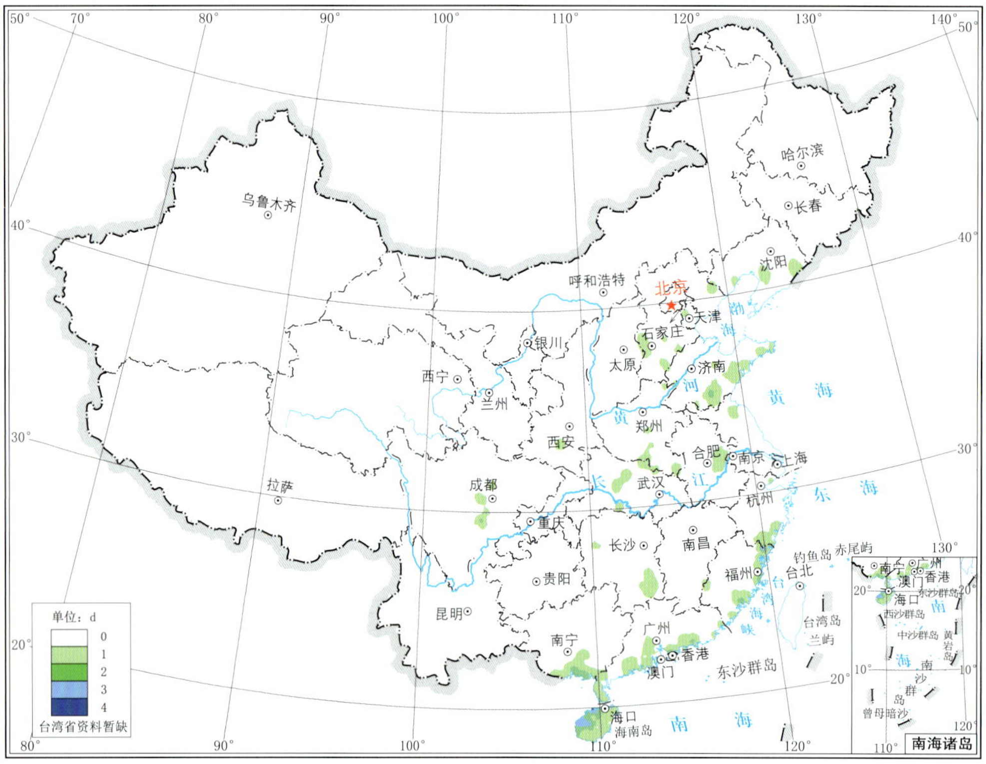

附图 8.6　1981—2010 年 30 a 8 月全国特大暴雨(≥250.0 mm/d)总日数分布

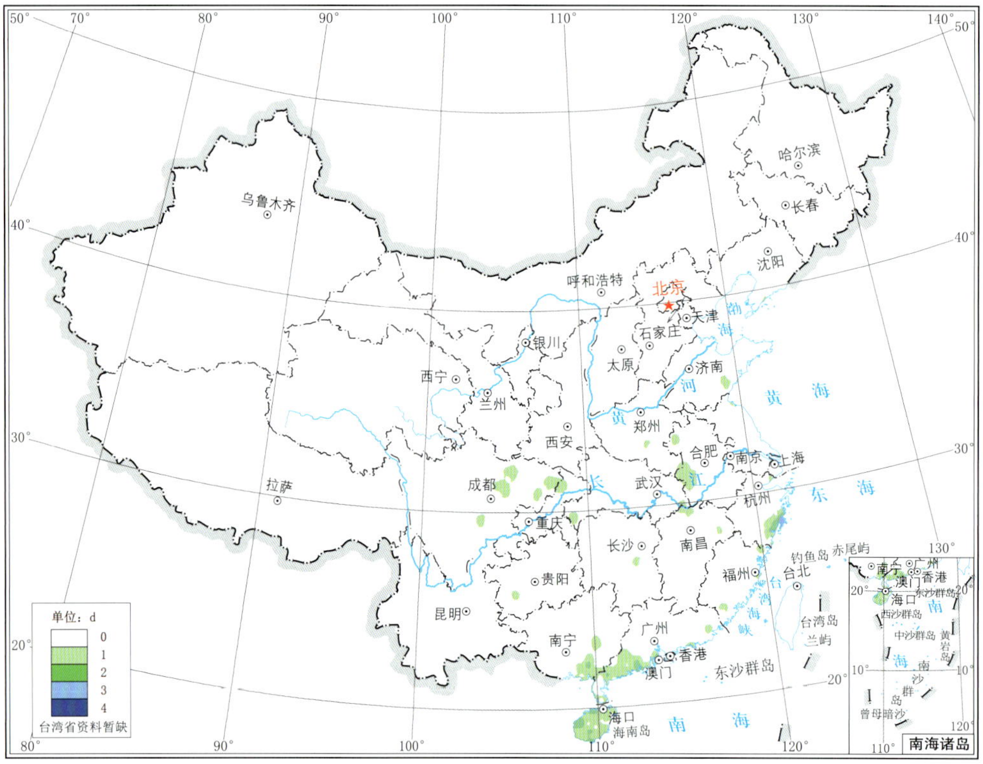

附图 8.7　1981—2010 年 30 a 9 月全国特大暴雨(≥250.0 mm/d)总日数分布

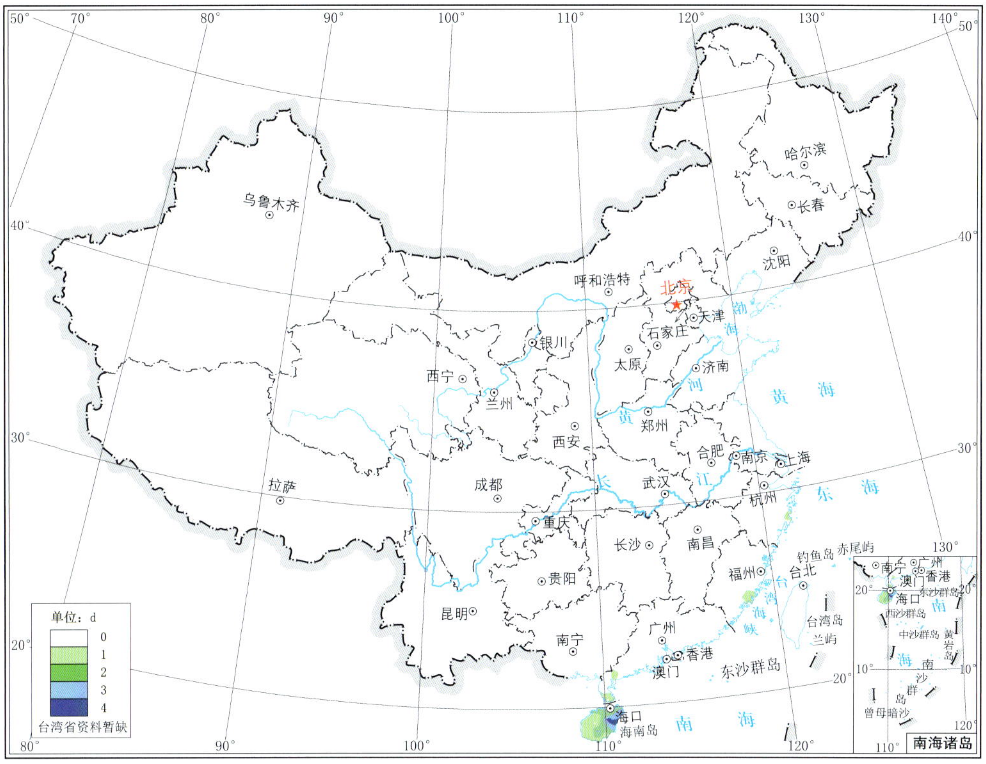

附图 8.8　1981—2010 年 30 a 10 月全国特大暴雨(≥250.0 mm/d)总日数分布

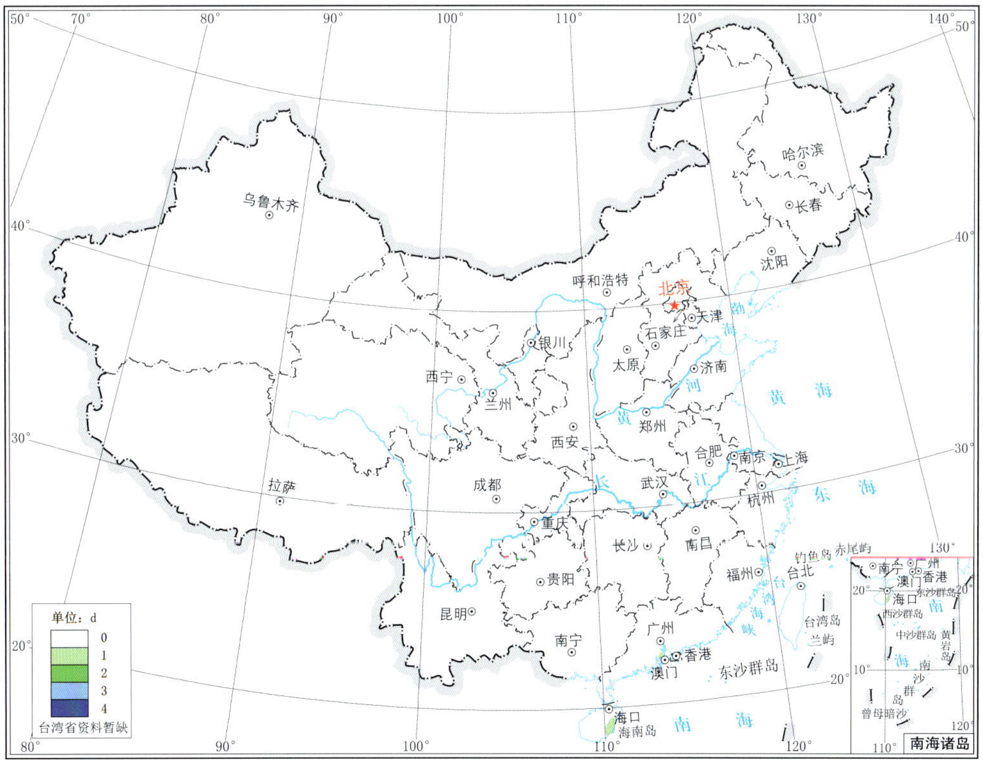

附图 8.9　1981—2010 年 30 a 11 月全国特大暴雨(≥250.0 mm/d)总日数分布

附录 9　1961—2019 年全国最大日降水量概况表

附表 9.1a　1961—2019 年全国各省(自治区、直辖市)第一季度各月最大日降水量概况

省(自治区、直辖市)	1月			2月			3月		
	站名	降水量/mm	出现时间(年-月-日)	站名	降水量/mm	出现时间(年-月-日)	站名	降水量/mm	出现时间(年-月-日)
北京	昌平	16.9	1973-01-23	霞云岭	21.6	1998-02-19	顺义	27.2	2003-03-20
天津	塘沽	16.0	2010-01-03	北辰区	24.2	1979-02-23	静海	39.8	2015-03-31
河北	昌黎	17.5	1973-01-24	昌黎	31.1	1962-02-10	兴隆	59.5	2003-03-20
山西	沁水	17.4	1967-01-27	运城	23.1	1979-02-22	闻喜	45.4	1979-03-29
内蒙古	呼和浩特	10.6	1981-01-18	凉城	25.3	1979-02-21	多伦县	47.0	1964-03-15
辽宁	丹东	34.0	1964-01-12	本溪	41.1	1962-02-10	东港	97.5	2007-03-04
吉林	珲春	34.7	2002-01-07	集安	43.9	2009-02-13	柳河	42.8	2007-03-04
黑龙江	双鸭山	21.5	2007-01-31	东宁	25.9	1990-02-20	虎林	37.1	2007-03-05
上海	南汇	49.8	1998-01-17	金山	50.5	2010-02-18	金山	68.5	1993-03-25
江苏	宜兴	61.0	1984-01-18	无锡	65.3	1979-02-22	盱眙	110.9	1991-03-07
浙江	龙泉	77.1	1998-01-14	开化	78.7	1975-02-05	衢州	106.4	1983-03-23
安徽	怀宁	65.2	2010-01-11	巢湖	200.0*	2001-02-08	巢湖	200.0	2001-03-09
福建	明溪	90.9	2003-01-26	诏安	135.2	1985-02-08	武平	148.4	1980-03-06
江西	石城	109.5	1989-01-07	新余	119.1	2004-02-29	龙南	155.3	1980-03-06
山东	临沂	39.0	1964-01-11	淄川	55.9	2016-02-13	日照	60.6	2007-03-04
河南	信阳	63.7	1969-01-28	鹿邑	54.0	2004-02-21	鸡公山	97.4	1993-03-13
湖北	黄梅	62.8	2001-01-06	石首	81.4	2015-02-20	黄陂	87.9	1969-03-27
湖南	嘉禾	76.7	1980-01-28	新田	99.7	1994-02-11	汝城	144.7	2016-03-20
广东	高州	184.3	2016-01-28	揭阳	130.2	1985-02-08	陆丰	267.1*	1992-03-26
广西	北海	200.9	2016-01-28	平南	131.8	1983-02-28	岑溪	181.7	2014-03-30
海南	西沙	305.8*	1975-01-27	陵水	181.6	2005-02-27	万宁	224.8	1984-03-22
重庆	酉阳	41.4	1999-01-11	璧山	46.7	2007-02-07	涪陵	100.9	2014-03-20
四川	宁南	49.0	1962-01-29	通江	64.3	1998-02-13	普格	75.6	1969-03-28
贵州	册亨	63.5	2019-01-08	三都	71.5	2002-02-19	绥阳	107.1	1969-03-28
云南	西盟	137.3	2015-01-09	河口	104.8	2001-02-25	江城	111.0	1973-03-08
西藏	帕里	20.6	1966-01-04	帕里	31.0	1989-02-19	波密	44.8	2011-03-25
陕西	华山	22.9	2001-01-08	蓝田	51.0	2004-02-20	镇巴	54.5	1997-03-13
甘肃	合作	9.7	2015-01-05	徽县	18.8	2004-02-20	岷县	40.4	1967-03-28
青海	杂多	18.5	2008-01-24	杂多	13.5	2014-02-16	贵南	23.3	2016-03-22
宁夏	中卫	11.1	1993-01-07	盐池	13.3	2017-02-21	盐池	39.7	1990-03-24
新疆	富蕴	37.3	2010-01-07	乌苏	40.2	2010-02-23	阿图什	47.3	1990-03-22

注:以 * 标注的数值为当月全国最大日降水量。

附表 9.1b　1961—2019 年全国各省(自治区、直辖市)第二季度各月最大日降水量概况

省(自治区、直辖市)	4月			5月			6月		
	站名	降水量/mm	出现时间(年-月-日)	站名	降水量/mm	出现时间(年-月-日)	站名	降水量/mm	出现时间(年-月-日)
北京	北京	51.0	1964-04-05	门头沟	106.1	1977-05-30	门头沟	190.5	2002-06-25
天津	城监站	106.8	1998-04-22	静海	123.0	1998-05-20	天津	130.5	1986-06-27
河北	玉田	106.2	1983-04-26	威县	115.7	2008-05-03	昌黎	201.2	1979-06-24
山西	沁源	83.4	1975-04-18	晋城	121.0	1992-05-05	高平	136.1	1980-06-29
内蒙古	科左中旗	64.2	1983-04-26	喀喇沁旗	72.3	1994-05-03	翁牛特旗	143.2	1991-06-11
辽宁	北宁	156.3	1983-04-26	丹东	151.2	1995-05-19	兴城	226.9	2006-06-29
吉林	前郭	89.2	1983-04-26	镇赉	97.4	2011-05-31	磐石	135.4	1977-06-29
黑龙江	肇源	63.4	1983-04-26	哈尔滨	79.1	1977-05-31	拜泉	156.0	1979-06-04
上海	奉贤	99.0	1983-04-14	金山	134.5	2008-05-28	嘉定	179.0	1999-06-30
江苏	昆山	113.1	1979-04-01	睢宁	229.7	1963-05-29	泰兴	312.2	1975-06-24
浙江	建德	141.2	2012-04-24	石浦	281.6	1976-05-25	湖州	227.6	2013-06-20
安徽	黄山区	144.4	1977-04-27	黄山	240.0	2019-05-26	阜南	346.0	1984-06-13
福建	漳浦	293.7	1969-04-13	宁化	334.8	1994-05-02	东山	350.4	2009-06-26
江西	修水	221.8	1999-04-24	广昌	327.4	1962-05-27	靖安	399.7	1977-06-15
山东	泰山	129.0	2003-04-18	邹平	180.6	2009-05-10	枣庄	244.5	1999-06-15
河南	新野	194.2	1973-04-29	民权	253.7	1963-05-19	桐柏	353.1	1989-06-07
湖北	枣阳	260.9	1973-04-29	监利	260.7	2006-05-25	武汉	298.5	1982-06-20
湖南	常德	251.1	1999-04-24	永顺	344.1	1995-05-31	桑植	373.8	1983-06-26
广东	珠海	620.3*	2010-04-14	清远	640.6*	1982-05-12	阳江	605.3*	2001-06-08
广西	融安	291.3	1968-04-09	灵山	498.3	1981-05-31	来宾	441.2	2010-06-01
海南	万宁	303.5	1961-04-16	三亚	327.5	1986-05-20	东方	329.8	2015-06-23
重庆	北碚	132.8	1975-04-27	彭水	210.8	2007-05-24	开县	215.4	2016-06-24
四川	绵阳	155.1	1998-04-29	蓬溪	242.9	2007-05-30	遂宁	323.7	2013-06-30
贵州	六枝	162.9	1997-04-29	罗甸	336.7	1976-05-24	都匀	307.4	2010-06-08
云南	贡山	96.8	1973-04-15	河口	209.8	1985-05-16	江城	250.1	1987-06-02
西藏	波密	74.4	1985-04-26	帕里	130.0	2009-05-26	波密	75.2	1982-06-10
陕西	华山	93.7	1973-04-10	凤翔	144.2	1978-05-29	佛坪	203.3	2002-06-09
甘肃	庄浪	85.4	1973-04-28	文县	73.0	1987-05-30	张家川	113.6	2013-06-20
青海	互助	49.3	1964-04-19	贵南	49.4	1972-05-10	茶卡	70.6	2013-06-19
宁夏	惠农	39.9	2015-04-01	泾源	62.6	1967-05-16	西吉	90.5	2013-06-20
新疆	天池	46.8	2017-04-14	天池	59.9	1961-05-17	天池	131.7	2010-06-23

注:以*标注的数值为当月全国最大日降水量。

附表 9.1c　1961—2019 年全国各省(自治区、直辖市)第三季度各月最大日降水量概况

省(自治区、直辖市)	7月			8月			9月		
	站名	降水量/mm	出现时间(年-月-日)	站名	降水量/mm	出现时间(年-月-日)	站名	降水量/mm	出现时间(年-月-日)
北京	霞云岭	307.2	2016-07-20	丰台	220.3	1963-08-09	北京	142.4	2019-09-10
天津	蓟县	353.5	1978-07-25	武清	265.1	1984-08-10	蓟县	112.4	1987-09-03
河北	遵化	343.1	1978-07-25	邯郸	518.5	1963-08-04	抚宁	154.4	1986-09-01
山西	垣曲	244.0	2007-07-30	阳泉	261.5	1966-08-23	安泽	165.5	2005-09-20
内蒙古	乌审召	245.0	1961-07-22	宝国吐	206.4	2017-08-03	林西县	130.8	1986-09-02
辽宁	熊岳	331.7	1975-07-31	岫岩	317.6	2017-08-04	长海	253.1	1992-09-01
吉林	公主岭	194.5	1989-07-22	扶余	188.7	1994-08-06	敦化	138.7	1999-09-08
黑龙江	海伦	153.6	2013-07-30	甘南	201.6	1998-08-10	宝清	109.3	1973-09-11
上海	崇明	211.1	1976-07-02	宝山	394.5	1977-08-22	南汇	254.9	1963-09-13
江苏	徐州	315.4	1997-07-17	沛县	340.7	1981-08-09	西连岛	432.2	1985-09-02
浙江	宁海	355.7	1988-07-30	乐清	288.5	1965-08-20	乐清	446.7	1981-09-23
安徽	界首	440.4	1972-07-02	含山	401.7	2008-08-01	岳西	493.1	2005-09-03
福建	柘荣	472.5	2005-07-19	柘荣	415.2	2009-08-09	柘荣	434.4	2016-09-28
江西	南丰	315.2	2012-07-17	景德镇	364.6	2012-08-10	庐山	351.4	2005-09-02
山东	成山头	474.6	1963-07-18	诸城	619.7	1999-08-12	胶南	393.7	2012-09-21
河南	辉县	439.9	2016-07-09	上蔡	755.1*	1975-08-07	遂平	254.5	1984-09-07
湖北	阳新	538.7	1994-07-12	远安	392.0	1990-08-15	咸丰	304.8	1983-09-09
湖南	张家界	455.5	2003-07-09	郴州	294.6	1999-08-13	南岳	311.2	1991-09-08
广东	珠海	560.4	1994-07-22	徐闻	417.1	2008-08-07	恩平	433.1	1965-09-28
广西	北海	509.2	1981-07-24	东兴	337.7	1969-08-12	北海	352.2	2002-09-27
海南	西沙	617.1*	1977-07-20	澄迈	376.5	2016-08-18	西沙	633.8*	1995-09-06
重庆	黔江	306.9	1982-07-28	铜梁	233.4	2009-08-03	开县	295.3	2004-09-05
四川	峨眉	524.7	1993-07-29	峨眉	374.3	1995-08-24	三台	283.5	1981-09-02
贵州	清镇	287.8	2014-07-16	长顺	247.8	2015-08-28	关岭	272.4	2001-09-08
云南	彝良	235.4	1992-07-13	江城	249.7	2003-08-27	鹤庆	174.2	1965-09-06
西藏	波密	65.1	1988-07-04	波密	75.9	2015-08-19	波密	80.0	1982-09-16
陕西	镇巴	238.2	1978-07-02	宁陕	304.5	2003-08-29	镇巴	253.3	1968-09-12
甘肃	庆城	190.2	1966-07-26	成县	180.7	1968-08-02	徽县	126.8	1983-09-06
青海	尖扎	75.5	1963-07-23	大通	119.9	2013-08-22	同仁	76.1	2010-09-21
宁夏	隆德	131.7	1977-07-05	麻黄山	133.5	1984-08-02	固原	61.2	1966-09-02
新疆	天池	101.0	2007-07-17	小渠子	84.1	2011-08-27	塔城	64.6	2015-09-21

注:以 * 标注的数值为当月全国最大日降水量。

附表 9.1d 1961—2019 年全国各省(自治区、直辖市)第四季度各月最大日降水量概况

省(自治区、直辖市)	10月			11月			12月		
	站名	降水量/mm	出现时间(年-月-日)	站名	降水量/mm	出现时间(年-月-日)	站名	降水量/mm	出现时间(年-月-日)
北京	密云	76.7	1970-10-23	顺义	56.5	2012-11-04	丰台	18.5	1977-12-15
天津	静海	134.3	2003-10-11	蓟县	77.5	2012-11-04	宝坻	23.0	1981-12-18
河北	沧州	144.9	2003-10-11	抚宁	86.4	2012-11-04	秦皇岛	38.1	1979-12-19
山西	昔阳	92.2	1968-10-06	阳城	43.8	1981-11-08	介休	17.8	1994-12-10
内蒙古	舍伯吐	72.4	1995-10-14	土默特左旗	46.2	2004-11-03	通辽	23.3	1979-12-19
辽宁	凤城	195.6	1991-10-24	宽甸	59.9	1966-11-06	旅顺	51.4	1979-12-19
吉林	珲春	80.1	1994-10-04	延吉	66.5	1964-11-12	长白	29.2	2016-12-22
黑龙江	尚志	65.6	1995-10-14	尚志	40.7	2013-11-18	虎林	27.7	2014-12-01
上海	松江	224.6	2013-10-08	奉贤	88.2	2009-11-0	南汇	57.4	1972-12-22
江苏	启东	233.5	2013-10-08	射阳	105.9	1967-11-01	宜兴	52.5	1974-12-31
浙江	余姚	395.6	2013-10-07	大陈	164.4	1961-11-16	温岭	120.7	1972-12-22
安徽	池州	162.9	1983-10-05	霍邱	120.1	1984-11-10	岳西	72.8	2002-12-17
福建	崇武	311.5	1999-10-09	晋江	162.8	1986-11-16	厦门	113.2	2015-12-09
江西	婺源	187.7	1972-10-18	新建	141.3	2005-11-09	铅山	90.5	1994-12-10
山东	宁津	175.1	2003-10-11	崂山	116.8	1961-11-20	成山头	48.3	1992-12-27
河南	柘城	207.5	1992-10-02	新县	132.5	1965-11-07	淮滨	42.1	1991-12-24
湖北	赤壁	183.8	1987-10-13	通城	113.8	2005-11-10	江夏	75.4	2002-12-17
湖南	临湘	213.6	1987-10-13	桂东	127.1	2015-11-16	祁东	95.2	2002-12-18
广东	汕尾	438.2	1975-10-14	中山	279.2	1993-11-05	上川岛	148.9	1974-12-02
广西	金秀	335.5	2015-10-05	北海	320.4	2013-11-11	涠洲岛	185.2	1983-12-20
海南	琼海	614.7*	2010-10-05	陵水	413.7*	1970-11-23	西沙	192.0*	2006-12-13
重庆	开县	195.6	1992-10-03	酉阳	84.9	1996-11-05	秀山	36.7	1962-12-14
四川	平昌	214.4	1973-10-06	雅安	123.3	1979-11-03	开江	34.2	1997-12-21
贵州	镇远	178.6	1964-10-17	正安	119.0	1996-11-05	天柱	71.7	2010-12-12
云南	河口	177.7	2016-10-24	元阳	169.3	1981-11-07	勐腊	149.4	2013-12-15
西藏	波密	131.4	1988-10-06	帕里	67.2	1995-11-10	波密	29.9	1981-12-11
陕西	宁陕	110.0	1999-10-01	宁陕	86.5	1994-11-13	白河	20.4	1979-12-20
甘肃	武山	57.7	2002-10-18	和政	37.8	1961-11-18	宁县	11.6	1975-12-07
青海	托托河	50.2	1985-10-18	湟中	25.7	1972-11-14	化隆	25.1	1961-12-11
宁夏	固原	46.6	2010-10-10	西吉	25.6	1979-11-03	海原	12.1	2015-12-12
新疆	木垒	55.2	2016-10-03	裕民	41.4	2016-11-12	额敏	39.8	2010-12-03

注:以 * 标注的数值为当月全国最大日降水量。

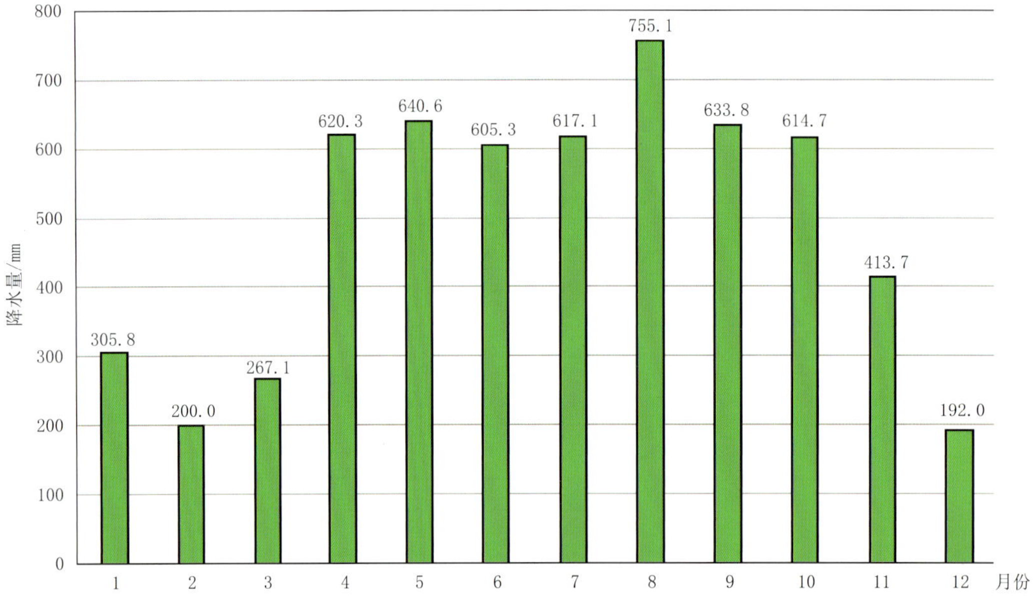

站点	海南西沙	安徽巢湖	广东陆丰	广东珠海	广东清远	广东阳江	海南西沙	河南上蔡	海南西沙	海南琼海	海南陵水	海南西沙
时间（日/年）	27/1975	08/2001	26/1992	14/2010	12/1982	08/2001	20/1977	07/1975	06/1995	5/2010	23/1970	13/2006

附图 9.1　1961—2019 年 1—12 月全国最大日降水量直方图

（图下方表格为与横坐标月份对应的最大日降水量出现的站点和时间）

附录 10　1981—2010 年 30 a 平均年降水量≤300.0 mm 的区域分布

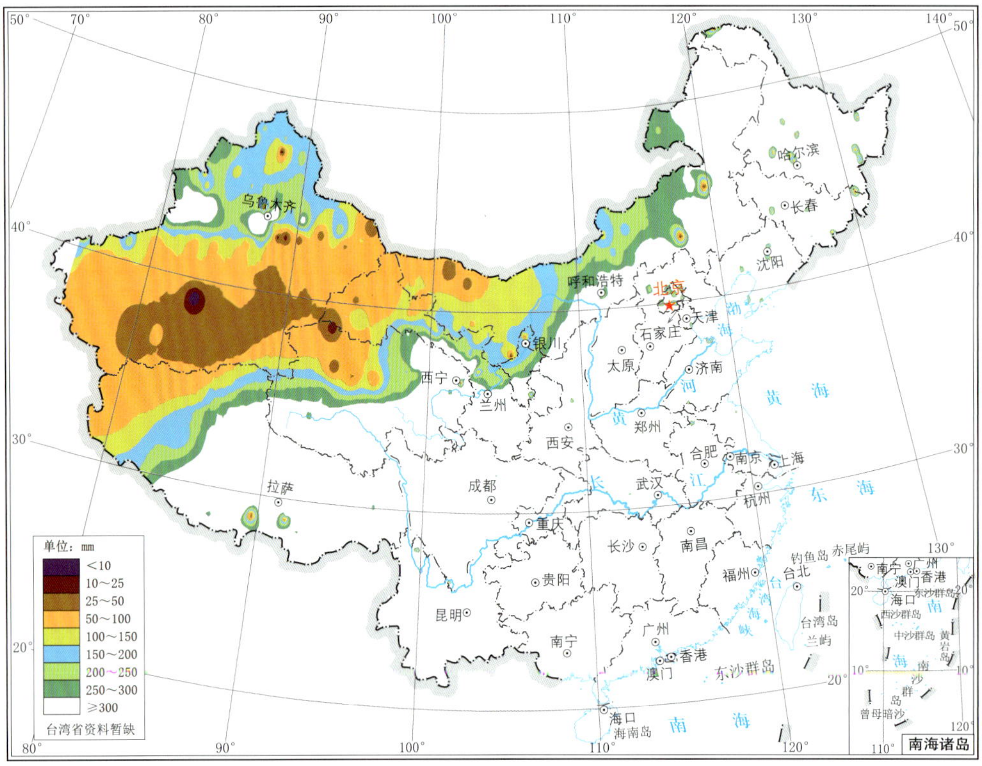

附图 10.1　1981—2010 年 30 a 平均年降水量≤300.0 mm 的区域分布